“十四五”职业教育广东省规划教材

环境工程
识图与CAD

李慧颖　主编

化学工业出版社

·北京·

内容简介

通过对环境工程技术专业岗位工作性质和职业能力的分析，本书构建了具有专业性、综合性和实用性的内容。全书共12个项目、30个任务，系统地介绍了AutoCAD的基本操作方法。通过对大量工程实例的逐步学习，读者能够轻松掌握相关知识点和技能点，将工程图纸识读、制图标准、计算机辅助设计绘图员考证等内容融入其中。

本书充分体现了党的二十大精神进教材，贯彻生态文明思想，践行绿水青山就是金山银山的理念。推动绿色发展，促进人与自然和谐共生。

本书可作为高职高专环境保护类专业的教材，也可作为成人大专环境类专业自学考试及计算机辅助设计绘图员培训教材，并可供环境保护及相关专业科技人员参考。

图书在版编目（CIP）数据

环境工程识图与CAD/李慧颖主编. —北京：化学工业出版社，2019.6（2023.9重印）
高职高专规划教材
ISBN 978-7-122-34141-9

Ⅰ.①环… Ⅱ.①李… Ⅲ.①环境工程-工程制图-识图-高等职业教育-教材②环境工程-工程制图-AutoCAD软件-高等职业教育-教材 Ⅳ.①X5

中国版本图书馆CIP数据核字（2019）第052864号

责任编辑：王文峡　　文字编辑：汲永臻
责任校对：王鹏飞　　装帧设计：韩　飞

出版发行：化学工业出版社（北京市东城区青年湖南街13号　邮政编码100011）
印　　刷：北京云浩印刷有限责任公司
装　　订：三河市振勇印装有限公司
787mm×1092mm　1/16　印张14　字数340千字　2023年9月北京第1版第6次印刷

购书咨询：010-64518888　　售后服务：010-64518899
网　　址：http://www.cip.com.cn
凡购买本书，如有缺损质量问题，本社销售中心负责调换。

定　　价：39.00元

编写人员名单

主　　编　李慧颖

副 主 编　韦　健　赵　蓉　刘　莹

编写人员　李慧颖　韦　健　赵　蓉

刘　莹　谢庆勇　朱月琪

夏志新　石云峰

前 言

本书贯彻生态文明思想，践行绿水青山就是金山银山的理念。推动绿色发展，促进人与自然和谐共生，充分体现了党的二十大精神进教材。

通过前期调研，我们了解到目前市面上已有多种CAD教材或工程制图类教材供广大师生选用，但大部分环境工程CAD教材侧重培养学生计算机绘图的能力，工程制图教材侧重培养学生手工绘制草图的基本能力，很少有专门的环境工程识图和计算机辅助制图相结合的教材。因此，有必要编写一本贴近实际岗位需求的教材。本教材编写思路及创新点如下。

（一）在内容编排上，通过对环境工程技术专业岗位工作性质和职业能力要求的分析，选取“环境工程制图规范及标准的认知”“环境工程图纸的识读”等项目为载体，强化学生识读图纸、规范制图的能力，引入实际工程图纸绘制任务使学习者掌握绘图命令的同时提升专业绘图的能力，将计算机辅助设计绘图员考证内容融入教材中，可提升学习者职业技能。

（二）改变了以知识能力点为体系的框架，以实践活动为主线组织编排教材，紧紧围绕实践活动，引出任务，提出设计思路和提供完成任务所需的背景知识，在教材中以学习者的兴趣点及工作岗位上需要解决的问题为主题设计任务，从而增加了教材的亲和力，能够激发学习者的兴趣，有利于提升学习者主动学习的能力。

（三）将一些任务的知识点制作成微课视频，将绘图任务制作成操作演示视频以二维码的形式收录在本书中，学习者能够通过视频全面、真实地进行课前翻转、课后巩固教学，十分钟左右的时长符合当今网络时代信息碎片化的阅读方式。适合于移动学习时代知识的传播，也适合学习者个性化、深度学习的需求。

本书颇具特色之处是将知识点制作成微课视频和绘图操作演示视频并收录在本书中，可作为读者学习时的参考和向导。本书有与内容配套的图纸CAD文件等学习素材，读者可登录化学工业出版社教学资源网（www.cipedu.com.cn），注册后免费获取。

本书可作为高职高专环境类专业教材，也可作为成人大专环境类专业自学考试及计算机辅助设计绘图员培训教材，并可供环境保护及相关专业科技人员参考。

本书共12个项目，编写人员有李慧颖（编写项目1、项目2部分内容、项目3、项目5部分内容、项目11部分内容、项目12部分内容）、韦健（编写项目6、项目9、项目10）、赵蓉（编写项目6部分内容、项目7、项目8、项目2部分内容）、刘莹（编写项目4、项目5部分内容、项目11部分内容、项目12部分内容）。全书由李慧颖主编，韦健副主编。广东怡康环保实业有限公司谢庆勇，广州市金龙峰环保设备工程股份有限公司石云峰，广东环境保护工程职业学院朱月琪、夏志新等提供了大量的工程图纸案例。在此对他们表示诚挚的谢意。

感谢您选择了本书，由于编者水平有限，疏漏之处在所难免，对本书的意见和建议请发邮件到125390881@qq.com，欢迎批评指正。

编 者

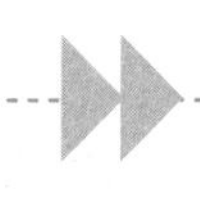

目 录

第一部分 环境工程识图

第二部分 环境工程 CAD 绘图

第三部分　技能提升

第四部分　CAD绘图员技能鉴定

序号	二维码编号	二维码名称	页码	备注
1	1.1	再不学 CAD,你就 OUT 了	2	
2	1.2	识读生活污水处理厂设计图纸	4	
3	2.1	环境工程 CAD 制图标准	17	
4	3.1	空间几何体的三视图	27	
5	4.1	鼓风机房降噪方案——消声器的绘制	56	
6	5.1	CAD 绘图环境及基本功能介绍	66	
7	5.2	CAD 的辅助功能	79	
8	5.3	A3 图幅的绘制	84	
9	6.1	绘制角钢	100	
10	6.2	认识垃圾焚烧废气处理设备——布袋除尘器	120	
11	7.1	鼓风机房的绘制	125	
12	9.1	CAD 快捷键的介绍	152	
13	12.1	绘制图框制作标题栏	186	
14	12.2	房屋平面图的绘制	190	
15	12.3	房屋立面图的绘制	192	
16	12.4	房屋剖面图的绘制	195	
17	12.5	房屋详图的绘制	196	
18	12.6	圆弧连接的绘制	198	
19	12.7	三视图的绘制	198	

第一部分

环境工程识图

项目一

计算机绘图在环境工程设计中的作用

项目目标

了解计算机辅助设计在环境工程中的应用，了解学习本课程的目的。通过某污水处理厂设计案例的学习，了解环境工程设计的内容和污水处理的工艺流程。

内容索引

计算机给人们的生活和工作提供了便利。计算机辅助设计在环境工程中的广泛应用，极大地提高了工作效率，使得工程设计和产品的开发周期不断缩短。在环境工程设计图形中最为常见的就是对于二维和三维图形的设计，按照传统的人工手绘图纸的方式需要花费大量时间才能绘制成环境工程所需要的图形设计，但是当计算机成为辅助设计的工具时，设计工程师不仅能够利用计算机本身对环境工程进行设计，还能够借助可以安装在计算机上的软件进行设计，例如在设计二维图形的时候，最常用到的是辅助绘图的软件 AutoCAD，对现代科学技术的充分运用提升了设计过程的整体效率及准确性。

二维码 1.1 再不学 CAD，你就 OUT 了

了解计算机辅助设计在环境工程中的应用，可以引起学习者对计算机辅助设计的重视程度，了解学习计算机辅助设计的目的及在工作中应用的范围和方向（表 1-1 为项目任务表）。

表 1-1　项目任务表

学习任务一	认知污水处理厂工艺流程	了解环境工程项目设计的内容
		了解设计流程
		掌握设计过程中需要提交哪些图纸
		了解环境工程图纸中的工艺流程图
学习任务二	了解计算机辅助设计及其应用	认知计算机辅助设计 CAD 的发展历程
		了解 CAD 绘图技术在环境工程设计中的作用

匠心筑梦

生态环境，攸关人类存续；生态文明，攸关人类发展。这是摆上“世界桌”的紧迫课

题：如何完善全球环境治理体系？如何共建地球生命共同体？如何定位生态文明在人类文明中的地位？

面对这些激荡全球的时代之问，中国作出了历史性回答——

在中国共产党第十九次全国代表大会上，“习近平新时代中国特色社会主义思想”被首次提出并载入党章。习近平生态文明思想作为其重要组成部分，是新时代中国生态文明建设的根本遵循和行动指南。在2018年的中国全国两会上，“生态文明建设”载入了国家宪法。2018年5月，全国生态环境保护大会首次提出“生态文明体系”目标，涉及生态文化体系、生态经济体系、生态环境质量目标责任体系、生态文明制度体系和生态安全体系等五大方面。

在内蒙古自治区额尔古纳市大兴安岭林区，57岁的周义哲一直在跟树木打交道。在当了35年伐木工后，他“转身”成为一名护林员，和工友们一起负责森林的健康抚育。在内蒙古大兴安岭林区，周义哲所在工队曾经一个冬天砍伐的木材就能装满400节火车皮。从“砍树人”到“看树人”，周义哲的身份转变，也正是中国及其民众生态观念转变的一个缩影。

58岁的王明武在长江上“漂”了几十年。如今，他的“漂”没有改变，但已从摇船撒网的捕鱼人变成了驾船巡防的护鱼员，拥有了稳定工资。王明武是武汉江夏区的居民，15岁起就在长江上捕鱼，是当地数一数二的捕鱼能手。王明武说：“在最好年份，一家能有10多万元收入。但近些年，长江里的鱼越来越少、越来越小了。”长江，曾是全球七大生物多样性丰富河流之一，但由于长期过度捕捞和水质污染，其生物完整性指数一度到了最差的“无鱼”等级。长江流域也是中国经济活动最为密集的地区。长江经济带覆盖11个省市，人口和生产总值均超过全国的40%。2021年1月1日零时起，长江流域重点水域10年禁渔计划全面启动。这是史无前例的大规模生态保护和恢复计划，共计退捕上岸渔船11.1万艘、涉及渔民23.1万人。人与自然和谐共生的关系，在当今全球现实中突出表现为经济发展和生态保护是否能协调统一，生态环境保护和经济高质量发展是否能实现双赢。在习近平生态文明思想的指引下，中国不断用新的实践证明，经济发展不是掠夺自然的“竭泽而渔”，生态环境保护也不是困守青山的“缘木求鱼”。

走向生态文明新时代，建设美丽中国，是实现中华民族伟大复兴的中国梦的重要内容，需要全社会的公民一同参与，作为环保相关专业的学生，要努力学习自己的专业知识应用于生态文明建设上来，不断开拓创新，攻关技术难题，为我国环境改善和生态文明建设做出实质贡献。

《环境工程识图与CAD》这门课程需要使用电脑作图，很多同学在计算机房学习完知识后没有养成关电脑的习惯，一台电脑如果每天开机24小时，大约耗电7～8度，如果几十台电脑没有及时关机，耗电量是非常大的。2022年8月中下旬，受极端高温干旱天气影响，四川出现电力缺口，不得不对工业用户进行限电，让四川工业生产按下了“暂停键”，并波及了部分居民用电。作为环保相关专业的学生，更要以身作则，从小事做起，养成绿色、环保、低碳、适度、健康的行为习惯和消费方式，更广泛更深入地传播习近平生态文明思想。

学习方法

本项目里所学的内容主要通过实际工程案例来掌握，建议学习者以某个环境工程设计方案开始，了解主要的学习内容，逐项完成学习任务。通过视频了解污水处理厂整个工艺流程，结合“练习与实践”中的题目深化对本项目学习内容的理解。

二维码 1.2 识读生活污水处理厂设计图纸

知识准备

环境工程设计时，要遵循一定的设计程序。一般可分为设计前期准备、初步设计和施工图设计三个阶段。处理规模大、技术复杂的项目包括初步设计和施工图设计，处理规模小、技术相对简单的项目一般用施工图设计。

一、设计的前期准备

在设计的前期准备阶段要求设计人员要明确设计任务，收集所有原始材料、数据，并通过数据分析、归纳，得出符合实际的结论。在此阶段需要编写预可行性研究报告和项目可行性研究报告。项目可行性研究的编制是确定建设项目之前具有决定性意义的工作。项目可行性研究分析投资决策上的合理性、技术上的先进性和适应性以及建设条件的可能性和可行性，从而为投资决策提供科学依据。污水处理工程的可行性研究报告主要内容如下。

1. 总论

(1) 项目编制依据。

(2) 自然环境条件（地理、气象、水文地质）。

(3) 城市社会经济概况或企业生产经营概况。

(4) 城市或企业的排水系统现状。

(5) 污染源构成。

(6) 污水排放量现状。

(7) 污水水质现状。

(8) 项目的建设原则与建设范围。

(9) 污水处理厂建设规模。

(10) 污水处理要求目标（设计进水、出水水质）。

2. 工程方案

(1) 污水处理厂厂址选择及用地。

(2) 污水处理工艺方案比较（比较方案工艺技术与总体设计、工艺构筑物及设备分析、技术经济比较）。

(3) 处理水的出路（回用水深度处理工艺选择）。

(4) 工程近期、远期结合问题。

(5) 节能安全生产与环境保护。

(6) 推荐方案设计（污水、污泥、回用水处理工艺系统平面及高程设计；主要工艺设备及电气自控；土建工程；公用工程及辅助设施）。

(7) 生产组织及劳动定员。

3. 工程投资估算及资金筹措

(1) 工程投资估算原则与依据。

(2) 工程投资估算表。

（3）资金筹措与使用计划。

4. 工程进度安排

5. 经济评价

（1）总论（工程范围及处理能力、总投资、资金来源及使用计划）。

（2）年经营成本估算。

（3）财务评价。

6. 研究结论、存在问题及建议

二、初步设计

初步设计的目的是提供审批依据，进一步论证工程方案的技术先进性、可靠性、经济合理性。提供工程概算表，技术设计方面包括工艺、建筑、变配电系统、仪表及自控方面的总体设计及部分主要单体设计，各专业采取的新技术论证及设计。提供施工准备工作，如拆迁、征地三通（水、电、路）一平（墙）并与有关部门签订合同。

1. 污水处理工程初步设计的任务

（1）确定工程规模、建设目的、投资效益。

（2）设计原则和标准。

（3）各专业个体设计及主要工艺构筑物设计。

（4）工程概算。

（5）迁征地范围和数量。

（6）施工图设计中可能涉及的问题及建议。

2. 初步设计的文件

（1）设计计算说明书。

（2）工程量。

（3）主要设备与材料，包括总体设计图（总平面布置图、系统图）及主要工艺构筑物设计图（平面、竖向）。

（4）工程总概算表。

三、施工图设计

施工图设计是将污水处理厂各构筑物的平面位置和高程，精确的表示在图纸上，并详细表示出每个节点的构造、尺寸，用标准图例精确绘制，每张图纸有相应的比例。主要包括以下内容。

1. 设计说明书

（1）设计依据。初步设计或方案设计批准文件，设计进出水水质。

（2）设计方案。

（3）图纸目录、引用标准图目录。

（4）主要设备材料表。

（5）施工安装注意事项及质量、验收要求。

2. 设计图纸

（1）总体设计。

a. 污水处理厂总平面图。比例尺（1∶100）～（1∶500）。如图 1-1 为某污水处理厂平面布置图。

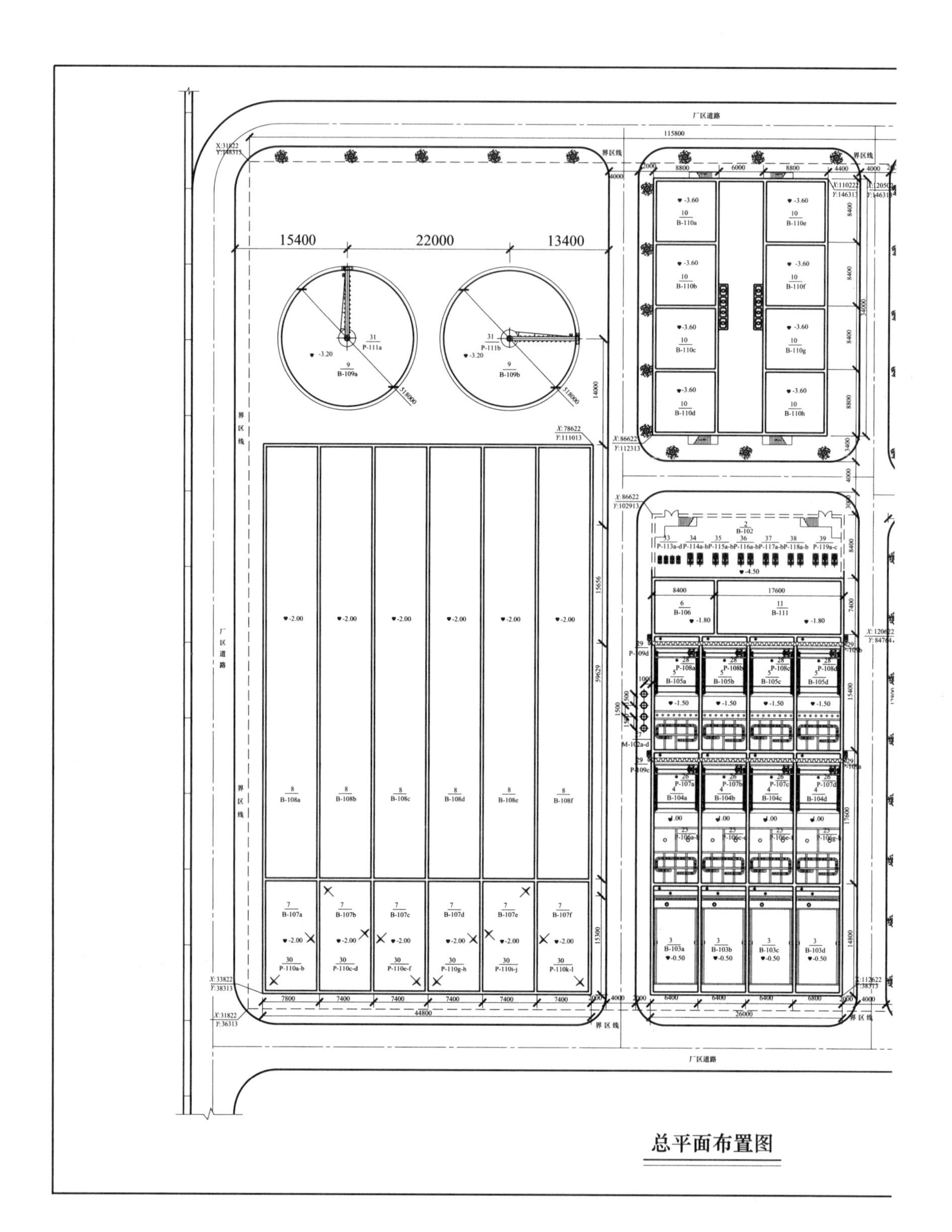

厂区道路
115800
界区线
15400
22000
13400
31
P-111a
9
B-109a
31
P-111b
9
B-109b
10
B-110a
B-110b
B-110c
B-110d
B-110e
B-110f
B-110g
B-110h
2
B-102
11
B-111
6
B-106
8
B-108a
B-108b
B-108c
B-108d
B-108e
B-108f
7
B-107a
B-107b
B-107c
B-107d
B-107e
B-107f
B-105a
B-105b
B-105c
B-105d
B-104a
B-104b
B-104c
B-104d
B-103a
B-103b
B-103c
B-103d
44800
26000
总平面布置图

图 1-1 某污水处理

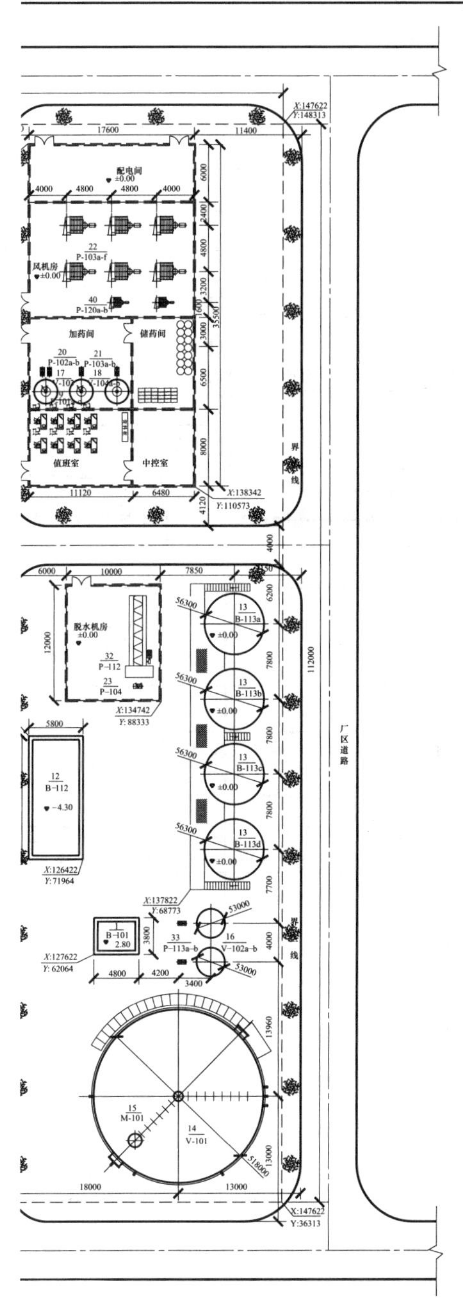

说明：

1.图中标准尺寸及坐标以毫米为单位，标高以米为单位。
2.图中坐标为绝对坐标，厂区东南角点A坐标为基准点坐标（X:31822,Y:36313）。
3.标高指向：建筑物室内地面标高▽±0.000为相对标高,室外地面标高为▽−0.500。
4.厂区道路及装置区道路除注明者外，其他均为6米宽。
5.厂区空地全部绿化。

建北

序 号	位 号	名 称	规 格 型 号	数量	单位	单重	总重
40	P-120a-b	离心鼓风机	Q=30m^3/min, p=588kPa	2	台		
39	P-119a-c	GBAF反冲洗泵	Q=500m^3/h，H=28m	3	台		
38	P-118a-b	污泥提升泵	Q=200m^3/h，H=12.5m	2	台		
37	P-117a-b	污泥回流泵	Q=400m^3/h，H=12.5m	2	台		
36	P-116a-b	硝化液回流泵	Q=800m^3/h，H=12.5m	2	台		
35	P-115a-b	二级提升泵	Q=400m^3/h，H=12.5m	2	台		
34	P-114a-b	一级提升泵	Q=400m^3/h，H=12.5m	2	台		
33	P-113a-d	溶气回流泵	Q=46.7m^3/h，H=28m	4	台		
32	P-112	卧式螺旋离心机	WL450×1600	1	台		
31	P-111a-b	中心传动刮泥机	CG-18A，N=22kW	2	台		
30	P-110a-l	潜水搅拌机	QJB2.2/8-320/3-740S	12	台		
29	P-109a-d	无轴螺旋输送机	WLS-280，Q=4.5m^3/h	4	台		
28	P-108a-d	刮渣机	CT-2	2	台		
27	M-102a-d	溶气罐	ϕ0.8×3.8m	4	台		
26	P-107a-d	刮渣机	CT-2	4	台		
25	P-106a-h	CAF曝气机	Q=100m^3/h, N=11kW	8	台		
24	P-105a-d	刮油刮渣机	CT-3	4	台		
23	P-104	螺杆泵	Q=12m^3/h，H=60m	2	台		
22	P-103a-f	离心鼓风机	Q=60m^3/min, p=588kPa	6	台		
21	P-103a-b	PAM加药泵	Q=1200L/h，p=3.5bar	2	台		
20	P-102a-b	PAC加药泵	Q=2m^3/h，p=0.6MPa	2	台		
19	P-101a-c	融药搅拌机	ZJ-700，N=0.75kW	3	台		
18	V-104a-b	PAC加药罐	10m^3	2	台		
17	V-103	PAC加药罐	10m^3	1	台		
16	V-102a-b	浮油脱水罐	ϕ3m×3.6m	2	台		
15	M-101	旋流分离器	WS-Ⅱ-400	1	台		
14	V-101	均质罐	ϕ18m×20m	1	座		
13	B-113a-d	污泥浓缩池	ϕ6.3m×8m	4	座		
12	B-112	贮泥池	12m×5m×4m	1	座		
11	B-111	监测水池	16.8m×7m×2.8m	1	座		
10	B-110a-h	BAF池	8m×8m×5.6m	8	座		
9	B-109a-b	二沉池	ϕ18m×5.5m	2	座		
8	B-108a-f	O池	57m×7m×4.5m	1	座		
7	B-107a-f	A池	14.5m×7m×4.5m	6	座		
6	B-106	中间水池	8m×7m×2.5m	1	座		
5	B-105a-d	溶气气浮池	15m×6m×2.3m	4	座		
4	B-104a-d	涡凹气浮池	17m×6m×2.3m	4	座		
3	B-103a-d	斜板隔油池	14m×6m×2.3m	4	座		
2	B-102	泵房	26m×8m	1	座		
1	B-101	浮油池	4m×3m×2.5m	1	座		
						重量（T）	

审 定			工 程	初步设计
审 核				工 艺
校 核		图 名	总平面布置图	
设 计				
CAD制图		比 例	1 :200	日 期
设 计 证 书 编 号				图 号

注:1bar=1MPa。

厂平面布置图

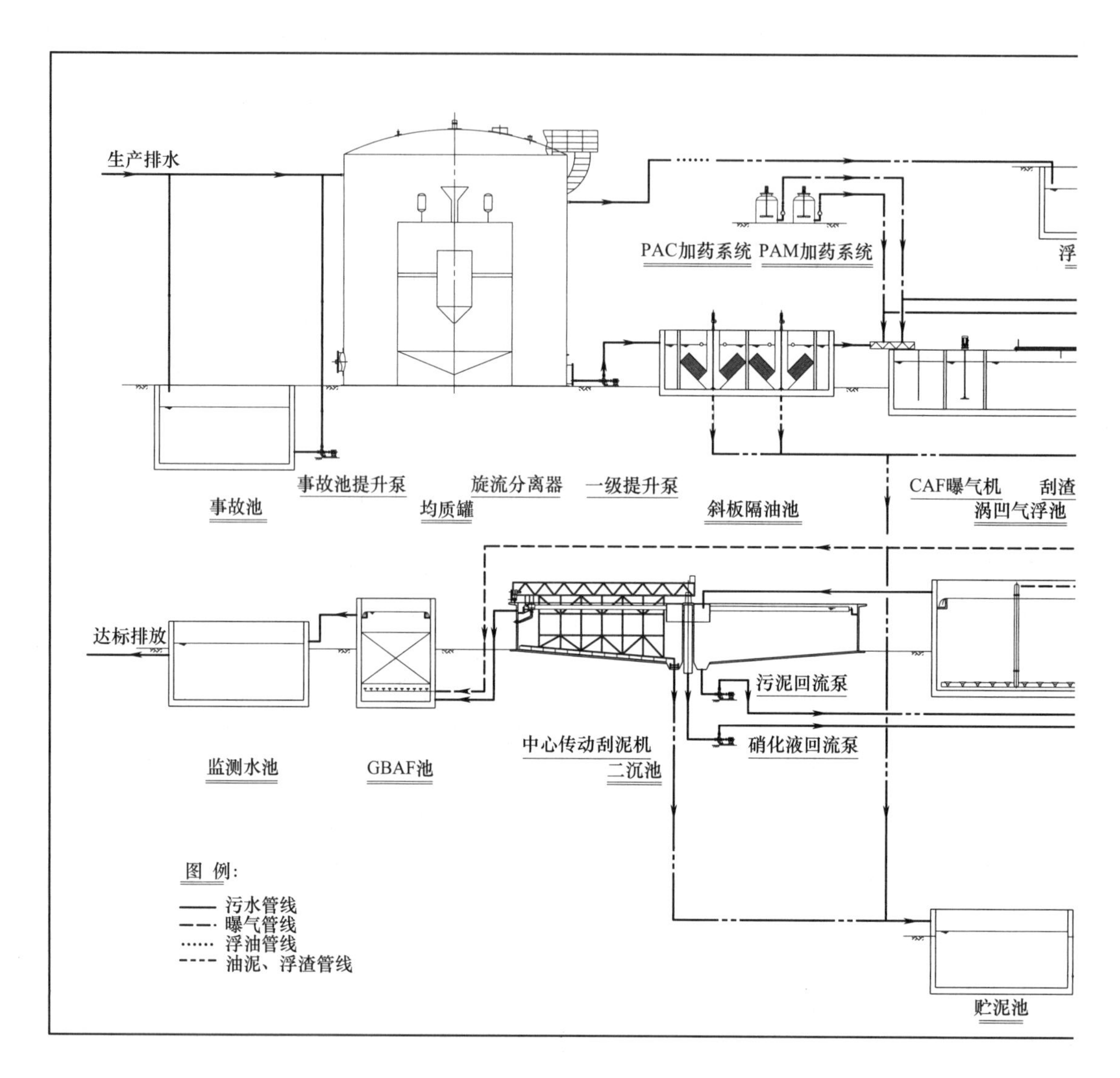
生产排水
PAC加药系统
PAM加药系统
浮
事故池提升泵
旋流分离器
一级提升泵
CAF曝气机
刮渣
事故池
均质罐
斜板隔油池
涡凹气浮池
达标排放
污泥回流泵
中心传动刮泥机
硝化液回流泵
监测水池
GBAF池
二沉池
图 例:
污水管线
曝气管线
浮油管线
油泥、浮渣管线
贮泥池

图 1-2 某污水处理

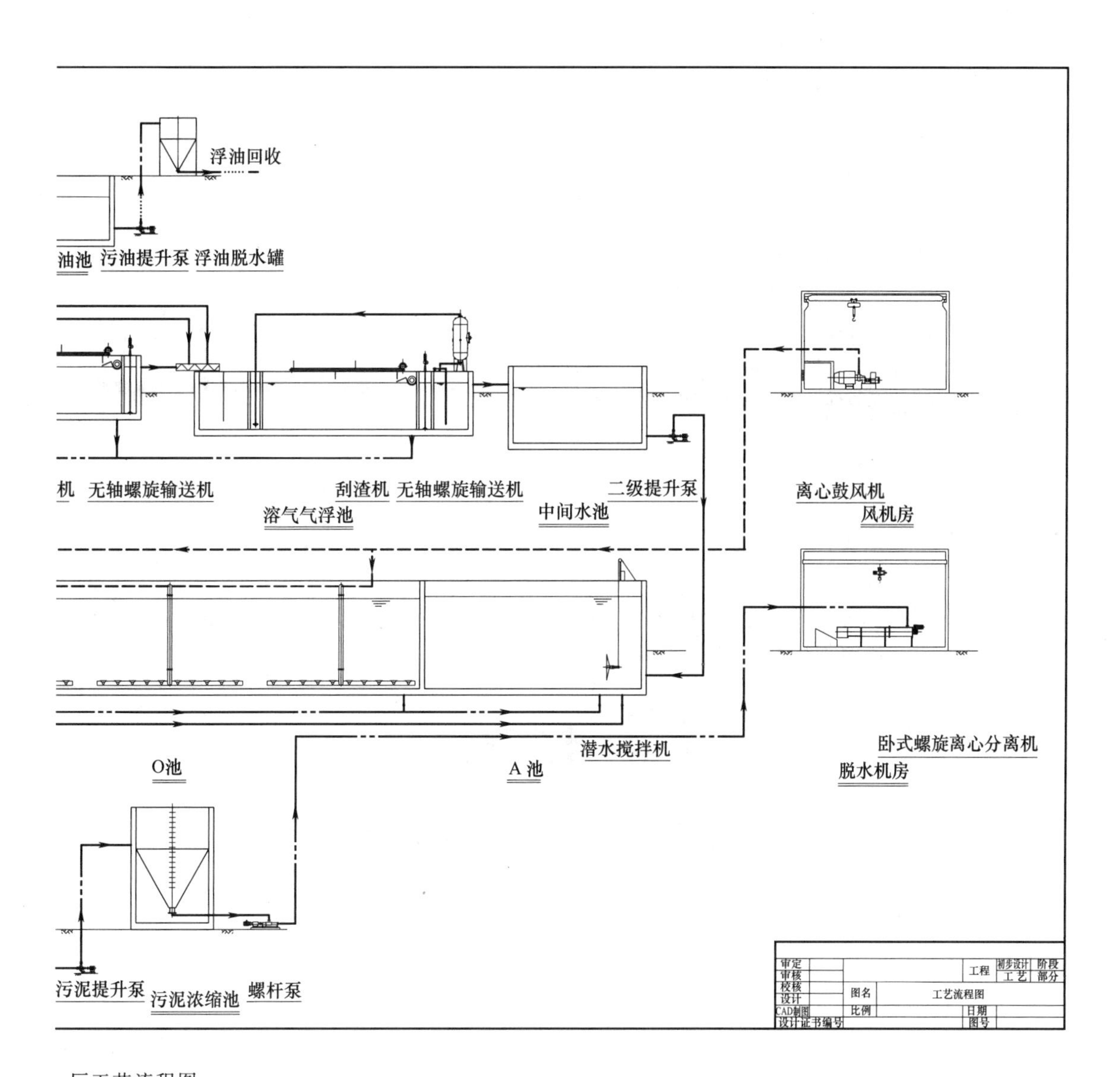
浮油回收
油池
污油提升泵
浮油脱水罐
机
无轴螺旋输送机
刮渣机
无轴螺旋输送机
溶气气浮池
中间水池
二级提升泵
离心鼓风机
风机房
O池
A 池
潜水搅拌机
卧式螺旋离心分离机
脱水机房
污泥提升泵
污泥浓缩池
螺杆泵
审定
审核
校核
设计
CAD制图
设计证书编号
工程
初步设计
阶段
工 艺
部分
图名
工艺流程图
比例
日期
图号

厂工艺流程图

b. 工艺流程图（图 1-2）。

c. 污水处理厂综合管线平面布置图。

（2）单体构（建）筑物设计图。

a. 工艺图。比例尺（1∶50）～(1∶100)。

b. 建筑图。比例尺（1∶50）～(1∶100)。

c. 结构图。比例尺（1∶50）～(1∶100)。

d. 主要建筑物给水排水、采暖通风、照明及配电安装图。

（3）电气与自控设计图。

a. 厂区高、低压变配电系统图和一、二次回路原理接线图。包括变电、配电、用电、启动、保护等设备型号、规格、编号。

b. 各种控制和保护原理图与接线图。

c. 各构筑物平面、剖面图。

d. 电气设备安装图。

e. 厂区室外线路照明平面图。

f. 仪器自动化控制安装图。

g. 非标准配件加工图。

（4）辅助设施设计图。

（5）非标准设备设计图。

a. 总装图。

b. 部件图。表明构件加工制作详图、组装图、制作和装配要求。

c. 零件图。说明加工精度、技术指标、材料、数量等。

认知污水处理厂工艺流程

通过某污水处理厂设计案例，学习者可掌握污水处理厂设计的内容及流程。通过观看某污水处理厂介绍视频，可了解生活污水处理典型工艺流程，熟悉生活污水污染物去除的原理和各处理单元主要设备（设施），增强学习者对专业知识的认知，有利于对后续环境工程识图与绘图的学习。

任务目标

1. 了解实际环境工程设计内容及流程。
2. 了解环境工程图纸中的工艺流程图。

工作过程

某生活污水处理厂的主要污染物质为氮、磷和有机物，采用 A^2/O 工艺方法，可同步去除氮、磷和有机污染物质。A^2/O 法的主要原理是：在厌氧环境中，污水中的有机物在厌氧发酵产酸菌的作用下转化为乙酸苷；而活性污泥中的聚磷菌在厌氧的不利状态下，将体内积聚的聚磷分解，分解产生的能量一部分供聚磷菌生存，另一部分能量供聚磷菌主动吸收乙酸苷转化为 PHB（聚 β-羟基丁酸）的形态储藏于体内。在好氧环境中，聚磷菌将储存于体内的 PHB 进行好氧分解并释出大量能量供聚磷菌增殖等生理活动所用，部分供其主动吸收污水中的磷酸盐，以聚磷的形式积聚于体内，这就是好氧吸磷。同时，在好氧的条件下，进行硝化反应，氨氮被氧化为硝酸盐氮；在缺氧状态下，进行反硝化反应，硝酸盐氮被还原为氮气，从而从水中去除。工艺流程框图见图 1-3。

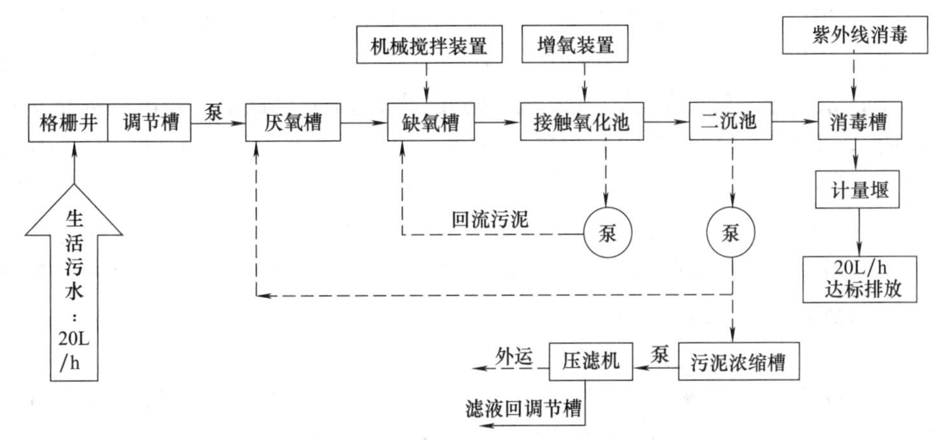

图 1-3　某生活污水处理厂工艺流程框图

工艺流程图是工艺设计关键的文件，是以规定的形象的图形、符号、文字表示工艺流程中选用的设备、构筑物、管道、附件、仪表等及其排列次序与连接方式，反映出物料流向与操作条件的工程图纸。工艺方案流程图又名工艺流程示意图或工艺流程简图，内容如下：

① 定性地标出污染治理的路线；

② 画出采用的各种过程及设备以及连接的管线。

工艺方案流程图的组成包括流程、图例、设备一览表等三部分。流程中有设备示意图、流程管线及流向箭头、文字注解。图例中只需标出管线图例，阀门、仪表等无须标出。

了解计算机辅助设计及其应用

了解现代计算机辅助设计技术的发展历史；掌握计算机辅助设计的基本概念和特点；认

知现代计算机辅助设计技术的功能及其发展动向。

任务目标

1. 认知计算机辅助设计 CAD 的发展历程。
2. 了解 CAD 绘图技术在环境工程设计中的作用。

工作过程

CAD（computer aided design，计算机辅助设计）诞生于 20 世纪 60 年代，是美国麻省理工学院提出的交互式图形学的研究计划，由于当时硬件设施昂贵，只有美国通用汽车公司和美国波音航空公司使用自行开发的交互式绘图系统。

20 世纪 70 年代，小型计算机费用下降，美国工业界才开始广泛使用交互式绘图系统。

20 世纪 80 年代，由于 PC 机的应用，CAD（计算机辅助设计）得以迅速发展，出现了专门从事 CAD 系统开发的公司。当时 Versa CAD 是专业的 CAD 制作公司，所开发的 CAD 软件功能强大，但由于其价格昂贵，故得不到普遍应用。而当时的 Autodesk（美国电脑软件公司）公司是一个仅有员工数人的小公司，其开发的 CAD 系统虽然功能有限，但因其可免费拷贝，故在社会得以广泛应用。同时，由于该系统的开放性，该 CAD 软件升级迅速。

CAD 最早的应用是在汽车制造、航空航天以及电子工业的大公司中。随着计算机变得更便宜，应用范围也逐渐变广。那么在计算机辅助设计（CAD）出现前，人们是如何绘图的呢？

图 1-4 是一张精美的安澜桥手绘图稿，是由我国著名的建筑历史学家梁思成先生手绘完成。1928 年，梁思成在回国之前，曾到欧洲参观了希腊、意大利等地的著名古建筑．他亲眼看到国外的古建筑受到妥善保护，许多学者在对它们进行专门的研究，而对比自己的国家，一个有着几千年文化传统的中华民族，祖先给我们留下了如此丰富的古建筑遗产，如今因为战争却是满目苍凉。珍贵的龙门石窟、敦煌壁画任意被盗卖、被抢劫，千年文物流落异邦，大批古建筑危立在风雨飘摇之中。只有少数外国学者对它们进行过一些考察，而国内学者反而无力从事研究，甚至中国人学习自己祖先的文化遗产都要依靠国外编著的书刊，这是多么令人痛心的状况。梁思成深深感到这是一种民族的耻辱，他怀着激昂的爱国热诚，奋然下定决心：中国人一定要研究自己的建筑，中国人一定要写出自己的建筑史。经过二十几年的实地考察测绘，他最终完成了《中国建筑史》。

1946 年 10 月，美国耶鲁大学聘请梁思成去讲学，他带着《中国建筑史》，以一个中国人的自豪心情将中华民族的文化珍宝展示在国际学术界面前，他以丰富的内容和精湛的分析博得了国外学术界的极大钦佩和赞扬。使中国古建筑这一瑰宝，终得拂去尘埃，重放异彩于世界文化之林。梁思成先生在国家危难情况下的勇于担当与默默坚守的精神值得我们去学习。

随着现代科学及生产技术的发展，对绘图的精度和速度都提出了较高的要求，与传统的手工绘图相比，计算机绘图具有高速的数据处理能力，极大地提高了绘图的精度及速度。

从 20 世纪 80 年代初，中国 CAD 技术应用经历了“六五”探索、“七五”技术攻关、“八五”普及推广、“九五”深化应用四个阶段。

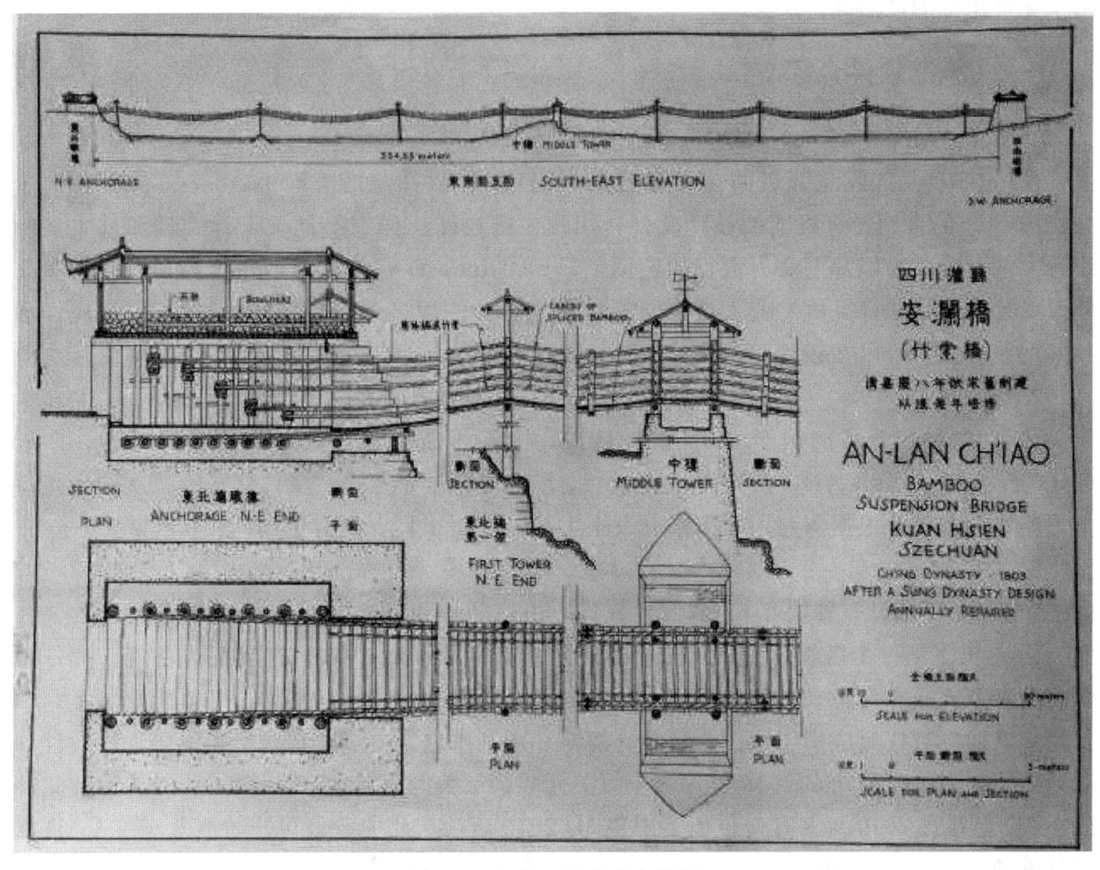

图 1-4 清代四川灌县安澜桥

1991 年，当时的国务委员宋健提出“甩掉绘图板”（后被简称为“甩图板”）的号召，我国政府开始重视 CAD 技术的应用推广，并促成了一场在工业各领域轰轰烈烈的企业革新。甩图板工程促进了 CAD 技术的进一步发展。1992 年国家启动“CAD 应用工程”并将它列为“九五”计划的重中之重，这都一再掀起自主开发 CAD 软件的新热潮。随后，众多国产 CAD 企业如雨后春笋般地建立起来。

90 年代中后期，一些学校也逐步将自己的研究成果商品化，形成了一批国产绘图软件，如高华 CAD、武汉的开目 CAD、北航海尔、凯图 CAD 等。但随着光盘和网络的出现，盗版迅速普及，在盗版的挤压下，这些产品由于商品化和市场推广等各方面问题大部分逐步退出市场。

加入 WTO 以后，我国政府对知识产权的保护力度在逐步加大，2001 年以后中望、浩辰陆续推出了自己的二维 CAD 平台，到 2006 年，国内更是推出了十余种二维国产 CAD。现在仍在持续开发和更新版本的有三家，分别是浩辰、中望、CAXA。以浩辰 CAD 为例，自主知识产权的 CAD 的稳定性能已得到更多用户认可。目前已将产品远销到海外 70 多个国家和地区。

以前，工程设计主要是由人工进行手绘，很难保证图纸的整洁度以及图纸的精准度，一旦有了错误更改起来也很困难，若需要更改的地方太多就只能重新画，效率和精准度都难以达到要求。后来计算机技术得到大力发展，计算机技术中开发的 CAD 画图技术也逐渐替代了人工绘图。CAD 画图技术不仅提高了工作效率，在节省出大量的人力的前提下，更展现出了无可比拟的灵活性。

一、CAD 软件介绍

1. AutoCAD

AutoCAD 是国际上著名的二维和三维 CAD 设计软件，是美国 Autodesk 公司首次于1982 年生产的自动计算机辅助设计软件，用于二维绘图、详细绘制、设计文档和基本三维设计。现已经成为国际上广为流行的绘图工具。AutoCAD 有着良好的用户界面，它的多文档设计环境，让非计算机专业人员也能非常快地学会使用。AutoCAD 拥有广泛的适应性和良好的兼容性，可以在各种 PC 系统和工作站上运行。

2. 浩辰 CAD

浩辰 CAD 是著名的国产 CAD 设计软件，由苏州浩辰软件股份有限公司开发。浩辰CAD 完美兼容 AutoCAD，在界面、功能、操作习惯、命令方式、文件格式、二次开发接口与之基本一致，并根据国内用户需求开发了大量的使用工具，具有更高的性价比。

3. 中望 CAD

中望 CAD 是另一种国产 CAD 设计软件，由广州中望龙腾软件股份有限公司开发并在2001 年推出了第一个版本。中望 CAD 兼容普遍使用的 AutoCAD，在界面、功能、操作习惯、命令方式、文件格式上与之基本一致，但具有更高的性价比和更贴心的本土化服务，深受用户欢迎，被广泛应用于通信、建筑、煤炭、水利水电、电子、机械、模具等勘察设计和制造业领域。中望公司在 2010 年斥资千万美元收购了美国著名的三维 CAD/CAM 设计软件公司 VX，并在 2010 年 8 月份推出了中望 3D 2010 版，从此中望公司开始涉及三维 CAD 设计软件领域。

4. MicroStation

MicroStation 是国际上和 AutoCAD 齐名的二维和三维 CAD 设计软件，第一个版本由Bentley 兄弟在 1986 年开发完成。其专用格式是 DGN，并兼容 AutoCAD 的 DWG/DXF 等格式。MicroStation 是 Bentley 工程软件系统有限公司在建筑、土木工程、交通运输、加工工厂、离散制造业、政府部门、公用事业和电信网络等领域解决方案的基础平台。

MicroStation 具有很强大的兼容性和扩展性，可以通过一系列第三方软件实现诸多特殊效果。例如用 TurnTool 等第三方插件，即可直接用 MicroStation 发布在线三维展示案例。

二、CAD 技术在环境工程设计中的特点

1. 图纸干净整洁

在科技还不发达的时候，环境工程设计图纸都是人工画的。在绘画的过程中，需要大量的人力，浪费很多时间。并且图纸如果有不合适的地方，想要进行修改，会很不方便。CAD 技术的崛起，解放了人力，节省了时间。在绘画过程中，不仅可以一直保持图纸的干净整洁，即使有画错的地方，点击撤销键，即可更改重画，非常方便。

2. 工作效率高

CAD 的操作很方便，需要记住的基本口令很少，尤其是如果只做平面绘图，那只需要一些基本口令就可解决大部分工作。设计师熟练掌握绘图技术后，以前需要绘制几个月的图纸，利用 CAD 技术只需要十几天就可以完工，大大提高了工作效率。

3. 图纸精确度高

在环境工程的规划设计工作中，关于图形的设计最为多见的是平面图形与立体图形的设计，依据传统的手动绘制的方法，需要非常繁杂的程序，而且对绘制人员的专业技能要求非常高，虽是如此，依旧不能够保证所绘制图形的精确性，然而CAD技术的运用，给设计人员带来了极大的福音，设计工作人员不但可以通过使用计算机自身对环境工程的预装程序开展设计工作，并且还可以凭借安装在计算机上面的应用程序来开展设计工作。

4. 保存图纸更加便捷

CAD说到底是以计算机作为依托的技术，而计算机拥有一项非常强大的功能，即可以储存很多资源。CAD绘图需要的空间很大，计算机可以满足这样的储存需求。如果设计师只是画了一部分，那么可以保存在U盘中，随身携带。需要的时候可以导入计算机中，随时可进行更新。

5. CAD技术在环境工程中的应用

在利用CAD绘制图形的过程中，往往会遇到这样的状况，需要使用很多的图形符号，并且这些图形符号是设计过程中需要不断重复使用的，因此，需要建立常用图形图库。在电脑图形技术层面，在图纸上面安插图库中预存的图形符号并重新编辑，这是很多CAD应用程序目前正在运用并不断升级换代以符合人们使用需求的技术。这个技术毫无疑问地进一步削减了繁复的工作量，提升了工作效率。在进行环境工程城市污水流程设计时，可以充分地借助于计算机辅助设计，运用CAD软件图形图库方便快捷准确地绘制出城市污水处理的典型流程，展示城市污水处理流程中所用到的设备、流程线路以及界限的标注和文字标注等元素。

练习与实践

1. 污水处理厂的设计分哪几个阶段？每个阶段的设计内容包括哪些？
2. 计算机辅助绘图在污水处理厂站设计中发挥什么作用？
3. 计算机辅助设计有哪些软件？
4. 计算机辅助设计的优点是什么？
5. 谈谈技术人员在CAD技术应用中的关键作用。
6. CAD技术未来的发展方向是什么？

项目小结

本项目讲述了计算机辅助设计的发展历程、CAD基本概念以及CAD在环境工程中的应用。计算机辅助设计是一门发展中的学科，新的概念、新的方法不断出现，为此应引入计算机辅助设计发展的最新研究动态，并尽可能进行课外相关资料的阅读，扩大知识面，了解计算机辅助设计在各领域中的应用。

项目二

环境工程制图规范及标准的认知

项目目标

1. 通晓建筑工程制图标准及制图规范。
2. 熟知国家标准关于图纸幅面和格式及比例的规定。
3. 掌握比例的概念和选用原则，具有正确认知和选用图纸幅面和格式及比例的能力。
4. 了解图线的类型及应用，掌握图线画法的注意事项。
5. 掌握字体的选用及尺寸标注的组成。

内容索引

在工程建设中，图纸是用于交流的构成要素。为了满足设计、施工、生产、存档和各种出版物的要求，国家技术监督局颁布了一系列有关制图的国家标准（简称“国标”或“GB”），学习工程制图，就要掌握国家标准（GB）所规定的图样的画法，能够读懂图纸所要表达的工程含义。CAD 工程制图基本要求主要包括图纸、图框、比例、线型及字体选用等方面的内容。它们都是在进行正式绘制工程图之前需要先确定的。本项目通过任务的布置，学习者可掌握标准绘图的能力（表 2-1）。

表 2-1　项目任务表

学习任务一	认知标准图纸幅面与比例	掌握图纸的幅面及所对应的尺寸
		熟记图纸装订边的尺寸
		能够选择正确的绘图比例
学习任务二	正确选用制图标准中的图线	掌握线型的选用
		正确设置线宽
学习任务三	正确选用字体及尺寸标注	正确设置字体的样式及高度
		掌握尺寸标注的组成

匠心筑梦

标准的本质是统一，它是对重复性事物和概念的统一规定。秦始皇的伟大成就不在于修筑了万里长城，而是统一了中国的度量衡。源远流长的标准化为人类文明的发展提供了重要的技术保障。当今世界，标准化水平已成为各国各地区核心竞争力的基本要素。一个企业，乃至一个国家，要在激烈的国际竞争中立于不败之地，标准是占有非常重要的地位。

比如，只有执行严格的资源利用和环境保护标准，才能从源头促使企业节约资源、能源，减少和预防环境污染。以海尔为例，自 1984 年创业时起，海尔的各项产品标准均高于国家标准，其中很多指标也优于世界先进国家标准，如冰箱外观，国家标准要求 1.5m 以内看不出划痕，海尔要求在 0.5m 以内。海尔的成功证明，质量是企业的生命，而标准是质量的前提，只有抓住了标准这个根本，企业方能立于不败之地。

“得标准者得天下”。2016 年 11 月 17 日，在 5G 短码方案讨论会议中，以华为主推的方案，成为 5G 控制信道 eMBB 场景编码方案，这标志着我国首次在通信的高科技领域取得指定标准的话语权。标准决定着市场的控制权。谁的技术成为标准，谁制定的标准为世界所认同，谁就会获得巨大的市场和经济利益。因此对于美国来说，今后在通信领域会相当被动，也就是因为这个方案的确立，让美国动了打压华为的念头。标准的重要性不言而喻。

关于制图标准，新中国成立，东北地区受苏联影响，采用第一角画法。上海地区受美国影响，采用第三角画法。这种状况一直延续到新中国成立初期。1959 年国家科学技术委员会颁布了《机械制图》国家标准，随后又颁布了《建筑制图》国家标准，使全国工程图样标准得到了统一，标志着我国工程图学进入了一个崭新的阶段。随着科学技术的发展和工业水平的提高，工程制图方面的技术规定和标准不断修改和完善。

为了便于技术交流，提高绘图效率，满足设计、施工、管理等方面的要求，工程图的绘制必须符合国家标准的规定，环境工程到目前为止还没有出台专门的制图标准，这是因为环境工程本身是一门交叉学科，涉及的专业很多。如一项污水治理工程主要涉及土建、管道等，在制图时一般参考建筑制图标准和给水排水制图标准。而一项大气污染控制工程则主要涉及设备、管道，在制图时参考机械制图标准更为合适。为了使图纸的表达方法和形式统一，提高制图效率，以满足设计、施工、存档等要求，国家发布了一系列标准如 GB/T 50001《房屋建筑制图统一标准》、GB/T 50104《建筑制图标准》、GB/T 50105《建筑结构制图标准》、GB/T 50106《建筑给水排水制图标准》、GB/T 4458.6《机械制图　图样画法　剖视图和断面图》等。环境工程专业的制图应符合以上相关标准。国家标准，简称国标（GB），GB/T 表示推荐使用的国家标准。GB/T 后的数字表示此项国标的代号。

学习方法

这个项目里所学的内容知识点比较多，学习起来会有点枯燥，建议学习者先了解整个制图标准构架，再通过学习任务掌握图纸幅面、比例、图线、字体等主要知识点，同时还要对照附录中 GB/T 18229—2000《CAD 工程制图规则》等制图标准与规范，掌握其他知识点。

二维码 2.1
环境工程 CAD
制图标准

知识准备

环境工程到目前为止还没有出台专门的制图标准，这是因为环境工程本身就是一门交叉学科，涉及的专业很多。如一项污水治理工程主要涉及土建、管道等，在制图时一般参考建筑制图标准和给水排水制图标准。而一项大气污染控制工程则主要涉及设备、管道，在制图时参考机械制图标准更为合适。为了使图纸的表达方法和形式统一，提高制图效率，以满足设计、施工、存档等要求，根据国家发布的相关标准如 GB/T 50001《房屋建筑制图统一标准》、GB/T 50104《建筑制图标准》、GB/T 50105《建筑结构制图标准》、GB/T 50106《建筑给水排水制图标准》、GB/T 4458.6《机械制图 图样画法 剖视图和断面图》等。环境工程专业的制图应符合以上相关标准。国家标准，简称国标（GB），GB/T 表示推荐使用的国家标准。GB/T 后的数字表示此项国标的代号；一字线后的数字表示制定的时间。

认知标准图纸幅面与比例

本任务通过表格及图片可了解各图纸的幅面及图框尺寸，能够根据所绘制的图纸类型，正确选用图纸的比例。

任务目标

1. 熟知图纸的幅面规格。
2. 了解标题栏、会签栏的内容。
3. 能正确选用制图比例。

一、认知图纸幅面

图纸幅面，应符合表 2-2 的规定及图 2-1～图 2-3 的格式。

表 2-2 图纸幅面及图框尺寸

单位：mm

幅面代号 尺寸代号	A0	A1	A2	A3	A4
$b \times l$	841×1189	594×841	420×594	297×420	210×297
c	10			5	
a	25				

图纸的短边一般不应加长，长边可加长，但应符合国家标准中相应的规定。

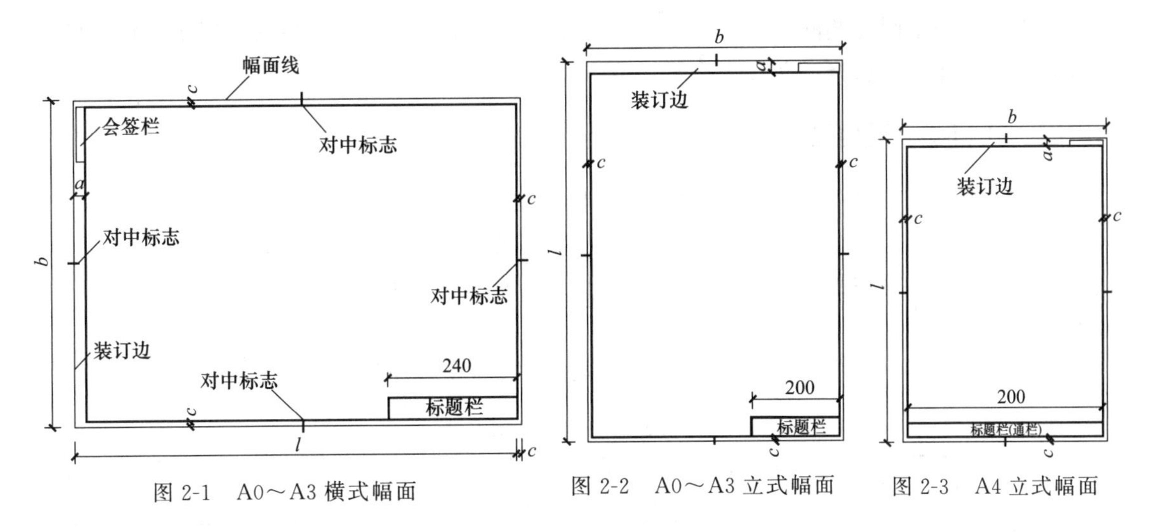

图 2-1　A0～A3 横式幅面　　图 2-2　A0～A3 立式幅面　　图 2-3　A4 立式幅面

在一套工程图纸中应以一种规格图纸为主，尽量避免大小幅面掺杂使用。

二、认识标题栏、会签栏与明细栏

图纸的标题栏、会签栏及装订边的位置，可参考图 2-4、图 2-5。

标题栏应按图 2-4 所示绘制，根据工程需要可以修改其尺寸及分区。标题栏中应标明工程名称，本张图纸的名称与专业类别及设计单位名称、图号，留有设计人、绘图人、审核人的签名栏和日期栏等。

会签栏应按图 2-5 的格式绘制。它是为各工种负责人签字用的表格，不需会签的图纸可不设会签栏。

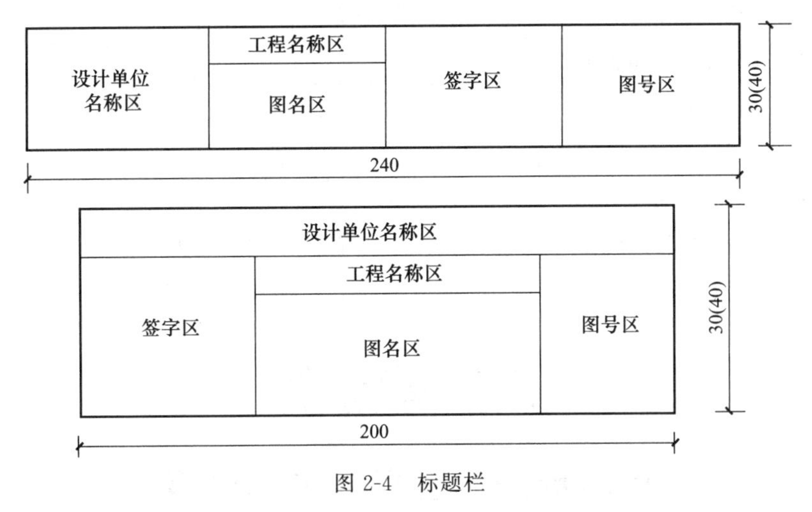

图 2-4　标题栏

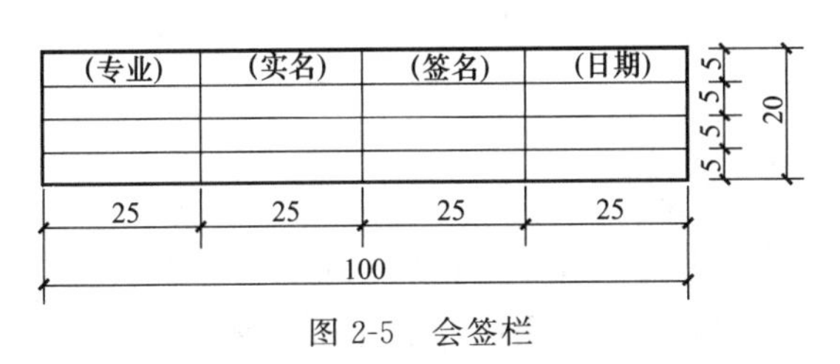

图 2-5　会签栏

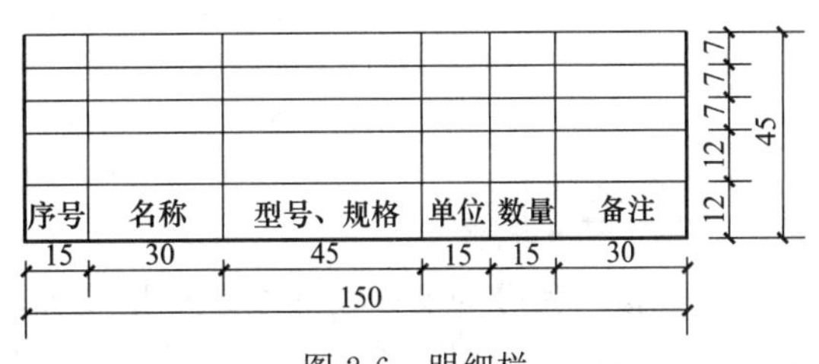

图 2-6　明细栏

工程设计施工图和装配图中一般应配置明细栏，其形式及尺寸如图 2-6 所示。栏中的项目可以根据具体情况适当调整。

三、正确选用图纸的比例

比例是图形与实物相对应的线性尺寸之比。比例的大小，是指其比值的大小，如 1∶50 大于 1∶100。比例的符号为“∶”。比例应以阿拉伯数字表示，如 1∶1、1∶2、1∶100 等。比例宜注写在图名的右侧，字的基准线应取平。比例的字高宜比图名的字高小一号或两号。

绘图所用的比例，应根据图样的用途与被绘对象的复杂程度，从表 2-3 中选用。

表 2-3 常用比例

常用比例	1∶1、1∶2、1∶5、1∶10、1∶20、1∶50、1∶100、1∶150、1∶200、1∶500、1∶1000、1∶2000、1∶5000、1∶10000、1∶20000、1∶50000、1∶100000、1∶200000
可用比例	1∶3、1∶4、1∶6、1∶15、1∶25、1∶30、1∶40、1∶60、1∶80、1∶250、1∶300、1∶400、1∶600

环境工程图纸的比例，具体可参考表 2-4。

表 2-4 环境工程专业制图常用比例

名称	比例	备注
区域规划图 区域位置图	1∶50000、1∶25000、1∶10000、1∶5000、1∶2000	宜与总图专业一致
总平面图	1∶1000、1∶500、1∶300	宜与总图专业一致
管道纵断面图	纵向：1∶200、1∶100、1∶50 横向：1∶1000、1∶500、1∶300	
水处理厂（站）平面图	1∶500、1∶200、1∶100	
水处理构筑物、设备间、卫生间、泵房平剖面图	1∶100、1∶50、1∶40、1∶30	
水处理流程图 水处理高程图	不按比例绘图	
详图	1∶50、1∶30、1∶20、1∶10、1∶5、1∶2、1∶1、2∶1	

一般情况下，一个图样应选用一种比例。根据需要，可选用两种。比如水处理高程图和管道纵断面图，可对纵向与横向采用不同的组合比例。水处理流程图可不按比例绘制。

正确选用制图标准中的图线

图线按线型分为实线、虚线、点划线等，按线宽分为粗线、中粗线、中线等，不同的图形通过不同的线型和线宽得以区分，本次任务通过图表总结出图线的设置和正确画法。

1. 正确设置图线的线宽。
2. 明确不同线型的用途。
3. 掌握正确的图线画法。

一、设置图线的宽度

图线线宽分为表 2-5 中的几组。一般 A0、A1 幅面采用第 3 组，A2、A3、A4 幅面采用第 4 组。

表 2-5　图线线宽组　　单位：mm

线宽比	线宽组					
b	2.0	1.4	1.0	0.7	0.5	0.35
$0.5b$	1.0	0.7	0.5	0.35	0.25	0.18
$0.25b$	0.5	0.35	0.25	0.18	—	—

注：1. 需要微缩的图纸，不宜采用 0.18mm 及更细的线宽。
2. 同一张图纸内，各不同线宽中的细线，可统一采用较细的线宽组的细线。

图框和标题栏线，可采用表 2-6 的线宽。

表 2-6　图框和标题栏线的宽度　　单位：mm

幅面代号	图框线	标题栏外框线	标题栏分格线、会签栏线
A0、A1	1.4	0.7	0.35
A2、A3、A4	1.0	0.7	0.35

二、图线的线型

图线的线型应按表 2-7 选用。

表 2-7　图线的线型

名称		线　　型	线宽	一般用途
实线	粗		b	主要可见轮廓线
	中		$0.5b$	可见轮廓线
	细		$0.25b$	可见轮廓线、图例线
虚线	粗		b	见各有关专业制图标准
	中		$0.5b$	不可见轮廓线
	细		$0.25b$	不可见轮廓线、图例线
单点长划线	粗		b	见各有关专业制图标准
	中		$0.5b$	见各有关专业制图标准
	细		$0.25b$	中心线、对称线等
双点长划线	粗		b	见各有关专业制图标准
	中		$0.5b$	见各有关专业制图标准
	细		$0.25b$	假想轮廓线、成型前原始轮廓线
折断线			$0.25b$	断开界线
波浪线			$0.25b$	断开界线

给水排水工程制图采用的线型，可具体参考表 2-8。

表 2-8 给水排水工程制图采用的线型

名称	线型	线宽	用途
粗实线		b	新设计的各种排水和其他重力流管线
粗虚线		b	新设计的各种排水和其他重力流管线的不可见轮廓线
中粗实线		0.75b	新设计的各种给水和其他压力流管线；原有的各种排水和其他重力流管线
中粗虚线		0.75b	新设计的各种给水和其他压力流管线；原有的各种排水和其他重力流管线的不可见轮廓线
中实线		0.50b	给水排水设备、零(附)件的可见轮廓线；总图中新建的建筑物和构筑物的可见轮廓线；原有的各种给水和其他压力流管线
中虚线		0.50b	给水排水设备、零(附)件的不可见轮廓线；总图中新建的建筑物和构筑物的不可见轮廓线；原有的各种给水和其他压力流管线的不可见轮廓线
细实线		0.25b	建筑的可见轮廓线；总图中原有的建筑物和构筑物的可见轮廓线；制图中的各种标注线
细虚线		0.25b	建筑的不可见轮廓线；总图中原有的建筑物和构筑物的不可见轮廓线
单点长划线		0.25b	中心线、定位轴线
折断线		0.25b	断开界线
波浪线		0.25b	平面图中水面线、局部构造层次范围线、保温范围示意线等

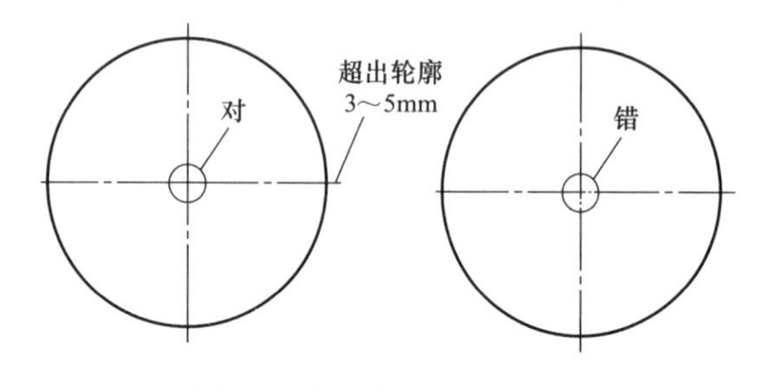

图 2-7 点画线相交正确画法

三、正确绘制图线

细虚线、细点画线、细双点画线与其他图线相交时尽量交于长画处。如图 2-7 所示。

细虚线直接在粗实线延长线上相接时，细虚线应留出空隙；细虚线与粗实线垂直相接时则不留空隙；细虚线圆弧与粗实线相切时，细虚线圆弧应留出空隙。如图 2-8 所示。

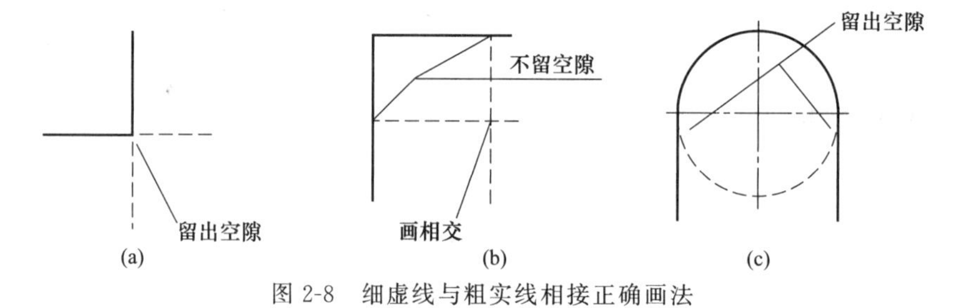

图 2-8 细虚线与粗实线相接正确画法

正确选用字体及尺寸标注

在工程制图时，数字、字母、汉字所选用的字体和格式有相应的规定，不同比例的图

纸、同一张图纸上不同功能的字对应的字高也可能有所区分，本次任务通过图表展示字体及字高的选用。在图纸中，尺寸标注是很重要的一部分内容，通过本任务的学习，正确掌握尺寸标注的组成和方法。

任务目标

1. 正确选用字体字高。
2. 明确尺寸标注的组成。

一、字体的选用

图纸上的汉字宜采用长仿宋体矢量字。汉字的书写，必须符合国务院公布的《汉字简化方案》和有关规定。数字一般应以斜体字输出，其斜度应是从字的底线逆时针向上倾斜75°。小数点进行输出时，应占一个字位，并位于中间靠下方。字母应以斜体字输出。

标点符号应按其含义正确使用，除省略号和破折号为两个字位外，其余均为一个字位。字体高度与幅面之间的关系应从表2-9中选用。

表2-9　字体高度与幅面的关系　　单位：mm

幅面	A0	A1	A2	A3	A4
汉字	7	5	3.5	3.5	3.5
字母与数字	5	5	3.5	3.5	3.5

文字的字高与字宽的关系应符合表2-10的规定。

表2-10　文字的字高与字宽的关系　　单位：mm

字高	20	14	10	7	5	3.5
字宽	14	10	7	5	3.5	2.5

字体的最小字（词）距、行距、间隔线或基准线与字体之间的最小距离也应符合相应的标准的有关规定，此处不见详细列出。

二、尺寸标注

尺寸，包括尺寸界线、尺寸线、尺寸起止符号和尺寸数字（见图2-9）。

除标高与总平面图上的尺寸以米为单位外，其余一律以毫米为单位。为使图面清晰，尺寸数字后面一般不注写单位。

尺寸界线一般应与被注长度垂直。在图形外面用细实线绘出，其一端应离开轮廓线不小于2mm，另一端宜超出尺寸线2～3mm，见图2-10。在图形里面则以轮廓线或中线代替。

尺寸线应与被注长度平行，且必须以细实线绘出，图样本身的任何图线均不得用作尺寸线。与尺寸界线相交处应适当延长。

尺寸起止符号包括斜线、实心箭头等。建筑制图多用斜线形式，机械制图则多用箭头形式，见图2-11左侧。斜线是用45°中粗线绘制，长度宜为2～3mm，见图2-11右侧。半径、直径、角度与弧长的尺寸起止符号，宜用箭头表示。

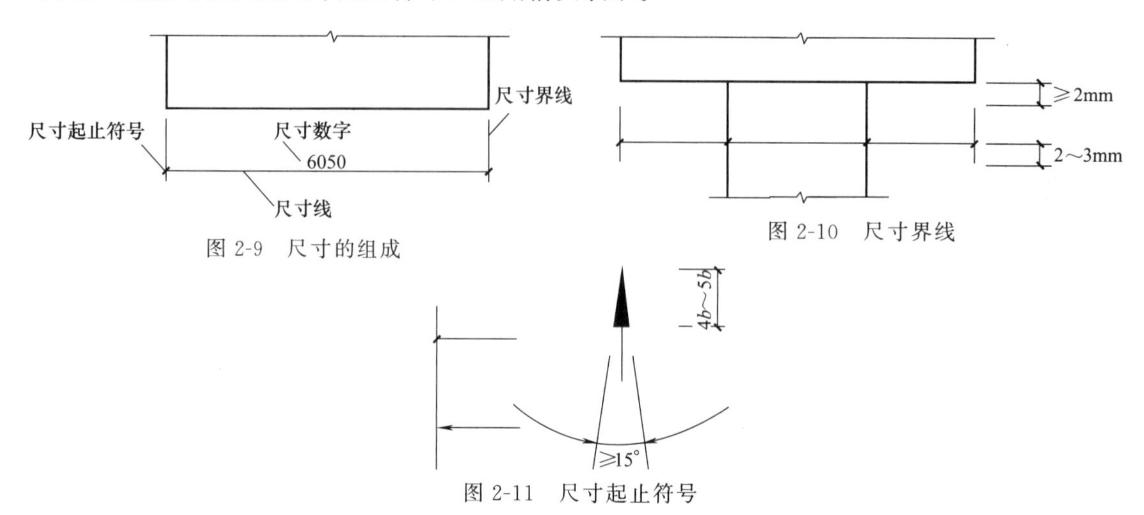

图 2-9 尺寸的组成

图 2-10 尺寸界线

图 2-11 尺寸起止符号

练习与实践

一、填空题

1. 工程建设制图中的主要可见轮廓线应选用________。
2. 图样上的尺寸包括哪几部分________________________________。
3. 指北针圆的直径宜为________________，用细实线绘制。
4. 工程制图图幅幅面主要有____种，分别是哪几种____________。
5. 当采用 1∶1000 的比例绘图时，比例尺上的 1mm 代表实际长度为____________。
6. [图例]、[图例]分别代表哪种建筑材料________、________。
7. 标题栏位于图纸的________或________。
8. 同一机件如在用不同的比例画出，其图形大小________；但图上标注的尺寸数值________。

二、选择题

1. 建筑平面图中的中心线、对称一般应用（　　）。

A. 细实线　　B. 细虚线　　C. 细单点长画线　　D. 细双点长画线

2. 建筑施工图中定位轴线端部的圆用细实线绘制，直径为（　　）。

A. 8～10mm　　B. 11～12mm　　C. 5～7mm　　D. 12～14mm

3. 有一栋房屋在图上量得长度为 50cm，用的是 1∶100 比例，其实际长度是（　　）。

A. 5m　　B. 50m　　C. 500m　　D. 5000m

4. 施工平面图中标注的尺寸只有数量没有单位，按国家标准规定单位应该是（　　）。

A. mm　　B. cm　　C. m　　D. km

5. 在建筑平面图中，位于 2 和 3 轴线之间的第一根分轴线的正确表达为（　　）。

A. 1/2　　B. 3/1　　C. 2/1　　D. 1/3

6. 在A号轴线之后附加的第二根轴线，正确的是（　　）。

A. A/2　　B. B/2　　C. 2/A　　D. 2/B

7. 制图国家标准规定，必要时图纸幅面尺寸可以沿（　　）边加长。

A. 长　　B. 短　　C. 斜　　D. 各

8. 1∶2是（　　）的比例。

A. 放大　　B. 缩小　　C. 优先选用　　D. 尽量不用

9. 某产品用放大一倍的比例绘图，在标题栏比例项中应填（　　）。

A. 放大一倍　　B. 1×2　　C. 2/1　　D. 2∶1

10. 若采用1∶5的比例绘制一个直径为40mm的圆时，其绘图直径为（　　）。

A. 8　　B. 10　　C. 180　　D. 200

11. 图样中汉字应写成（　　）体，采用国家正式公布的简化字。

A. 宋体　　B. 长仿宋　　C. 隶书　　D. 楷体

12. 制图国家标准规定，字体的号数，即字体的高度，单位为（　　）米。

A. 分　　B. 厘　　C. 毫　　D. 微

13. 标注（　　）尺寸时，应在尺寸数字前加注直径符号“φ”。

A. 圆的半径　　B. 圆的直径　　C. 圆球的半径　　D. 圆球的直径

三、改错题

1. 指出下图中有哪些错误之处，请改正。

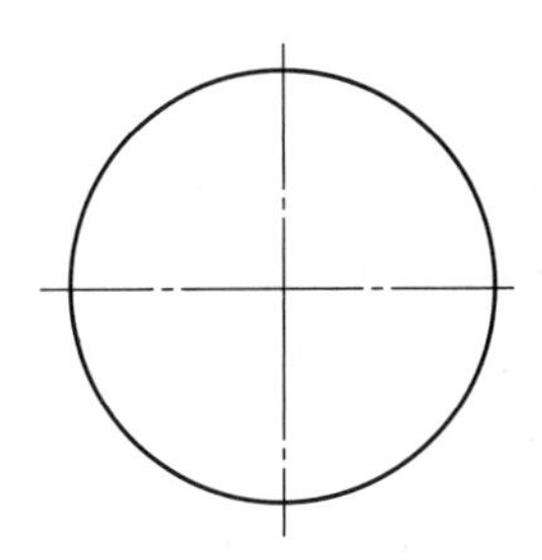

2. 检查下图中尺寸标注的错误，并修改完善。

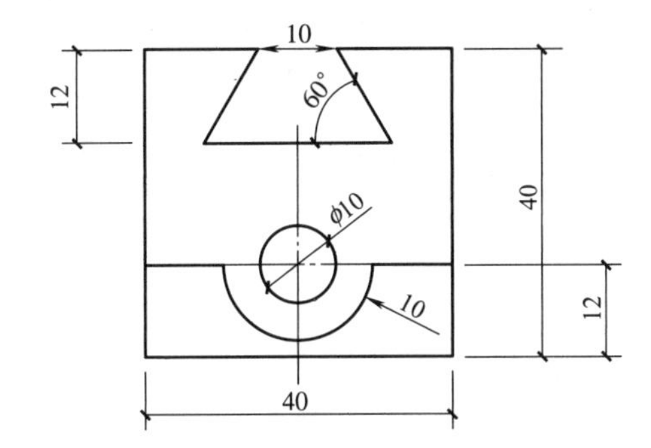

项目小结

通过本节课的学习，学习者应了解国标所规定的几种图幅和图框格式以及标题栏的画法，掌握比例的概念和选用原则，具有正确认知和选用图纸幅面和格式及比例的能力。了解图线的类型及应用，掌握图线画法的注意事项。

项目三

制图基础

项目目标

1. 掌握投影的基本理论与方法，提高空间分析与想象能力。
2. 熟练图与物的相互转换过程，掌握画图和读图的基本方法与规律。
3. 掌握绘制与阅读工程图样的基本技能，培养解决工程技术问题的能力。

内容索引

制图基础主要是讨论从空间到平面的表达，又从平面到空间的图物转换过程，主要是培养空间分析与创新能力，培养工程技术领域的图形表达和形象思维能力，培养工程图样的绘制与阅读的基本技能。本项目讲解投影、三视图、剖视图等的基本概念，通过任务驱动提高学习者空间想象能力，掌握图与物相互转换过程。主要内容见表 3-1。

表 3-1　项目任务表

<table>
<tr><td rowspan="2">学习任务一</td><td rowspan="2">绘制简单的组合体三视图</td><td>了解投影、投影面、中心投影、平行投影和正投影的概念</td></tr>
<tr><td>掌握正投影的规律，会作出简单组合体的三视图</td></tr>
<tr><td rowspan="3">学习任务二</td><td rowspan="3">绘制机件三视图</td><td>掌握基本视图的概念</td></tr>
<tr><td>培养分析三视图的能力</td></tr>
<tr><td>掌握三视图的画法和标注规定</td></tr>
<tr><td rowspan="2">学习任务三</td><td rowspan="2">绘制污泥泵房剖视图</td><td>掌握剖视图的有关概念，掌握剖视图的做法及应用</td></tr>
<tr><td>掌握绘制与阅读工程图样的基本技能，培养解决工程技术问题的能力</td></tr>
</table>

匠心筑梦

马克思主义唯物辩证法是马克思主义的精髓，它是马克思主义的本源、灵魂和根本理论基础。马克思辩证唯物法有三大基本规律，即对立统一规律、量变质变规律、否定之否定规律。任何事物之间及事物内部都包含矛盾的两方面，双方既对立又统一，都存在肯定和否定的因素，我们要运用一分为二的观点，不光看到肯定因素更要看到否定因素，对事物进行多次的否定，便会得到发展到更高阶段的事物，从而实现量变到质变的飞跃。

我国在社会主义道路的探索中也充分融合了辩证唯物主义。毛泽东在长期领导中国革命和建设的伟大实践中把唯物辩证法看作马克思列宁主义最主要的东西和根本的理论基础，常运用唯物辩证法观察研究与探索解决中国革命和建设的具体实践问题。在具体实践中，他否定了教条主义和经验主义，将真理与中国具体实践相结合。用全面的而不是片面的观点看问题，用联系的而不是孤立的观点看问题，这些无一不体现了马克思主义辩证法对于我国发展的指导。

要想掌握事物的本质和规律，仅靠感觉、知觉、表象是不行的，需要将辩证思维的基本精神渗透在现代科学研究方法之中。辩证的角度看问题就是全方位、多角度、分层次地看问题，深入地看问题。1869 年人们已经掌握了 63 种元素的物理性质和化学性质，当时的化学家们都在考虑，元素的性质究竟和什么有关系？元素之间又有什么内在联系？

俄国化学家门捷列夫在这方面的工作是杰出的。他用厚纸片做了 63 个方形卡片。卡片上记录着元素的名称、性质和原子量，又通过反复的思考最后发现：元素的性质随着原子量的递增而呈周期性的变化。这就是门捷列夫发现的元素周期律。根据这个规律，他把自己已经知道的 63 种元素排列在一张表里，这张表就叫元素周期表。他还在表中留下空位，预言了某些未知元素的性质，还指出已测定过的元素原子量的错误，随着科学的发展，以后的科学事实证实了门捷列夫的预言。门捷列夫的这种认识，是由于没有停留在对个别元素的认识上，而是以某一类事物的整体（63 种元素）为研究对象，所以抓住了某一类事物的本质特征，发现了事物之间的内在联系。

《环境工程识图与 CAD》教学的目的是培养学生具有绘图、识图和空间想象能力。其中，空间想象思维能力是培养绘图能力和识图能力的基础。辩证思维是以变化发展的视解认识事物的思维方式，在联系和发展中把握认识对象，在对立统一中认识事物。只有自觉地进行辩证思考，才能真正地认知事物、认识世界，从而真正有效地解决不断涌现的问题。在学习过程中，要自觉的应用辩证思维方法，比如，组合体图形的绘制需要掌握分析与综合方法，分析是在思维中把对象分解为不同的组成部分、方面、特性等，分别加以研究找出事物本质的方法；综合是在思维中把分解出来的不同部分、方面按其客观次序、结构组成一个整体，达到认识事物整体的方法。组合体的分析也是哲学中整体和部分辩证关系的体现。组合体是一个整体，在读图和画图的时候，组合体又可被分解成被切割、相互叠加的简单形体，将“整体”化解为“部分”。“分解”之后还要考虑这些简单形体的位置关系，以及其相互关联的线面之间的关系，这表明“部分”也制约着“整体”。此过程中蕴含着先画主要轮廓，后画具体细节，这蕴含着哲学上的先整体后局部的辩证统一。所以我们在日常生活中也要树立全局观念，办事情先从整体着眼，又要细化好局部。

学习方法

1. 必须要抓住空间形象思维的学科特点，反复进行空间与平面间相互转换过程的想象和理解，分析空间形体与平面图形间的对应关系和规律。

二维码 3.1　空间几何体的三视图

2. 进行表达绘图和阅读图形的反复实践，提高空间想象能力与读图的基本技能，坚持多画、多读和多想象的综合训练。

3. 要养成耐心细致的学习作风。

知识准备

用图形表达物体，具有形象生动和一目了然的特点，对一些结构复杂的设备和工程，必须用图形表达。工程技术上根据投影原理，并遵照国家制图标准有关规定绘制的表达工程对象的形状、尺寸及技术要求的图，称为工程图样，简称图样。工程图样是工程界的技术语言，作为工程技术人员，必须具备绘制和阅读工程图样的能力。

图形视图分析过程如图 3-1 所示。

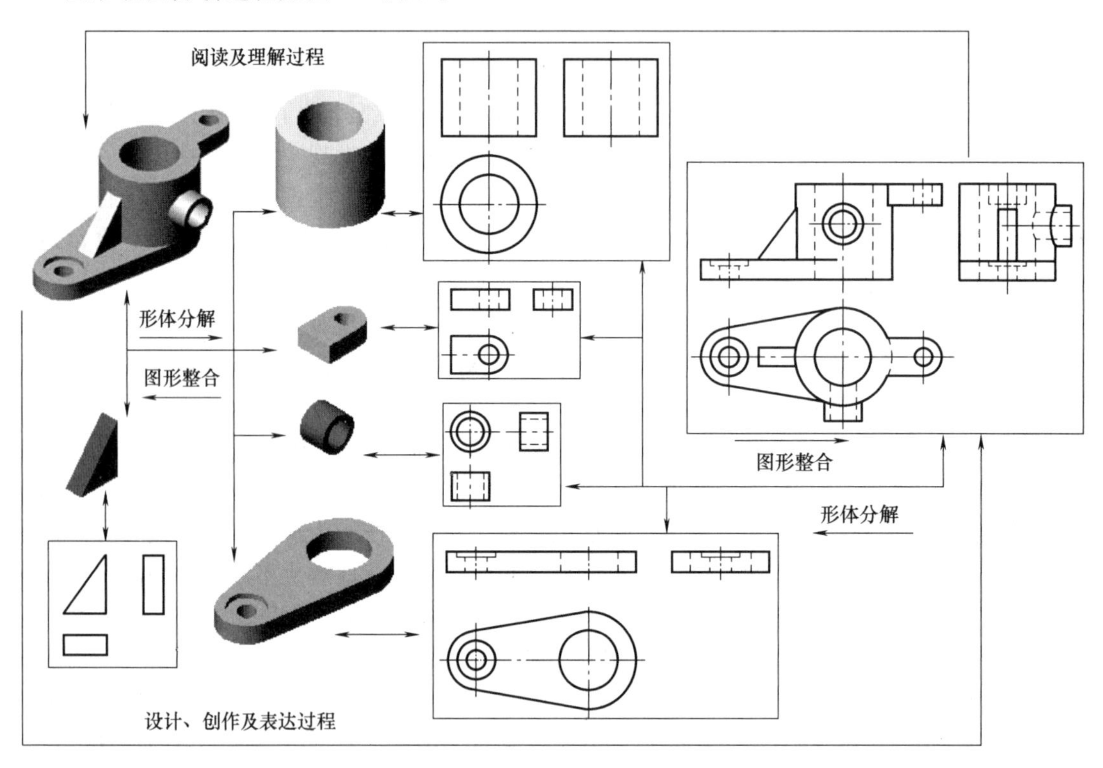

图 3-1 图形视图分析过程

一、投影的概念

空间物体在光线的照射下，在地上或墙上产生的影子，这种现象叫投影。把光线叫投影线，把留下物体影子的屏幕叫投影面。在投影面上作出物体投影的方法称为投影法。

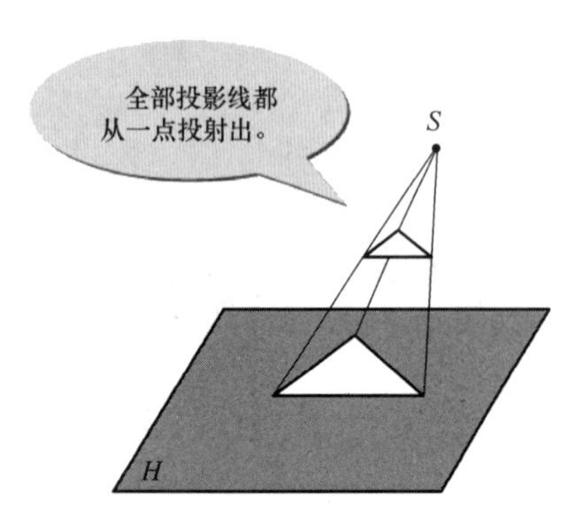

图 3-2 中心投影法示意图

二、投影法的种类

1. 中心投影法

投射线由有限远点出发的投影方法，称为中心投影法，如图 3-2 所示。投影大小与物体和投影面之间距离有关。中心投影后的图形与原图形相比，虽然改变很多，但直观性强，看起来与人的视觉效果一致，所以在绘画时，经常使用这种方法，但在立体几何中很少用中心投影原理来画图。用中心投影法画出的图形称为透视图，其立体感强，符合人们的视觉习惯，常用于绘制建筑效果图，但透视图作图复杂，度量性差。

2. 平行投影法

投射线由无限远处发出的投影方法，称为平行投影法。平行投影法可以看成是中心投影法的特殊情况，投影大小与物体和投影面之间距离无关。根据投射线与投影面是否垂直，平行投影法又分以下两种。

（1）正投影法　投射线垂直于投影面时为正投影（图 3-3）。

（2）斜投影法　投射线倾斜于投影面时为斜投影（图 3-4）。

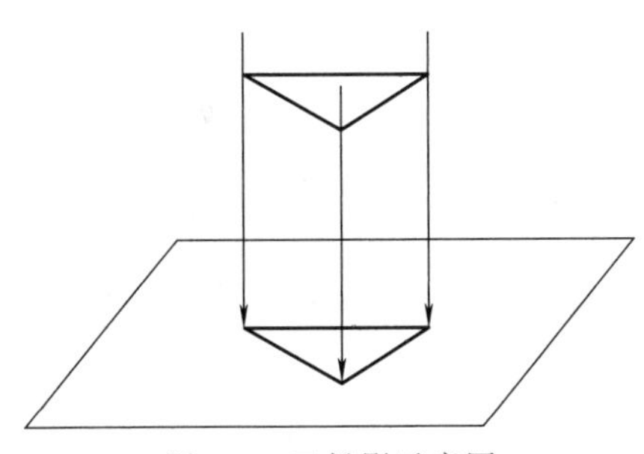

图 3-3　正投影示意图

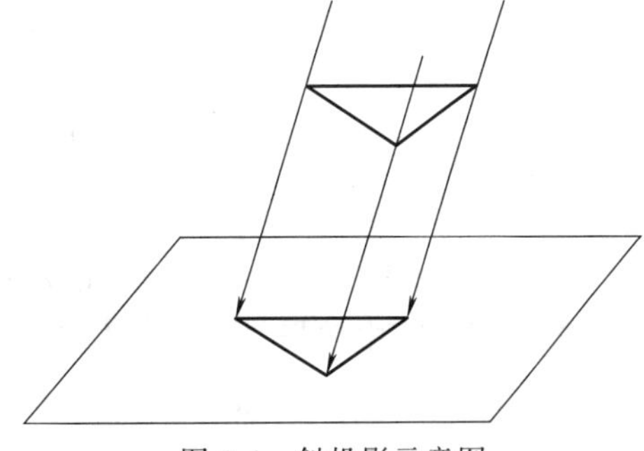

图 3-4　斜投影示意图

提问： 观察正投影法、斜投影法与中心投影法得到的投影与原物体比较有什么特点？

结论： 正投影能正确地表达物体的真实形状和大小，作图比较方便，在作图中应用最广泛。斜投影在实际中用得比较少，其特点是直观性强，但作图比较麻烦，也不能反映物体的真实形状，在作图中只是作为一种辅助图样。

三、视图的概念与三视图

宋朝文学家苏轼有一首著名的诗《题西林壁》：横看成岭侧成峰，远近高低各不同。不识庐山真面目，只缘身在此山中。这首诗凸现了视图的概念。提醒人们看事物不能看表面，要摆脱“此山”的局限，力求“山外看山”。

如图 3-5 所示，两个形体圆柱和圆台在同一个方向的投影完全相同，但这两个形体的空间结构却不相同。可见只用一个方向的投影来表达形体形状是不行的。在不同的投影面上得到的几个视图互相补充，就可以把物体的空间形状表达清楚。

基本视图：物体向基本投影面投射所得的视图。

基本投影面：正六面体的六个面。物体的六视图如图 3-6 所示。

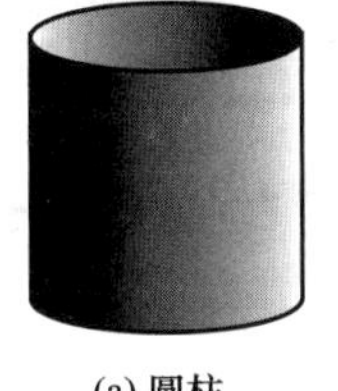

(a) 圆柱

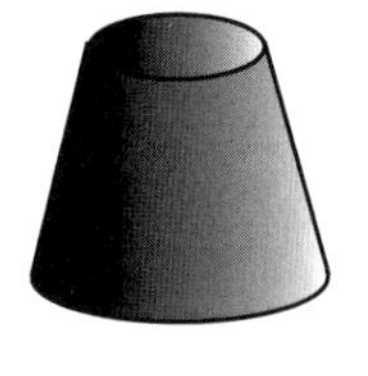

(b) 圆台

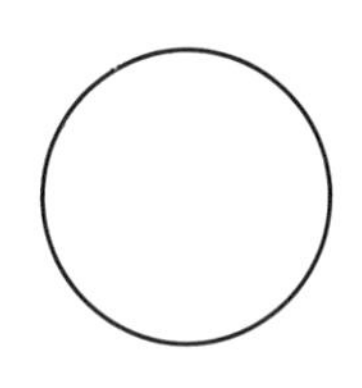

(c) 圆柱、圆台在同一方向的俯视图

图 3-5　圆柱、圆台及其俯视图

六个基本视图之间，仍符合“长对正”“高平齐”“宽相等”的投影关系。

1. 三视图就是主视图、俯视图、左视图的总称。

（1）从物体的前面向后面投射所得的视图称主视图，主视图能反映物体的前面形状。

（2）从物体的上面向下面投射所得的视图称俯视图，俯视图能反映物体的上面形状。

（3）从物体的左面向右面投射所得的视图称左视图，左视图能反映物体的左面形状。

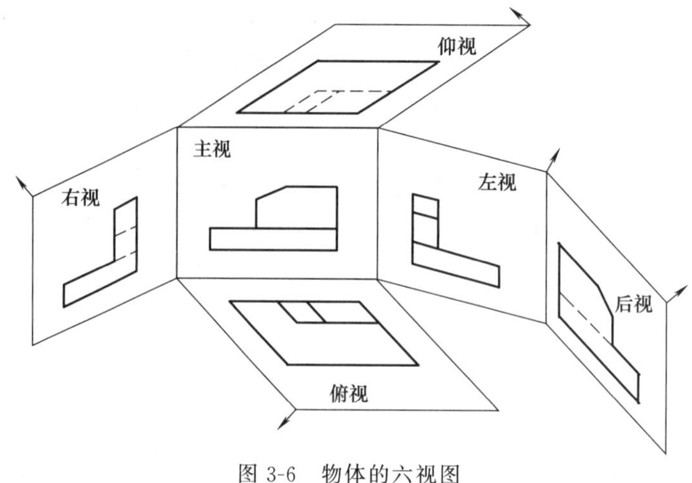

图 3-6 物体的六视图

三视图是从三个不同方向对同一个物体进行投射的结果，另外还有如剖面图、半剖面图等作为辅助，基本能完整地表达物体的结构。

2. 投影规则：主俯长对正、主左高平齐、俯左宽相等。

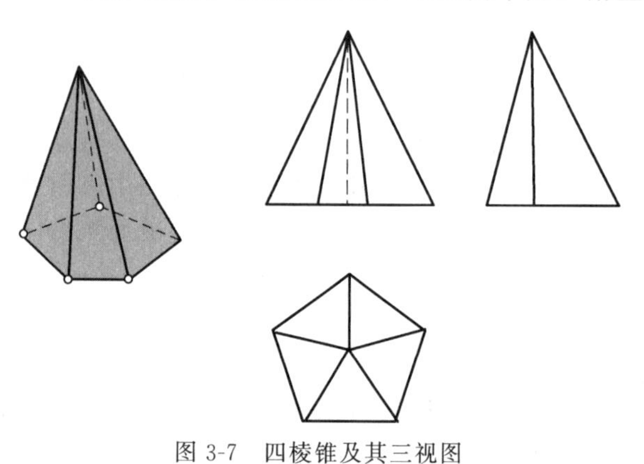

图 3-7 四棱锥及其三视图

三视图-画法：根据各形体的投影规律，逐个画出形体的三视图。画形体的顺序：一般先实（实形体）后空（挖去的形体）；先大（大形体）后小（小形体）；先画轮廓，后画细节。画每个形体时，要三个视图联系起来画，并从反映形体特征的视图画起，再按投影规律画出其他两个视图。对称图形、半圆和大于半圆的圆弧要画出对称中心线，回转体一定要画出轴线。对称中心线和轴线用细点划线画出。

如图 3-7 所示为四棱锥及其三视图的做法。

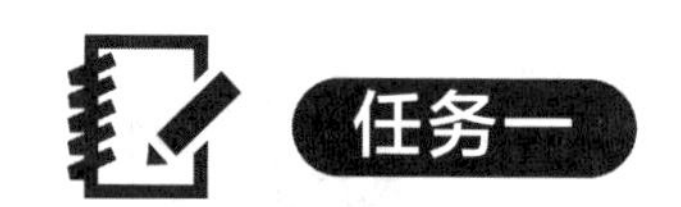

任务一

绘制简单的组合体三视图

任务描述

任何复杂的机件，从几何角度看，都是一些基本体按一定方式组合而成的，通常由两个或两个以上的基本体所组成的形体，称为组合体。为了正确而迅速地绘制组合体视图，可以在绘制、标注尺寸和看组体三视图的过程中，假想把组合体分解成若干个基本体，分析各基本体形状、相对位置、组合形式以及表面连接方式，这种把复杂形体分解进行分析的方法，称为形体分析法。通过简单组合体三视图的绘制任务使学习者了解投影及三视图的概念，掌握三视图之前的位置和尺寸关系，能够运用正投影法绘制简单立体的三视图。

任务目标

1. 了解投影、投影面、中心投影、平行投影和正投影的概念。
2. 掌握正投影的规律，会作出简单组合体的三视图。

工作过程

如图 3-8 所示组合体，请作出它的三视图。

一、分析叠加型组合体绘制的方法和步骤

(1) 分析形体由哪几部分组成；
(2) 分析各部分之间的相对位置及表面过渡关系；
(3) 选择主视图；
(4) 确定比例、选择图幅；
(5) 布置视图；
(6) 作图步骤顺口溜：先分析后选择，先基准后轮廓，先关键后其他，三视图一起画。

二、绘制组合体三视图

组合体三视图如图 3-9 所示。

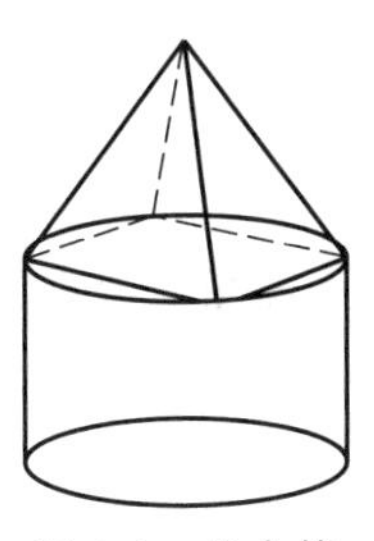

图 3-8　组合体

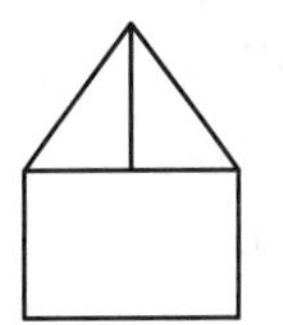
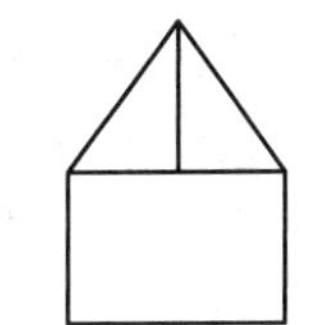
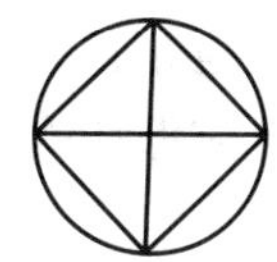

图 3-9　组合体三视图

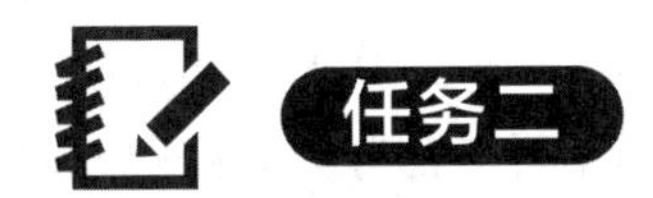

绘制机件的三视图

通过实际机件三视图的绘制，进一步掌握几何体投影特性以及在几何体表面取点、线及

其作图的方法，清楚地把物体的空间形状表达清楚。通过图形绘制的训练，进一步养成认真负责的工作态度、严谨细致的工作作风和规范的制图习惯，并且通过实训培养自主学习的能力，掌握相关分析问题和解决问题的基本方法。

任务目标

1. 掌握基本视图的概念。
2. 掌握三视图的画法和标注规定。
3. 培养分析三视图的能力。
4. 培养综合分析能力。

根据已知机件的轴测图绘出其三视图，并标注尺寸。

一、形体分析法确定视图数量及比例

形体分析法是使复杂形体简单化的一种思维方法。因此，画组合体视图一般采用形体分析法。拿到组合体实物（或轴测图）后，首先应对它进行形体分析，要搞清楚它的前后、左右和上下六个面的形状，并根据其结构特点，想一想大致可以分成几个组成部分，它们之间的相对位置关系如何，是什么样的组合形式等，为后面的工作做准备。

如图 3-10 所示为支架的轴测图和三视图，按它的结构特点可分为底板、圆筒、肋板和支撑板几个部分。首先根据物件复杂程度确定选取三个方向的视图，根据组合体的大小和复杂程度，选定作图比例和图幅，要尽量选用 1∶1 的比例，所选的图纸幅面要比绘制视图所需的面积大一些，以便标注尺寸和画标题栏。

二、布置视图

布图时，应将视图均匀地布置在幅面上，对于复杂的形体其视图应放在幅面中略偏左的位置上，视图间的空白位置应保证能注全所需的尺寸。

三、绘制底稿

画底稿时，应注意以下两点：

（1）合理安排画图的先后顺序，一般应从形状特征明显的视图入手，先画主要部分，后画次要部分；先画可见部分，后画不可见部分；先画圆或圆弧，后画直线。

（2）画图时，物体的每一组成部分，最好是三个视图配合着画，不要先把一个视图画完再画另一个视图。这样，不但可以提高绘图速度，还能避免多线，漏线。

四、检查

底稿完成后，应认真进行检查，在三视图中依次核对各组成部分的投影对应关系正确与否。分析清楚相邻两形体衔接处的画法有无错误，是否多线、漏线；再以实物或轴测图与三视图对照，确认无误后，完成全图。

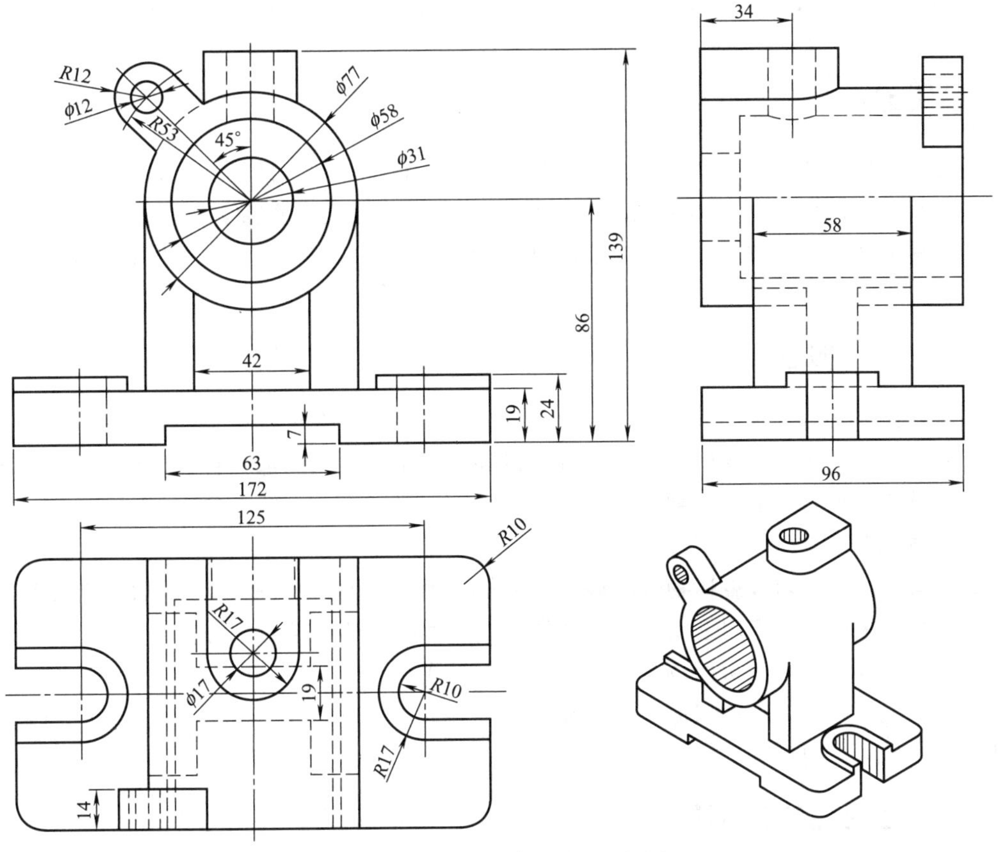

图 3-10　支架的轴测图及三视图

绘制污泥泵房剖视图

通过绘制污泥泵房剖视图，要求掌握剖视图的做法及应用，培养绘制与阅读工程图样的基本技能和解决工程技术问题的能力。要求所绘图样要符合工程制图的标准，标准件要按标准画法、简化画法或比例画法绘制，并要标准化。在图样上要有正确的、较完整的尺寸标注与技术要求。要求在视图和剖视图的表达方法上有独到的见解，视图选择正确、布置合理。

任务目标

1. 掌握剖视图的有关概念。
2. 掌握剖视图的做法及应用。

3. 掌握绘制与阅读工程图样的基本技能，培养解决工程技术问题的能力。

工作过程

用视图表达零件时，对于零件上看不见的内部形状（如孔、槽等）用虚线表示。如果零件的内外形状比较复杂，则图上就会出现许多的虚线，且交叉重叠，这样一来既不便于看图，也不便于画图和尺寸的标注。为了能够清楚地表达零件的形状，在机械制图中常采用剖视的方法。

一、剖视图概述

1. 剖视图的概念

假想的用剖切面剖开物体，将处在观察者和剖切平面之间的部分移去，而将其余部分向投影面投影所得到的图形称为剖视图，简称剖视。

2. 有关术语

(1) 剖切面：剖切被表达物体的假想平面或曲面。

(2) 剖面区域：假想用剖切面剖开物体，剖切面与物体的接触部分。

(3) 剖切线：指示剖切面位置的线（用细点画线）。

(4) 剖切符号：指示剖切面起、迄和转折位置（用粗短画线表示）及投影方向（用箭头或粗短画线表示）的符号。

二、剖面区域的表示法

1. 剖面符号

剖视图中，剖面区域一般应画出特定的剖面符号，物体材料不同，剖面符号也不相同。

2. 通用剖面线

剖视图中，不需在剖面区域中表示材料的类别时，可采用剖面线表示，即画成互相平行的细实线。通用剖面线应以适当角度的细实线绘制，最好与主要轮廓或剖面区域的对称线成45°。同一物体的各个剖面区域，其剖面线画法应一致。相邻物体的剖面线必须以不同的斜向或以不同的间隔画出。

三、剖视图的种类

按剖切的范围，剖视图可分为全剖视图、半剖视图和局部剖视图。

1. 全剖视图

(1) 概念：用剖切面完全地剖开物体所得的剖视图。

(2) 应用：表达内形比较复杂、外形比较简单或外形已在其他视图上表达清楚的零件。

全剖视图的做法如图 3-11 所示。

2. 半剖视图

(1) 概念：当零件具有对称平面时，向垂直于对称平面的投影面上投射所得到的图形，可以对称中心线为界，一半画成剖视，另一半画成视图。

(2) 应用：由于半剖视图既充分地表达了机件的内部形状，又保留了机件的外部形状，所以常采用它来表达内外部形状都比较复杂的对称机件。当机件的形状接近于对称，且不对

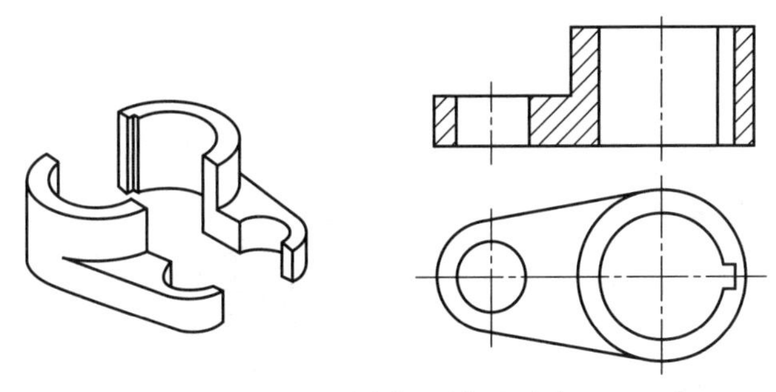

图 3-11　全剖视图作法示意

称的部分已另有图形表达清楚时，也可以画成半剖视图。

半剖视图的做法如图 3-12 所示。

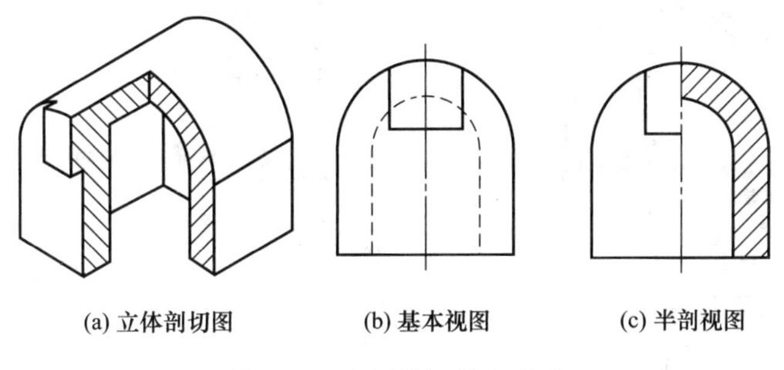

(a) 立体剖切图　(b) 基本视图　(c) 半剖视图

图 3-12　半剖视图做法示意

注意

a. 视图与剖视图的分界线应是对称中心线（细点画线），而不应画成粗实线，也不应与轮廓线重合；

b. 机件的内部形状在半剖视图中已表达清楚，在另一半视图上就不必再画出虚线，但对于孔或槽等，应画出中心线的位置。

3. 局部剖视图

概念：用剖切平面局部的剖开机件所得的视图。

应用：局部剖视图的做法如图 3-13 所示。

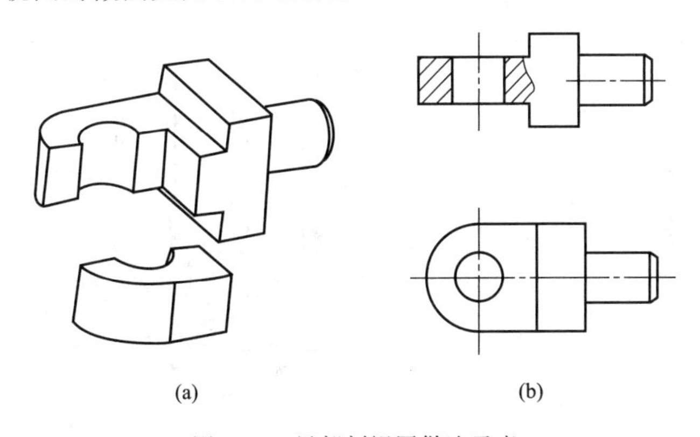

(a)　(b)

图 3-13　局部剖视图做法示意

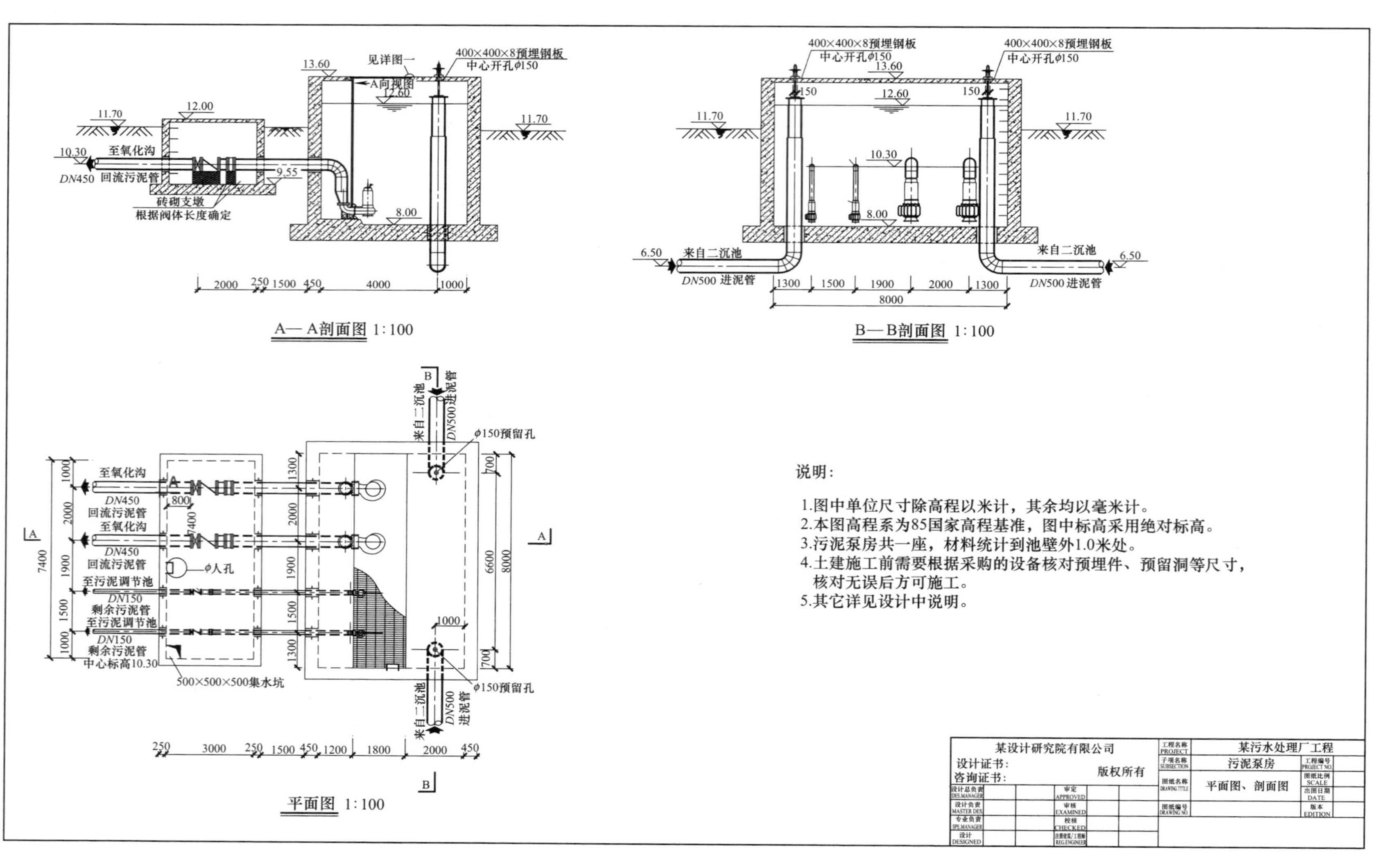

图 3-14 污泥泵房剖视图

a. 局部视图用波浪线分界，波浪线不应和图样上的其它图线重合；

b. 当被剖结构为回转体时，允许将该结构的中心线作为局部剖视图与视图的分界线。

四、剖视图的标注

1. 标注方法

一般应在剖视图的上方用字母标出剖视图的名称“X—X”。在相应的视图上用剖切符号表示剖切位置，用箭头表示投影方向，并注上同样的字母。

2. 一些可以省略标注的场合

（1）当剖视图按照投影关系配置，中间没有其它视图隔开时，可以省略箭头。

（2）当单一剖切平面通过机件的对称平面或基本对称的平面且剖视图按照投影关系配置，中间又没有其它视图隔开时，可以省略标注。

（3）当单一剖切平面的剖切位置明显时，局部视图的标注可以省略。

五、绘制污泥泵房剖视图

1. 归纳画法（四步）

（1）分析物体结构，确定剖切平面的位置。

（2）画剖视图。

（3）画剖面符号。

（4）画剖切符号、投影方向并标注字母和剖视图的名称。

2. 归纳注意事项

（1）剖切是假想的，不能画出不完整的结构。

（2）不要遗漏剖切面后的可见轮廓线。

（3）注意剖面线的规格（粗细、倾角、方向、间隔）。

（4）剖视图中一般不画虚线。

污泥泵房剖视图如图 3-14 所示。

练习与实践

一、填空

1. 工程上常采用的投影法是________和________法，其中平行投影法按投射线与投影面是否垂直又分为________和________法。我们绘图时使用的是________投影法中的________投影法。

2. 三视图的投影规律是：主视图与俯视图________；主视图与左视图________；俯视图与左视图________。

二、选择题

1. 下列投影法中不属于平行投影法的是（　　）。

A. 中心投影法　　B. 正投影法　　C. 斜投影法

2. 三视图是采用（　　）得到的。

A. 中心投影法　　B. 正投影法　　C. 斜投影法

3. 物体左视图的投影方向是（　　）。

A. 由前向后　　B. 由左向右　　C. 由右向左　　D. 由后向前

三、补画第三面投影图

1.

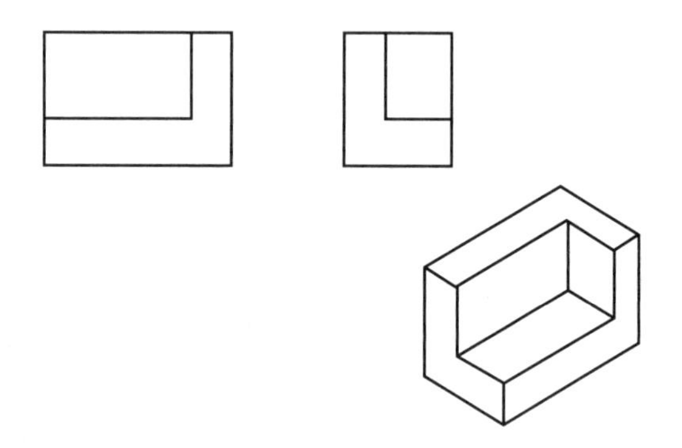

图 3-15

2.

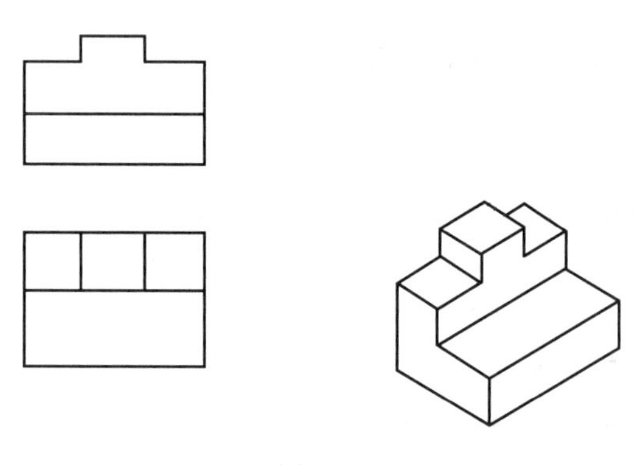

图 3-16

3.

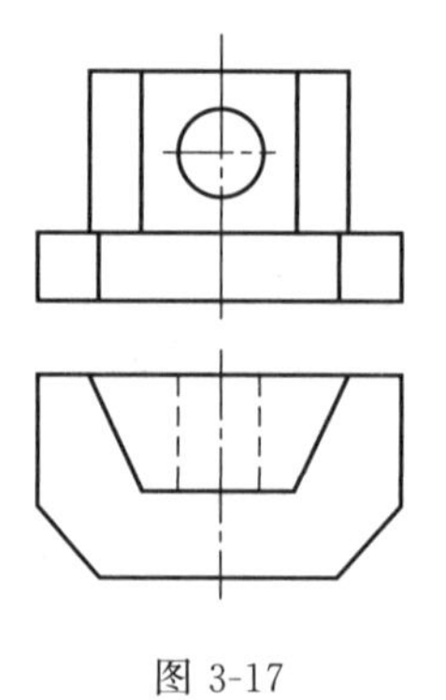

图 3-17

项目小结

通过投影知识的学习和组合体三视图的绘制使学习者提高空间想象能力，掌握将物体转化成三视图及看到三视图想象出形体的能力，增强对图纸的识读能力，通过绘制实际污水处理厂污泥泵房剖视图任务，让学习者初步接触图纸的设计和绘制，为后续专业图纸的绘制打基础。

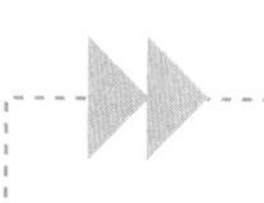

项目四

环境工程图纸的识读

项目目标

了解环境工程图纸的基本种类及各自的功能，能够熟练识读废水处理、废气处理、固体废物处理及噪声处理相关工程图纸。

内容索引

识读环境工程中的各类图纸是环境工程相关专业学生的专业基本功。目前的环境工程设计的主要内容包括大气污染防治、水污染防治、固体废物污染防治及物理性污染防治四大部分。与此相对应的环境工程图纸按其内容也可分为四类。图纸是工程建造的依据，是“工程的语言”，它明确规定了要建成的项目的形状、尺寸、做法和相关的技术要求。因此，正确识图是工程设计和施工、后期运营和维护人员所必须具备的专业技能。本项目依次通过利用环境工程的四大类图纸，讲解环境工程识图的方法和步骤，并对实例工程范例进行案例讲解，以求达到正确识读图纸的目标。

本节主要内容见表 4-1。

表 4-1　项目任务表

学习任务一	生活污水处理厂工程图纸的识读	废水处理工程总平面图识读
		废水处理工程高程图识读
		废水处理构筑物工艺图识读
		室内外给水排水工程图初步识读
学习任务二	废气处理工程图纸的识读	废气处理平面布置图识读
		废气处理流程图识读
学习任务三	生活垃圾填埋处理工程图纸的识读	生活垃圾填埋场工艺流程图识读
		生活垃圾填埋场总平面图识读
学习任务四	发电机房降噪治理工程图纸的识读	发电机房降噪治理工程图纸的识读

匠心筑梦

生态文明建设，关系中华民族永续发展的千年大计。2012 年党的十八大将生态文明建设纳入中国特色社会主义事业“五位一体”总体布局，美丽中国成为执政理念。

就在十余年前，秋冬季节，我国北方一些地区多次遭遇大范围严重雾霾，$PM_{2.5}$ 成为困扰人们的一个环境指标。那时，蓝天白云成了稀罕物。河流黑臭现象严重，企业偷排漏排的行为和垃圾围城现象常常出现在各类报道中。面对环境污染和生态破坏难题，以习近平同志为核心的党中央举旗定向，以前所未有的力度抓生态文明建设，全党全国推动绿色发展的自觉性和主动性显著增强，美丽中国建设迈出重大步伐，我国生态环境保护发生历史性、转折性、全局性变化。

2013 年 9 月，国务院发布了《大气污染防治行动计划》（“大气十条”），以 $PM_{2.5}$ 为防治重点，提出了治理空气污染的 10 条计 35 项措施，正式开启了大规模的污染治理工作。2017 年，全国地级及以上城市 PM_{10} 浓度比 2012 年下降 10%以上，优良天数逐年提高；京津冀、长三角、珠三角等区域 $PM_{2.5}$ 浓度分别下降 25%、20%、15%左右，其中北京市 $PM_{2.5}$ 年均浓度控制在 $60\mu g/m^3$ 左右，大气污染防治工作取得了突破性进展。为了巩固来之不易的空气污染治理成果，2018 年 7 月，国务院正式发布了《打赢蓝天保卫战三年行动计划》。到 2020 年，二氧化硫、氮氧化物排放总量分别比 2015 年下降 15%以上；$PM_{2.5}$ 未达标地级及以上城市浓度比 2015 年下降 18%以上，地级及以上城市空气质量优良天数比率达到 80%，重度及以上污染天数比率比 2015 年下降 25%以上，全国重点城市空气质量持续改善。

进入 21 世纪以来，出现在政府统计公报上对我国河流与湖泊水质描述的用词往往是“污染严重”“中度污染”“湖泊富营养化问题突出”等话语。这种情况在 2011 年开始有了些许改善，我国河流的总体污染情况转变为“轻度污染”，重要湖泊的富营养化问题也有所缓解，但总体情况依然严峻。十八届三中全会以来，我国加大了流域治理力度，流域水质总体逐步改观。我国从 20 世纪 90 年代开始，工业化与城市化就进入快速发展期，但城市污水处理长期被忽视。1991 年我国才开始对污水处理率进行数据统计，处理水平仅为 14.86%。可见，在此之前，城市生产生活产生的绝大部分污水被认为可以直接排放。2006 年以来，我国加大了城镇污水处理厂的投资和建设力度，至 2016 年我国设市城市污水处理率已达到 93.44%，县城污水处理率也从 13.6%迅速提升至 87.38%。

在固体废弃物处理处置方面，我国也在不断加快脚步适应新时代的需求。当前我国城市生活垃圾处理以填埋、焚烧、堆肥三种方式为主。《全国环境统计公报（2015 年）》显示，截至 2015 年底，我国生活垃圾处理厂（场）共有 2315 座，全年共处理生活垃圾 2.48 亿吨，其中采用填埋方式处置的生活垃圾共 1.78 亿吨，采用堆肥方式处置的共 0.04 亿吨，采用焚烧方式处置的共 0.66 亿吨。进入 21 世纪之后，国家逐渐加大对城市生活垃圾处置及相关问题的关注，我国城市生活垃圾清运量、无害化处理量都呈现出快速增长态势，至 2018 年我国城市生活垃圾无害化处理率已达 99%。

现代化进程中的生态文明建设：“走老路，去消耗资源，去污染环境，难以为继！”我国没有走西方“先污染、后治理”的老路。人与自然和谐共生的现代化道路，锚定的是绿水青山和金山银山双赢。走向生态文明新时代的中国，对传统工业文明进行扬弃，以宏大格局、鲜明主张、扎实行动，共建清洁美丽的世界。

放眼历史长河，强调：“走向生态文明新时代，建设美丽中国，是实现中华民族伟大复兴的中国梦的重要内容。”学习环保相关专业的我们，是环境污染治理的主力军，应该坚持贯彻落实习近平总书记的生态文明理念，积极作为，勇于担当，为美丽中国建设贡献自己的力量。

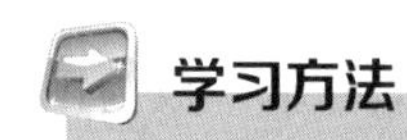

学习方法

本项目中所学内容主要通过实践训练来掌握，建议学习者从教师的“授课录像”学起，通过录像了解主要的学习内容，然后按照任务书和引导课文的要求，逐项完成学习任务。

要准确识读环境工程专业图纸，必须要经过大量的读图训练。一般学习时，讲课与上机的比例为1∶2，学习者在完成必须学习任务的基础上，建议结合“练习与实践”中的题目进行上机练习，并规定相应的时间完成。

本项目图纸文件可登录化学工业出版社教学资源网（www.cipedu.com.cn），注册后免费获取。

知识准备

一、认识环境工程图纸的种类及其功能

1. 总平面图

总平面图是假设在新建建筑基地一定范围内的正上方向下投影所得到的水平投影图。它主要表达工程项目的总体布局、新建和原有构筑物和建筑物的位置朝向、管道阀门及附属设施的设计、道路、室外绿化及工程地区和周围地形地貌等情况的图纸。

2. 高程图

高程图是用来表示某一区域海拔高低的图纸。在环境工程中只要用于水处理工程设计中。其主要表达各处理构筑物和泵房等的标高；各连接管渠的尺寸并决定其标高；水面标高等情况的图纸。

3. 构筑物工艺图

构筑物工艺图是指各处理构筑物本身及其相关设备、管渠的整体布置图。这些构筑物虽然随其功能不同而异，但图示特点、阅读及绘制的方法大体相似。

4. 建筑给水排水工程图

建筑给排水图是建筑物内外的给水和排水的整体布局及管道的标高布局图，主要包括管道平面图和管道系统图等。

5. 其它图纸

除上述几类图纸外，还有土建结构图纸、电气图纸、暖通图纸等。每类图纸均有其专业用途，在此不再赘述。

二、识图一般步骤及方法

环境工程图纸是环境工程施工和建设的依据，是“工程的语言”。一般情况下，一套环境工程图纸包括工艺流程、总体布置、构筑物、建筑物、给排水、仪表与自动化、电气、暖通、机械等方面图纸。除了较多地接触本工种的图纸外，有时还要结合整个工程图纸看图，才能相互配合，不出差错，为此必须学会识图方法，才能收到事半功倍的效果。以下是一些基本的识图方法和步骤。

1. 循序渐进

拿到一份图纸后，应分主次进行读图，一般的读图顺序为：

(1) 仔细阅读首页图和设计说明，了解工程项目的概况、位置标高、材料要求、质量标准、施工注意事项以及一些特殊的技术要求，形成一个初步印象。

(2) 看平面图，了解工程项目的平面形状、开间、进深柱网尺寸，各种房间的安排和交通布置以及门窗位置，对工程项目形成一个平面概念，为看立面图、剖面图打好基础。

(3) 看立面图，了解构筑物的朝向、层数和层高的变化，面、外装饰的要求等。

(4) 看剖面图，以大体了解剖面部分的各部分标高变化和构筑物内部情况。

(5) 看结构图，以了解平面图、立面图、剖面图等建构筑物与结构图之间的关系，加深对整个工程的理解。

(6) 另外，还必须根据平面图、立面图、剖面图等中的索引符号，详细阅读所指的大样图或节点图，做到粗细结合。

只有循序渐进，才能理解设计意图，看懂设计图纸，也就是说一般应做到“先看说明后看图；顺序最好为平、立、剖；查对节点和大样；建筑结构对照读”，这样才能收到事半功倍的效果。

2. 识读图纸中的各种重要尺寸

环境工程涉及内容虽然各式各样，但都是通过各部分尺寸的改变而出现各种不同的造型和效果。俗话说“没有规矩，不成方圆”，图上如果没有长、宽、高、直径等具体尺寸，施工人员就没法按图施工。但是图纸上的尺寸很多，作为具体操作人员来说，不需要，也不可能将图上所有的尺寸都记住。但是，对每张图纸中的一些主要尺寸，主要构筑物及主要材料的规格、型号、位置、数量等应重点关注，这样可以加深对设计图纸的理解，有利于施工操作，减少或避免施工错误。

3. 弄清关系

看图时必须弄清每张图纸之间的相互关系。因为一张图纸无法详细表达一项工程各部位的具体尺寸、做法和要求。必须用很多张图纸，从不同的方面表达某一个部位的做法和要求，这些不同部位的做法和要求，就是一个完整的建筑物的全貌。所以在一份施工图纸的各张图纸之间，都有着密切的联系。在看图时，必须以平面图中编号、位置为基准。图纸之间的主要关系，一般说主要是：平面是基准，剖面看位置，详图详索引；所以弄清各张图纸之间的关系，是看图的重要环节。

4. 了解特点

不同工程项目要满足各种不同的工艺要求，在设计与施工中就各有不同的特点。如酸处理车间，对墙面、地面等有耐酸要求，就要采取不同的处理方法；精密仪表车间，对门窗、墙壁有不同的防尘、恒温、恒湿要求；民用建筑由于使用功能不同，也有不同的特点，如对影剧院，由于对声学有特殊要求，故在顶棚、墙面有不同的处理方法和技术要求。因此在熟悉每一份木工施工图纸时，必须了解该项工程的特点和要求，包括以下几方面：

(1) 地基基础的处理方案和要求达到的技术标准；

(2) 对特殊部位的处理要求；

(3) 对材料的质量标准或对特殊材料的技术要求；

(4) 需注意或容易出问题的部位；

(5) 新工艺、新结构、新材料等的特殊施工工艺；

(6) 设计中提出的一些技术指标和特殊要求。

只有了解一个工程项目的特点，才能更好地、全面地理解设计图纸，保证工程的特殊需要。

5. 图表对照

一份完整的施工图纸，除了包括各种图纸外还包括各种表格，这些表格具体归纳了各分项工程的做法尺寸、规格、型号，是施工图纸的组成部分。看图时，最好先将自己理解的各种数据，与有关表中的数据进行核对，如完全一致，证明图纸及理解均无错误，如发现型号不对、规格不符、数量不等时，应再次认真核对，进一步加深理解，提高对设计图纸的认识，同时也能及时发现图、表中的错误。

6. 一丝不苟

看图纸必须认真、仔细、一丝不苟。对施工图中的每个数据、尺寸，每个图例、符号，每条文字说明，都不能随意放过，对图纸中表述不清或尺寸短缺的部分，绝不能凭自己的想象、估计、猜测来施工，否则就会差之毫厘失之千里。

另外，一份比较复杂的设计图纸，常常是由若干专业设计人员共同完成的，由于种种原因，在尺寸上可能出现某些矛盾，如总尺寸与细部尺寸不符；大样、小样尺寸两样；建筑图上的墙、梁位置与结构图错位；总标高或楼层标高与细部或结构图中的标注不符等。还可能由于设计人员的疏忽，出现某些漏标、漏注部位。因此看图时必须一丝不苟，才能发现此类问题，然后与设计人员共同解决，避免错误的发生。

生活污水处理厂工程图纸的识读

某生活污水处理厂工程规模为每天 4 万吨，该工程主要污水处理工艺为鼓风曝气氧化沟工艺。该项目的工程设计施工图纸包括总平面图、高程图、单体图、建筑给排水图纸等。通过对污水处理厂设计案例的学习，掌握污水处理厂主要设计施工图纸的识读方法及相关知识。看图的过程中，一定要时刻保持严谨细致、一丝不苟的工作态度，合理使用科学的识图方法进行图纸识读。

任务目标

1. 能准确识读污水处理厂的总平面图、高程图及单体构筑物工艺图。
2. 能简单识读污水处理厂的建筑给排水图。
3. 通晓建筑制图标准、机械制图等标准及制图规范。
4. 能根据图例判定出图纸中符号代表的具体含义。

一项废水处理工程图集，其图纸图号按如下规定编排：

① 一般按照污水处理流程图（有时可省略）、总平面图、高程图、单体构筑物工艺图及主要设备设计图的顺序进行排序；

② 单体构筑物按平面图、剖面图、大样图及详图顺序排序；

③ 主要设备按系统原理图在前，平面图、剖面图、放大图、轴测图、详图依次在后顺序排序；

④ 主要管道按总平面图在前，管道节点图、阀门井示意图、管道纵断面图或管道高程表、详图依次在后顺序排序；

⑤ 平面图中应地下各层在前，地上各层依次在后顺序排序；

⑥ 对于小型污水处理系统，水处理流程图在前，平面图、剖面图、放大图、详图依次在后。

根据上述编排规则，在进行图纸识读时，也应有主有次，前后结合进行识读。识图的步骤为：项目技术说明⟶废水处理工程总图⟶废水处理构筑物工艺图⟶土建结构图⟶建筑给排水图等。这里主要介绍废水处理工程总平面图、废水处理构筑物工艺图和建筑给排水图的识读。

一、废水处理工程总图的识读

废水处理工程总体布置应包括平面布置和高程布置两方面内容。为确切表达废水处理工程的空间布局，必要时不但要绘制工程的平面图和高程图，还要增绘相应剖面图，此外应有设计和施工要求等说明文字。这里主要介绍废水处理工程总平面图、高程图的阅读，图示特点等。

解读废水处理工程总图，一般先粗读总平面图后，再逐一对照总平面图和高程图进行详细阅读。

（一）粗读总平面图

粗读总平面图，了解整个废水处理工程的概况。

（1）仔细阅读首页图和设计说明，了解工程项目的概况、位置标高、材料要求、质量标准、施工注意事项以及一些特殊的技术要求，形成一个初步印象。

（2）阅读标题栏。标题栏中的信息非常重要，因此，开始读图之前需首先阅读标题栏。标题栏的主要信息除包含绘图单位和绘图人对应信息外，还包括工程名称、图纸名称、图纸编号、图纸比例、出图日期、版本等。

（3）确定该工程所采用的坐标。如该工程施工坐标系统或者主要构、建筑群轴线与测量坐标系统的关系。平面图绘制时，均需首先规定该图的建筑坐标原点，而建筑坐标的实际位置与项目建设地点的测量坐标系统可建立对应关系。测量坐标系统是以我国规定的大地原点为基点得到的。大地原点，亦称大地基准点，是国家地理坐标——经纬度的起算点和基准点。大地原点是人为界定的一个点，是利用高斯平面直角坐标的方法建立的全国统一坐标系，使用的“1980 国家大地坐标系”，简称“80 系”。我国的大地原点坐标为陕西省西安市泾阳县永乐镇石际寺村的一座八角形塔楼，具体位置在北纬 34°32′27.00″和东经 108°55′

25.00″。除此之外，高程的绘制也需事先建立高程基准，我国采用1985国家高程基准。工程施工坐标系统一般在总平面布置图面的说明部分有相应说明。图纸中会标出坐标原点，采用自设的坐标系时，坐标数字前采用AB标识，采用国家坐标系时，坐标数字前采用*X*-*Y*标识。一般采用相对坐标进行标注。坐标原点一般选在污水处理厂围墙左下角，这样可使标注尺寸不出现负值。

（4）识读风玫瑰图。当地常年的主导风向用风玫瑰图表示，一般标示于平面图右上方。风玫瑰图一般为风向玫瑰图。风向玫瑰图表示风向和风向的频率。风向频率是在一定时间内各种风向（已统计到16个风向）出现的次数占所有观察次数的百分比。根据各方向风的出现频率，以相应的比例长度（即极坐标系中的半径）表示，按风向从外向中心吹，描在用8个或16个方位所表示的极坐标图上，然后将各相邻方向的端点用直线连接起来，绘成一形式宛如玫瑰的闭合折线，就是风向玫瑰图。风玫瑰折线上的点离圆心的远近，表示从此点向圆心方向刮风的频率的大小。离中心越远 此风向频率越大。通常风向玫瑰图与指北针结合在一起，即风向玫瑰图的纵轴方向为北方。利用风玫瑰图可确定建筑物位置及其与当地常年的主导风向的关系。

（5）阅读图例。图例是集中于图纸一角或一侧的图纸上各种符号和颜色所代表内容与指标的说明，读图之前阅读图例有助于更好地认识地图。它具有双重任务，在绘图时作为图解表示图纸内容的准绳，用图时作为必不可少的阅读指南。要看懂图纸，必须先认识图例。图例有图纸语言的功能，要从图纸上获得更多的信息，熟悉常用图例是十分必要的，在工程设计中，管道上需要用细实线画出全部的阀门和部分管件（如阻火器盲板等）的符号，有关规定可参阅国家标准《管路系统的图形符号、阀门和控制元件》（GB 6567.4—2008）对应图例。图纸一般按照规定的图例绘制各类管道、阀门井、消火栓井、洒水栓井、检查井、跌水井、水封井、雨水口、化粪池、隔油池、降温池、水表井等，并进行编号。

（6）识读工程所在区域的地形图及其范围。平面图所在区域的地形图采用等高线表示。等高线指的是地形图上高程相等的相邻各点所连成的闭合曲线。把地面上海拔高度相同的点连成的闭合曲线，并垂直投影到一个水平面上，并按比例缩绘在图纸上，就得到等高线。等高线也可以看作是不同海拔高度的水平面与实际地面的交线，所以等高线是闭合曲线。在等高线上标注的数字为该等高线的海拔。用地红线是围起某个地块的一些坐标点连成的线，红线内土地面积就是取得使用权的用地范围，是各类建筑工程项目用地的使用权属范围的边界线。

（7）该工程进水管渠和出水管渠位置与工程所在地的地形地貌的关系。排水干管一般布置在排水区域内地势较低或便于雨污水汇集的地带。排水管一般沿城镇道路敷设，并与路中心线平行，并一般设在快车道以外。截流干管一般沿受纳水体岸边布置。管渠高程设计除考虑地形坡度外，还应考虑与其他地下设施的关系以及接户管的连接方便。

（二）详细阅读总平面图与高程图（和相应剖面图）

对照阅读总平面图与高程图（和相应剖面图），了解该工程的处理流程的详细情况，废水处理系统在水平方向和高度方向上的具体布置，以及各构、建筑物的相应位置等。

1. 阅读废水处理工程总平面图

污水厂总平面图一般需反映的内容有厂区用地红线、建筑红线，厂区周围道路、厂区内部道路及其定位；建（构）筑物的定位、各种管线及其定位、绿化；总图技术指标。总图一般分图分项制图；管道布置图可单独采用一种管线绘制，也可多种管线绘制在一幅图中，根据管线的数量及是否标示清楚确定。图纸要求以准确、清楚、易懂为原则。

阅读总图，应先确定厂区用地红线、建筑红线，厂区周围道路、厂区内部道路及其定位。阅读工程所处地形等高线，地貌（如河流、湖泊等），周围环境（如主要公路、铁路等）以及该地区风玫瑰图、指北针。

然后确定建（构）筑物的定位。污水处理厂总图一般表现厂区内各单体子项的相对位置及相互关系，对单体不做详细的表现。阅读总图时，应先确定单体的尺寸及其主要轮廓。如污水厂内生物池为矩形或其他形状，二沉池及初沉池一般为圆形。构（建）筑物在总图中的定位和之间的相互距离，由总图标注进行定位。总图标注主要有构（建）筑物的坐标标注、构（建）筑物之间距离标注、道路宽度及转弯半径标注。一般地说，构筑物、建筑物位置坐标宜标注其两个角的坐标，但对回转体构筑物却宜标注其回转中心的坐标。

总图中各主要构筑物与建筑物均用带圈的数字进行编号表示，图纸中含有构筑物一览表和主要设备一览表，将图中序号所指代的主要构筑物和建筑物一一列举，并列出相对应的名称、外形尺寸、单位、数量等。

2. 管网布置图的识读

污水处理厂中有各种管线，主要指联系各处理构筑物的污水、污泥管渠以及与污水处理流程相关的其他管线。废水处理工程中的主要管线有：原水（即未经处理的水，包括给水或污水）水管，污泥（回流污泥、剩余污泥）管，雨水管（渠），曝气管，沼气管，药剂投加管，构筑物事故排水管及放空管，该处理工程自身所需的饮用水管和排水管（渠）等。阅读图纸时，需根据管网布置图，结合管道图例了解本处理工程所涉及的所有管线类型，确定管线走向、管径、水流方向和处理构筑物的衔接情况等。

图纸中的各类管道、阀门井、消火栓井、洒水栓井、检查井、水表井等，均按照一定顺序进行编号并汇总在设备材料及附属构筑物一览表中。

图纸中已注明管道类别（由图例可得知不同的管道类别）、管径（管道图线上方标示出，如 *de*300）、走向（管线上方的单箭头标示管路走向）、管道转弯点（井）等处坐标、定位控制尺寸、节点编号；绘出各建筑物、构筑物的引入管、排出管，并标注出位置尺寸。在不绘制管道纵断面图的给水管道平面图上，应将各种管道的管径、坡度、管道长度、标高等标注清楚。

3. 废水处理高程图的识读

（1）高程图的表达方式　采用沿最主要、最长流程上的废水处理构筑物、设备用房的正剖面简图和单线管道图（渠道用双细线）共同表达废水处理流程及流程的高程变化。

（2）比例　按照《建筑给水排水制图标准》（GB/T 50106—2010），废水处理高程图和流程图均无比例。但在实际中，高程图仍然按比例绘制，只不过纵横向采用不同的组合比例。通常横向比例与总平面图相同，纵向比例为（1∶50）～（1∶100）。若某些部位按比例无法画清楚时，亦可不按比例绘制。

（3）图面布置　废水处理流程的起点居图左部，自左往右即为该处理流程的水流方向，顺次将沿程的处理构筑物、设备用房的名称注写在相应正剖面简图下方，并习惯在各名称文字下加粗短线。

若处理流程复杂，除主流程外，还需图示重要的支流程，如污水的预处理流程等，一般将局部高程图脱离出来画在图面适当位置。但是在被连接的主、支流程的两个高程图上，则按规定清楚地图示出连接部位和连接编号。

（4）图线 无论是重力管还是压力管均用单粗线绘制，废水处理构筑物正剖面简图（将构筑物平行于正立或侧立投影面的剖面图加简化的图样）、设计地面及各种图例（如水面表示、土壤等）都用细实线画出。

（5）标注

① 标注标高。废水处理高程图中通常注写绝对标高。一般主要标注管渠、水体、处理构筑物和某些设备用房（如泵房）内的水面标高，该流程中主要构筑物的顶标高、底标高以及流程沿途设计地面标高。

② 标注管道类别代号及编号。

③ 必要的说明文字，例如投料的名称等。

二、废水处理构筑物工艺图的识读

废水处理构筑物工艺图是指各处理构筑物，如澄清池、沉淀池、曝气池以及消化池等构筑物本身及其相关设备、管渠的整体布置图。这些构筑物虽然随其功能不同而异，但图示特点、阅读及绘制的方法大体相似，以微曝氧化沟、细格栅为例说明废水处理构筑物工艺图的阅读方法。

1. 废水处理构筑物工艺图的阅读

阅读废水处理构筑物工艺图，一般先粗读全图，包括管件、设备表及说明。着重了解构筑物的形状、位置、各主要组成部分的名称及其材料等概况。然后仔细阅读平面图，弄清工艺流程的平面布置，如进水（进泥）、出水、放空等管道、渠道的平面位置及其走向。

废水处理构筑物工艺图中，根据平面图中的剖面剖切符号，对照平面图，阅读相应剖面图，再确定工艺流程的高度方向上的布置，即进水、出水等管道、渠道的空间走向，构筑物各组成部分及其设备的位置、标高等。对注有索引符号、标准图号的不详局部，再按照详图编号、标准图代号和编号，找到相应的详图，对照阅读。构筑物工艺图上的详图也与其他工程图一样分为两种：一种详图是因原图比例比较小，无法表达清楚的部位，设计者采用较大比例画出该部分（有时还加画剖面图），并将尺寸标注齐全，用文字说明详尽；另一种详图是已设计绘制并装订成册的标准图，使用者只需注写标准图号。最后根据平面图、剖面图及其详图的阅读，综合想象该构筑物及其工艺流程布置的空间状况。

2. 废水处理构筑物工艺图的图示特点

由于废水处理构筑物一般半埋或全埋在土中，外形比较简单，而内部构造较复杂，所以其工艺图既遵循《房屋建筑制图统一标准》（GB/T 50001—2017）的若干规定，又具有如下特点。

（1）比例与布图方向 废水处理构筑物平、剖面图的常用比例可以是《房屋建筑制图统一标准》（GB/T 50001—2017）中的比例，也可以是一些可用比例，如1∶30、1∶40、1∶60。废水处理构筑物平、剖面图一般根据能清楚明了地反映构筑物处理工艺流程及构筑物本身的形状、位置的原则决定其布图方向。当其布图方向与它在总平面图上的布图方向不一致时，必须标明方位。

（2）投影图选择的一般原则

① 投影图数量的选择 在满足明白清晰地图示处理构筑物的工艺流程，并能准确地表达出由处理工艺所决定的构筑物各部分形状及相对位置的条件下，投影图的数量越少越好。

通常由平面图和合适的剖面图以及若干必要的详图组成。剖面图是废水处理构筑物工艺图中非常重要的部分。剖面图又称剖切图，是通过对有关的图形按照一定剖切方向所展示的内部构造图例。剖面图是假想用一个剖切平面将物体剖开，移去介于观察者和剖切平面之间的部分，对于剩余的部分向投影面所作的正投影图。剖面图一般用于工程的施工图和机械零部件的设计中，补充和完善设计文件，是工程施工图和机械零部件设计中的详细设计，用于指导工程施工作业和机械加工。在环境工程图中用剖切符号表示剖切平面的位置及其剖切开以后的投影方向。《房屋建筑制图统一标准》（GB/T 50001—2017）中规定剖切符号由剖切位置线及剖视方向组成，均以粗实线绘制。在剖切符号上应用阿拉伯数字或字母加以编号，数字或字母应写在剖视方向一边。

② 剖切位置的选择　考虑处理构筑物的工艺流程，沿构筑物最复杂的部位剖切，注意遵守建筑制图标准的若干规定。

③ 剖切类型的选择　回转体构筑物宜采用两个或两个以上相交的剖切面剖切。用此种方法剖切时，应在剖面图的图名后加注“展开”字样，这就是习惯上所说的“旋转剖”。

而对于平面形状为多边形的平面体构筑物，经常采用两个或两个以上平等的剖切面剖切，即习惯上常说的“阶梯剖”。

当然对于上述两类构筑物也可采用一个剖切面剖切，一半画外形，一半画剖面图。

④ 特殊表达法　废水处理构筑物常在顶部布置走道、盖板等，是为操作、维修以及安全保护而设置的辅助结构，构筑物工艺图为突出其流程等主要内容，经常使用拆卸和折断的画法，假想把挡住处理构筑物主要组成部分的次要部分如栏杆、走道等拆除或折断，必要时也可将在其他地方已表达清楚的个别主要组成部分拆除或折断，以图示构筑物更需要表达的内容。工艺图中的盖板、走道板常常只画几块表示其形状、大小及位置。

构筑物工艺图中的管道应该用三线管道图绘制，必要时也可画成单线管道图。注意当剖切面通过管道轴线时即管道被纵向剖切时，管道及其附、配件如法兰盘等均按不剖切绘制。

构筑物工艺图中设备、管道及配件应该编号，并列出管件、材料、设备表，以便统计，而且还有利于明确它在构筑物中相应的位置。编号用 ϕ6mm 的细实线圆表示。

3. 标注

构筑物工艺图上一般只注写构筑物各部分的内壁尺寸、中心距、构筑物净空高度、总高度以及其控制标高，还有管道及其附件、配件位置的安装尺寸等由工艺要求决定的尺寸。技术设计和施工图设计阶段的工艺图应标注与结构等工种有关的尺寸。在简单构筑物的工艺图中亦可将其结构尺寸及要求一并注明。

在构筑物工艺图中，为读图方便，易于了解其工艺流程，习惯上还要注写构筑物主要部分、设备及管道的名称，一般直接书写在相应部位或附近，如细格栅及沉砂池平面布置图中的放空管。必要时也可编号，一起列入管件表中，如细格栅及沉砂池剖面图中的主要管路附件等。

4. 图线

管道轮廓线采用粗实线（b），管中心线用细点画线（0.35b）画出；构筑物被剖切到的断面轮廓线宜用中实线（0.5b），剖面图中其余可见轮廓线以及构筑物平面图中可见轮廓均用细实线（0.35b）绘制；假想轮廓线宜用细双点画线画出；表格线型及其图线如尺寸线、中心线等均同前（0.35b）。

三、室内给排水工程图的识读

污水处理厂一般都会设置有综合办公楼，综合办公楼对应的图纸主要有综合办公楼给排水工程图。建筑给排水工程图是房屋设备施工图的一个重要组成部分，主要体现室内给水及排水方式、所用设备的规范型号、安装方式及安装要求、给排水设施在房屋中的位置及与建筑结构和建筑中其他设施的关系、施工操作要求等内容，是重要的技术文件。

1. 室内给排水工程图

室内给排水工程图按其作用和内容来分，一般可分为室内排水平面布置图和管道系统轴测图、设备及构件详图等。

在建筑内需要用到水的房间内布置管道时，要以图例的形式在房屋平面图的基础上画出卫生设备、盥洗用具和给水、排水、热水等管道及其构件的平面布置，这就是室内给排水管网平面布置图。室内给排水平面图是室内给排水工程图的重要组成部分，是绘制其他室内给排水工程图的基础。就中小型工程而言，由于其给水、排水情况不复杂，可以在一张平面图中既绘制给水平面图内容，又绘制排水平面图内容。为防止混淆，有关管道、设备的图例应区分清楚。对于高层建筑及其他较复杂的工程，其给水平面图和排水平面图应分开来绘制，可以分别绘制生活给水平面图、生产给水平面图、消防给水平面图、污水排水平面图和雨水排水平面图等。仅就给排水平面图而言，根据不同的楼层位置分为不同的平面图；可以分别绘制底层给排水平面图、标准层给排水平面图（若干楼层的给排水布置方式完全相同，可以只画一个标准层示意图）、楼层给排水平面图（凡是楼层给排水布置方式不同的情况，均应单独绘制出给排水平面图）、屋顶给排水平面图、屋顶雨水排水平面图（有些设计将这一部分放在建筑施工图中绘制）和给排水平面大样图等几部分。

为了说明管道空间联系情况和相对位置，通常还把室内管网画成轴测图，它与平面布置图一起表达管网及构件，这就是室内给排水系统轴测图。管道系统上的构件及配件的施工，需要更详细的施工图，例如，阀门井、水表井、管道穿墙、排水管道相交处的检查井等安装构造详图。

2. 室内给排水工程图的识读方法

识读顺序为：先识读室内给排水管网平面布置图，然后对照室内给排水管网平面布置图，识读室内给水系统图和室内排水系统图，最后识读详图。

（1）室内给排水管网平面布置图的识读方法　识读顺序为：先底层平面图，后各层平面图。识读底层平面图时，先识读卫生器具，然后识读给水系统的引入管、立管、干管、支管，最后识读排水系统的支管、干管、立管、排出管。识读各层平面图时，也是先识读卫生器具，然后识读给水系统的立管、干管、支管，最后识读排水系统的支管、干管、立管。

（2）室内给水系统图的识读方法　识读室内给水系统图采用对照法，将室内给水系统图与室内给排水管网平面布置图对照识读，先找出室内给水系统图中与室内给排水管网平面布置图中相同编号的引入管和给水立管，然后依次识读给水系统的引入管、立管、干管、支管。

（3）室内排水系统图的识读方法　识读室内排水系统图也采用对照法，将室内排水系统图与室内给排水管网平面布置图对照识读，先找出室内排水系统图中与室内给排水管网平面布置图中相同编号的排出管和排水立管，然后按支管、干管、立管、排出管的顺序识读。

3. 室内给排水管网平面布置图的识读实例

某污水处理厂综合办公楼共一层，其给排水管网平面布置图。识读步骤如下。

(1) 卫生器具的布置　在①～②轴线间的厨房内，沿①轴线设有污水池、储水池和地漏等。在③～④轴线间的卫生间内，沿④轴线设有洗手池、一个坐式大便器、三个蹲式大便器、两个淋浴间、四个地漏。在②～③之间的化验室，设有一个洗手池等。

(2) 给水管道的布置　在首层，沿Ⓒ轴线设有一根给水引入管，管径为 de50mm，由室外分别引入至室内的厨房、化验室和卫生间，向三个房间供水。

(3) 排水管道的布置　在首层卫生间内，沿④轴线设有一根 de160mm 的排水干管，卫生间内的洗手盆、冲凉间内的地坪污水经此排水干管排至厂区污水井。沿卫生间的另一侧隔墙，设有一根 de200mm 的排水干管，卫生间内的坐式大便器、蹲式大便器的污水，经此排水干管排至厂区污水井。在化验室内，沿②轴线设有一根 de160mm 的排水干管，化验室内的洗手池的污水经此排水干管排至厂区污水井。在厨房内，沿①轴线设有一根 de110mm 的排水干管，厨房内的污水池、储水池的污水经此排水干管排至厂区污水井。

4. 给水系统图的识读实例

某污水处理厂综合办公大楼给水排水系统图，从图中可以看出，该建筑的给水主干管接厂区给水管，该干管为水平管道，管径为 de50mm，管道中心绝对标高为 11.55m，结合首层平面图可知，该综合办公楼首层地面标高为 12.55m，因此此主管为地下敷设管路，由此给水主干管分出三条水平给水干管，各自为厨房、化验室及卫生间供水。

通往厨房的水平干管管径为 de15mm，并从厨房西南角穿出底层地坪，经过一段标高为 12.95m 的水平管段，转为竖直管路上升至 13.65m 处，管路末端为 de15mm 的水龙头 1 个。

通往化验室的水平干管管径为 de20mm，从室外进入化验室后，标高抬升至 12.50m，最终在洗手池附近穿出底层地坪，该干管最终接出两条竖直管路，水龙头标高为 13.65m。

给水主干管经过通往化验室的分支后，管径变为 de40mm，向卫生间供水，进入卫生间后，并从卫生间西南角穿出底层地坪，经过一段标高为 12.95m 的水平管段，该管段经三个给水点，向三个蹲式大便器供水，然后经 90°管道转弯，向坐式大便器供水，再经 90°弯头转弯，分为两路向洗手池和淋浴间供水。该水平管段的标高为 12.95m，洗手池上方的水龙头标高为 13.65m。

5. 排水系统图的识读实例

某污水处理厂综合办公大楼给水排水系统图，从图中可以看出，厨房、化验室和卫生间的排水系统图单独列出。

厨房排水干管管径 de110mm，坡度 $i=1\%$，最终排向室外检查井。排水干管上，由南向北依次有：S 形存水弯 1 个，de75mm 弯头 1 个，de75mm×110mm 大小头一个。

化验室排水干管管径为 de160mm，坡度 $i=1\%$，最终排向室外检查井，检查井两侧管径为 de315mm。排水干管上，由南向北依次有：S 形存水弯 1 个，de50mm 弯头 1 个，de50mm×160mm 大小头一个，de160mm×160mm×50mm 三通 1 个，S 形存水弯 1 个。

卫生间排水系统图分两部分，系统图（一）排水干管标高 10.82m，管径为 de200mm，坡度 $i=1\%$，最终排向室外检查井，检查井两侧管径为 de315mm。排水干管上，由南向北依次有：清扫口 1 个，de50mm 弯头 1 个，de110mm × 200mm × 50mm 三通 1 个，

*de*110mm弯头1个，S形存水弯1个，*de*110mm×200mm×110mm三通1个，*de*110mm弯头1个，S形存水弯1个，*de*200mm×200mm×110mm三通1个，*de*110mm弯头1个，S形存水弯1个，*de*200mm×200mm×110mm三通1个，*de*110mm弯头1个，S形存水弯1个，*de*200mm×200mm×110mm三通1个，*de*110mm弯头1个，S形存水弯1个。系统图（二）排水干管标高10.82m，管径为*de*160mm，坡度$i=1\%$，最终排向室外检查井，检查井两侧管径为*de*315mm。排水干管上，由南向北依次有：清扫口1个，*de*50mm弯头1个，*de*50mm×50mm×50mm三通1个，*de*50mm弯头1个，S形存水弯1个，*de*50mm×50mm×160mm三通1个，*de*50mm弯头1个，S形存水弯1个，*de*50mm×160mm×160mm三通1个，*de*50mm弯头1个，S形存水弯1个，*de*50mm×160mm×160mm三通1个，*de*50mm弯头1个，S形存水弯1个。

废气处理工程图纸的识读

某公司生产车间产生的废气中含有大量颗粒物和二氧化硫，其废气需进行治理并达到相关国家标准后才可排放。该项目的工程设计施工图纸包括工艺流程图、平面图、主要设备图等。通过学习该项目图纸，掌握废气处理工程主要设计施工图纸的识读方法。

任务目标

1. 能准确识读废气处理工艺流程图、平面布置图及设备图纸。
2. 通晓建筑制图标准、机械制图等标准及制图规范。
3. 能判定出图纸中各类符号代表的具体含义。

工作过程

随着中国经济的不断发展，国家实力不断提升的同时，中国越来越多地参与到全球性的科技战略协作中。2020年9月，在第七十五届联合国大会一般性辩论上，国家主席习近平首次提出，“中国将提高国家自主贡献力度，采取更加有力的政策和措施，二氧化碳排放力争于2030年前达到峰值，努力争取2060年前实现碳中和”。这是我国首次向全球明确实现碳中和的时间点，也是各国中迄今为止做出的最大的减少全球变暖预期的气候承诺。废气处理工艺较废水处理工艺流程简单，构（建）筑物一般较少，因此，废气处理工程图纸的识读相对简单，其识读方法与废水处理工程图纸相比，对于整套图纸的读图顺序，大致流程一致，也是遵循图纸目录、设计总说明、工艺流程图、平面布置图、设备详图等的顺序进行。

一、工艺流程图的识读

了解设备的名称、规格、数量，了解介质的流向及依次经过的设备。

二、平面布置图的识读

了解设备、管道、阀门、仪表的空间布置和定位尺寸、安装尺寸、标高、坡度、坡等以及管道、设备与建（构）筑物的关系和有关编号。

三、设备详图的识读

明确设备的具体结构、重要尺寸、设备中各物料进出口的位置，进出口的特征尺寸及其他相关信息。

下面以某公司生产车间的废气处理工程图纸为例讲解识图的步骤及方法。

如电弧炉废气处理工艺流程图。顺着管线前显示的流向，电弧炉废气经风管输送至脉冲布袋除尘器，再经过离心风机的动力输送，进入旋流板脱硫塔。如电弧炉废气处理工程的设备平面布置图，图中反映出废气处理过程中各设备的方位和轮廓、尺寸等内容。该废气处理工程位于生产车间内部，车间内地面标高为 3.5m，电弧炉产生的烟气经热交换器进入脉冲袋式除尘器，该除尘器距北侧建筑内墙 1.5m，除尘器左侧外壳距离其所在建筑最左侧外墙为 13.2m＋0.25m＋3.566m＋0.9m，总计 17.916m，除尘器右侧外壁距风机 2.45m，风机出口与旋流板脱硫塔进口的水平坐标相同，旋流板脱硫塔中心距车间北侧建筑内墙 1.7m，脱硫塔塔体内径为 1.2m，脱硫塔出口连接烟囱。如废气治理系统旋流板脱硫塔的设备详图。由图可知，该塔的整体高度为 3.3m，设备进风口位于设备下方距设备底座 1.02m 的位置，进风口为矩形进口，设备设两层喷淋装置，分别距底座 1.365m 和 2.715m，设备设两处检修孔，分别距底座 0.755m 和 2.255m，在距底座 2.6m 的地方设置旋流板，做除雾用。该脱硫塔为顶部排风，图中对进风口、出风口及检修孔分别做了局部视图，由各局部视图可知每种孔口的具体尺寸，在此不再赘述。

生活垃圾填埋处理工程图纸的识读

随着城镇化的发展和人民生活水平的提高，城市生活垃圾的产生量迅速增加。我国城市垃圾的产出量 1990 年为 7000 多万吨，2002 年增至 1.6 亿吨，2010 年达到 2.51 亿吨，据《2016 年全国大、中城市固体废物污染环境防治年报》，2015 年，全国 246 个大、中型城市全年产生的生活垃圾量就达 1.8564 亿吨，我国生活垃圾处理和污染防治任务十分艰巨。近几年来，由于各级政府的高度重视，无害化处理工作也取得了长足发展，处理率逐年提高。2005 年，我国的生活垃圾无害化处理率只有约 35%，2008 年无害化处理率达到 66.03%，

2017年无害化处理率由2015年的94.1%提高到97.14%，处理能力达到63.8万吨/日。垃圾分类是垃圾处理的必然方向，目前全国各地都在探索将城市生活垃圾分类纳入法治化轨道。作为合格公民，我们每个人都应该按当地要求进行正确的垃圾分类，促进资源循环利用，节约资源，保护环境。固体废物处理工程设计包含的内容很多，包括工艺、总体布置、构筑物、建筑物、给排水、仪表与自动化、电气、暖通、机械等。这里主要介绍生活垃圾填埋场工程工艺部分设计实例。

总图和单体设计可参考废水处理工程设计要求。

某垃圾填埋场由于近期规划建设的其他垃圾处理设施建设进度滞后，造成其运营一直处于超负荷运行。为此，需对其进行扩容建设。扩建填埋场设计处理规模按7000t/d考虑，设计库容为720万立方米，服务年限2.3年。工程建设内容除了新填埋库区外，还包括因建设新区涉及的原填埋场部分工程内容的改建和迁建工程，如填埋气导排主管的迁建、渗滤液调节池和回用水池的迁建、渗滤液和地下水的导排改建、地表水消能沉淀池的改建等。

该项目的工程设计施工图纸包括总图、基层构建、防渗系统、渗滤液导排、地下水导排、填埋气改造、地表水导排、调节池及加盖、回用水池改建、库区监测系统、消能池改造、垃圾挡坝、厂区道路、厂区电气与照明等类型图纸。这里主要介绍垃圾填埋工艺部分设计图纸。

通过该项目图纸的识读，掌握垃圾填埋处理工程主要设计施工图纸的识读方法，主要包括总平面布置图、管道综合平面图、管线综合断面图、填埋场垃圾处理流程示意图、填埋作业示意图等的识读。

任务目标

1. 能大致识读垃圾填埋场总平面布置图、管道综合平面图、管线综合断面图、填埋场垃圾处理流程示意图、填埋作业示意图。

2. 通晓建筑制图标准、机械制图等标准及制图规范。

3. 能判定出图纸中各类符号代表的具体含义。

工作过程

生活垃圾填埋处理工程主要包含填埋场选址、基层建设、防渗系统、渗滤液导排、地下水导排、填埋气改造、地表水导排、调节池及加盖、回用水池改建、库区监测系统、消能池改造、垃圾挡坝、厂区道路、厂区电气与照明等环节，因此，生活垃圾填埋场工程图纸的识读主要是识读各环节相对应的图纸，对于每个环节对应的具体图纸的识读方法，跟其他工程图纸的方法步骤大致相同，也是先从平面布置图开始，结合立面图、剖面图、局部详图及节点大样图，得出对应的整体和细节信息。下面将以某垃圾填埋场总图为例，讲解其大致读图过程。对于整套总图涉及的图纸的读图顺序，大致流程一般采用如下顺序：图纸目录、设计总说明、总平面布置图、填埋场垃圾处理流程示意图、填埋作业示意图、管道综合平面图、管线综合断面图等。

一、垃圾填埋场总平面布置图的识读

阅读总图，应先确定厂区范围、厂区周围道路、厂区内部道路及其定位。掌握工程所处地形等高线，地貌（如河流、湖泊等），周围环境（如主要公路、铁路等）以及该地区风玫瑰、指北针。然后确定建（构）筑物的定位。垃圾填埋场总图一般表现填埋场区内各单体子项的相对位置及相互关系，对单体不做详细的表现，如垃圾填埋场总图所示。阅读该填埋场的总图时，应先确定单体的主要轮廓。构（建）筑物在总图中的定位，由总图标注进行定位。总图标注主要为构（建）筑物的坐标标注及其他特征位置标注。如新建回用水池的定位坐标为，西北角 $X=43729.732$，$Y=60418.991$；东南角 $X=43712.732$，$Y=60435.991$。总图中各主要构筑物与建筑物名称在对应位置标示。

二、填埋场垃圾处理流程示意图及填埋作业示意图的识读

生活垃圾的卫生填埋是把运到填埋场的废物在限定的区域内铺撒成 40～75cm 的薄层，然后压实以减小废物的体积，每天操作之后用一层 15～30cm 厚的土壤覆盖并压实。由此就构成了一个填筑单元。同样高度的一系列互相衔接的填筑单元构成一个升层。完整的卫生填埋场是由一个或多个升层组成的。当填埋达到最终设计高度之后，最后再覆盖一层 90～120cm 厚的土壤，压实后就形成了一个完整的服役期满的卫生填埋场。填埋场垃圾处理流程一般包括卸料、推铺、压实和覆土。

识读填埋场垃圾处理流程示意图及填埋作业示意图，应了解填埋作业的大致环境，填埋作业的工作流程、日填埋厚度和中间覆土厚度等信息。如填埋场垃圾处理流程示意图，由该图可知，此垃圾填埋场区可分为进场设施、进场通道、垃圾填埋、临时覆盖、封场生态修复几大区域。垃圾车进入填埋场门卫室后，过地磅进行称重，经场内道路进入填埋区，完成垃圾倾倒，随后垃圾经过摊铺、压实、覆土，完成每次填埋作业，当填埋高度达到设计高度时，进行最终封场，在封场区域需进行填埋气收集处理及封场生态修复。垃圾渗滤液经收集后往渗滤液处理站集中处理，达标排放。结合填埋作业示意图可知，作业过程中可根据实际情况灵活选用填坑法或堆坡法进行填埋作业。每种作业方法的具体流程参见图纸。填埋作业工作面坡度约为 1∶3，每个填埋层厚度为 3～4m，每天达到填埋高度后，垃圾层日覆盖采用 0.5mmPE 膜，并进行中间覆盖，覆盖材料为 30cm 厚黏土和 HDPE 膜。

三、管道综合平面图及管线综合断面图的识读

填埋场中有各种管线，主要有地下水收集管、渗滤液输送管和填埋气输送管。阅读图纸时，需根据管网布置图，结合管道图例了解本处理工程所涉及的所有管线类型，确定管线走向、管径、水流方向和处理构筑物的衔接情况等。

如垃圾填埋场管线综合图，由该图可知，中心填埋区和主要构筑物的图纸中已注明管道类别（由图例可得知不同的管道类别）、管径（管道图线上方标示出，如 de300mm）、走向（管线上方的单箭头标示管路走向）、管道转弯点（井）等处坐标、定位控制尺寸、节点编号；并给出各建筑物、构筑物的引入管、排出管，并标注出位置尺寸。在管线综合断面图上，将管道综合图中的 1—1 断面和 2—2 断面细节作了具体规定，并绘制了管道回填大样图，供施工过程的指导之用。

任务四

发电机房降噪治理工程图纸的识读

任务描述

某发电机房设置在独立大楼的地下室，机房的排风口和进风口设在机房的侧墙上，机组的排烟口也直接向外辐射。未治理前，发电机房运行时产生约110dB的强噪声，必然对周围环境造成污染。该项目的工程设计施工图纸包括降噪处理平面图、进排风消声器详图、墙面隔声处理结构图、吊顶消音装修图、隔声门等。通过该项目图纸的识读，掌握降噪处理工程主要设计施工图纸的识读方法。

二维码 4.1 鼓风机房降噪方案——消声器的绘制

任务目标

1. 能简单识读降噪处理平面图、进排风消声器详图、墙面隔声处理结构图、吊顶消音装修图、隔声门图纸。
2. 通晓建筑制图标准、机械制图等标准及制图规范。
3. 能判定出图纸中各类符号代表的具体含义。

工作过程

降噪处理工程主要包含对发出噪声的设备的降噪处理以及隔音间的墙面、吊顶等处的装修等环节。因此，废气处理工程图纸的识读主要是识读降噪主体设施的平面图、主要降噪设施的详图以及隔音间内装修详图，对于整套降噪处理图纸的读图顺序，大致流程一般采用如下顺序：图纸目录、设计总说明、降噪处理平面图、进出口消声器详图、室内装修详图等。

一、降噪处理平面图的识读

明确隔音间的空间布置和定位尺寸、安装尺寸，降噪设施的详细摆放位置、大小尺寸，墙面吸/隔声层、吊顶装修的平面布局等。

二、进出口消声器详图的识读

明确进口消声器和出口消声器的安装尺寸、主体结构尺寸、消声片布置方法、消声片制作方法、设计说明及进出口消声器的材料使用情况等。

三、室内装修详图的识读

通过局部视图、剖视图及节点大样图等图纸，明确室内墙面隔声层的装修细节，包括隔声层的制作方法、龙骨衔接方法、隔声层大致安装方法和其他相关信息等。

下面以某发电机房降噪处理工程图纸为例讲解识图的步骤及方法。

如发电机房降噪处理平面图，该发电机房在建筑物中的具体位置可由图中的建筑物定位轴线得出。在该发电机房西北角有一大小为3800mm×800mm×2500mm的排风消声器，在东南方有一大小为4200mm×1600mm×2500mm的进风消声器，在距2—E轴线1.9m处的发电机房西墙上有一大小为2100mm×1500mm的防火消声门，发电机房沿建筑内墙设置吸/隔声层，屋顶设置吸声吊顶，吊顶高500mm。

如排风消声器图，该图由平面图、立面图和吸声层平面图、详图组成。由平面图立面图可知，该消声器框架利用∟70和∟40的角钢制作而成，∟70的角钢搭建外部框架，其他部分采用∟40角钢做加固用。由设计说明可知，该消声器外壁由3.5mm钢板制作而成。在消声器内部按照吸声层平面图布置消声片，再由吸声层详图可知，吸声层结构由超细玻璃棉为主要吸声材料，两侧以6目钢丝网和厚度为1mm的扁铁固定，吸声层分两种，一种内部超细玻璃棉厚度为75mm，安装于消声器两侧，一种内部超细玻璃棉厚度为200mm，安装于消声器除两侧的中间位置。进风消声器图识读方法与排风消声器相同，在此不再赘述。

如墙面隔声处理结构图。由图可知，墙面的隔声处理采用木龙骨衔接框架座位支撑，龙骨采用木针钉入墙面固定，在龙骨另一侧依次覆盖成型超细棉，N80隔声毯外层以9mm石膏板固定。如外墙隔声处理剖图和中间立柱、外墙立柱隔声处理剖图，立柱隔声处理与墙面制作方式相同。

如吊顶龙骨安装示意图，吊顶采用∟8钢筋作为吊杆，吊杆间距为1220mm，吊杆底端焊接DU50吊件，吊件底端吊挂木龙骨框架结构，吊顶主结构由850空腔、成型岩棉、木龙骨框架、N80隔音毯及9mm石膏板依次组成。

如隔音门图。隔音门的隔声主体结构为以岩棉为主，在其一侧增加工业细毛毡，两侧以面板固定，利用角钢加强固定于门扇上。

练习与实践

一、识读某污水处理厂总平面图，完成以下任务。

1. 本套工艺共有哪些构筑物？列出5个。
2. 本污水处理厂规模为________，一期征地面积为____。
3. 本工艺中二沉池沉淀下来的污泥流向______________。
4. 设计图纸的图纸类型有：平面图、________、________和工艺流程图等。
5. 本工程的项目名称是：________，设计单位是：__________。
6. 本工程工艺总平面布置图图纸编号为__________。
7. 总平面图中 *A*、*B* 是指什么坐标________，*X*、*Y* 是指什么坐标________。
8. 该工程所在地常年主导风向是______。
9. 图中参考的高程系是______，以______为基准。
10. 本工程一期二沉池尺寸是__________。

二、识读某污水处理厂管道平面图，完成以下任务。

1. 请写出污水厂污水管线走向，途经哪些构筑物？

2. 请写出厂区污水来自哪些构筑物？

3. 写出以下图标分别代表什么？

4. 污水流入细格栅所用管道直径为________，材质是______。

5. 厂区给水管所用材质为________。

6. 厂区溢流井的作用是________。

7. 标识管理直径时 DN、DE 与 D 的区别是什么？

三、识读图 4-7、图 4-8 某污水处理厂 A/A/O 微曝氧化沟工程图纸，完成以下任务。

1. 本工程氧化沟长×宽的尺寸是：________________。

2. 氧化沟通过__________设备使水搅动。

3. 氧化沟所用的空气管道直径是：__________，出水管道直径是________。

4. 二沉池图纸比例______，水池直径为____m。

5. 污泥脱水机房中隔膜计量泵的流量为__________。

四、识读电弧炉废气处理工艺流程图，并简述该处理工艺流程。

五、识读电弧炉废气处理工程设备平面布置图，完成以下任务。

1. 热交换器与脉冲袋式除尘器的水平距离为____________。

2. 脉冲袋式除尘器与建筑北墙的水平距离为____________。

3. 该废气处理设施放置的车间地面标高为____________。

六、识读废气治理系统旋流板脱硫塔设备详图，完成以下任务。

1. 该旋流板脱硫塔上共有____个设备检修孔。

2. 设备进风口中心位置距设备底座__________m。

3. 旋流板的作用是___________________________________。

4. 设备总高为____________m，内部共设__________套喷淋装置，其间距为____m。

七、识读某垃圾填埋场总图，完成以下任务。

1. 从总平面布置图可知，本次扩建填埋场需新建的构筑物有____________________。

2. 渗滤液处理区位于回用水池的____________方。

3. 渗滤液提升泵井的定位坐标为____________________________________。

八、识读填埋场垃圾处理流程示意图及填埋作业示意图，简述垃圾填埋作业流程及注意事项。

九、识读垃圾填埋场管线综合图及管线综合断面图，完成以下任务。

1. 该管线综合图共有哪几类管路？

2. 渗滤液输送管管径为____________，原有填埋气输送主管管径为____________，新建填埋气输送主管管径为____________。

3. 库区地表水管内水流方向为由地表水收集井流至______________。

十、识读某发电机房降噪处理工程图纸系列，完成以下任务。

1. 该发电机房主要采用__________、__________、__________、______________设施

进行降噪处理。

2. 进口消声器吸声层采用的主要吸声材料为＿＿＿＿＿＿，厚度为＿＿＿＿＿＿mm。

3. 出口消声器的钢结构由＿＿＿＿规格和＿＿＿＿规格的角钢搭建而成。

4. 墙面隔声结构的龙骨由＿＿＿＿＿搭建而成，该隔声结构采用＿＿＿＿＿＿进行隔声。

5. 机房吊顶采用＿＿＿＿＿＿＿＿＿作吊杆，吊杆间水平间距为＿＿＿＿＿m。吊顶采用＿＿＿＿＿＿进行隔声。

项目拓展

建筑施工图的识读

房屋建筑图是按照国标的规定，用正投影法详细准确地画出的图样。目前，房屋建筑图的国家标准有6个，包括总纲性质的《房屋建筑制图统一标准》(GB/T 50001—2017)、各专业部分的《总图制图标准》(GB/T 50103—2010)、《建筑制图标准》(GB/T 50104—2010)、《建筑结构制图标准》(GB/T 50105—2010)、《给水排水制图标准》(GB/T 50106—2010)、《暖通空调制图标准》(GB/T 50114—2010)。

根据正投影原理，按建筑图样的规定画法，将一幢房屋的全貌（包括内外形状、结构）完整地表达清楚，通常要画出建筑平面图、立面图和剖面图。

一套建筑施工图主要包括：图纸目录、设计总说明、建筑总平面图、建筑平面图、建筑立面图、建筑剖面图及节点详图。识读时按上述顺序依次读图，必要时需要结合不同的图纸综合读图。

1. 建筑总平面图

将拟建工程四周一定范围内的新建、拟建、原有和已拆除的建筑物、构筑物连同周围地形地物状况，用水平投影的方法和相应图例绘制在图纸上，就形成了建筑总平面图。总平面图反映拟建建筑、原有建筑等的平面位置、朝向和与周围环境的关系，是建筑施工定位、土方施工及施工总平面图设计的重要依据。

(1) 总平面图的图示内容

① 测量坐标网或施工坐标网，用 X、Y 或 A、B 连接坐标值表示，单位为米；

② 新建建筑轮廓（隐蔽工程为虚线）、名称（或编号）、定位坐标（或相互关系尺寸）、层数、室内外标高；

③ 相邻有关建筑、拆除建筑的位置和范围；

④ 附近地形地物，如等高线、道路、水沟、河流、池塘、土坡等；

⑤ 道路、铁路、明沟等的起点、终点、转折点、边坡点的标高与坡向箭头；

⑥ 绿化规划，管线布置；指北针和风玫瑰。

(2) 总平面图的识图步骤

① 了解图名、比例；

② 了解工程性质、用地范围、地形地貌和周围环境情况；

③ 了解建筑的朝向和风向；

④ 了解新建建筑物的准确位置；

⑤ 标高。

2. 建筑平面图

建筑平面图反映房屋的平面形状，房间的布置及大小，墙体的位置、厚度、材料，门窗的位置及类型，是施工时放线、砌墙、安装门窗、室内外装修及编制工程预算的重要依据，是建筑施工中的重要图样。建筑平面图实质上是剖面图，因此应按剖面图的图示方法绘制，即被剖切平面剖切到的墙、柱等轮廓线用粗实线表示，未被剖切到的部分，如室外台阶、散水、楼梯以及尺寸线等，用细实线表示，门的开启线用细实线表示。

(1) 建筑平面图的图示内容

① 轴网及其编号；

② 墙、柱、门、窗等构件的位置及编号；

③ 楼梯、电梯的位置，尺寸以及楼梯上下行关系；

④ 阳台、雨篷、台阶、坡道、管线竖井、散水、花池等位置及尺寸；

⑤ 各个细部的尺寸标注和标高标注；

⑥ 预留洞孔、预埋件的位置以及尺寸、标高；

⑦ 标注剖切符号和编号；标注索引和详图符号；

⑧ 底层平面图标注指北针；

⑨ 卫生间或者厨房内的简单洁具或灶具布置；

⑩ 屋面平面图中表示出女儿墙、檐沟、坡度标注、分水线、落水口、上人孔、楼梯间、水箱及其他构筑物、索引符号等。

(2) 建筑平面图的识读步骤

① 看图名和比例尺，了解是哪一层平面图；底层注意指北针确定房屋走向；

② 看轴线、尺寸标注，了解房屋整体长宽和占地面积；看标高，了解层高和室内外高差；

③ 看墙柱，了解房屋的结构类型，如砌体结构、框架结构等；砌体结构注意墙厚；框架结构注意柱网间距；

④ 看尺寸标注了解房间开间、进深；了解平面分隔情况、房间数量和用途以及相互联系；

⑤ 看门窗，了解门窗编号、位置和洞口尺寸，并对照门窗表了解各类门窗具体情况。

3. 建筑立面图

在与房屋立面平行的投影面上做房屋的正投影图，称为立面图。它用来体现建筑物立面上的层次变化和艺术效果，为建筑物的外形设计和后期装修提供依据。

(1) 建筑立面图图示内容

① 室外地坪线（粗实线）、勒脚、可见台阶、坡道、花台、门、窗、阳台、雨篷、檐口、室外楼梯、墙边线、突出墙面的柱、雨水管、墙面分格线、外墙装饰等；

② 外墙各部位标高，如室外地坪、台阶、窗台、门窗顶、阳台、雨篷、檐口、屋顶等处；

③ 外立面细部构造做法；装饰节点详图索引符号；

④ 个别细部的尺寸；立面两端轴线和编号；

⑤ 立面图名，必要的文字说明。

(2) 建筑立面图的识读步骤

① 看图名、轴线和比例尺，了解表现的是哪个立面；

② 看室外地坪标高，了解室内外高差，核对室外台阶踏步数量；

③ 了解门窗、阳台、雨篷、台阶、屋顶、勒脚等细部的形式和位置；

④ 察看各部位标高，了解室内外高差、层高，建筑物总高、雨篷、窗台等的高度；

⑤ 从说明文字或索引符号了解立面装饰材料、颜色等；

⑥ 了解雨水管的位置，并与屋面平面图进行核对。

4. 建筑剖面图

假想用一个或多个与外墙轴线垂直的铅垂面将房屋剖切开，利用投影原理在竖直投影面上所得的投影称为剖面图。用来体现建筑物内部各部位的联系、材料、高度、构造形式及各部分的层次关系，与平面图、立面图相互配合，不可或缺。

（1）建筑剖面图的图示内容

① 室外地坪、室内地面、地坑、地沟、防潮层、散水、排水沟等地下及地面剖到及虽未剖到但能看到的内容；

② 墙、柱及定位轴线、门窗洞、楼面、踢脚线、阳台、顶棚、梁、屋顶；

③ 檐口、女儿墙、屋面构造层、天窗、烟囱；

④ 剖切到的楼梯；

⑤ 各部位完成面的标高和高度方向的尺寸；

⑥ 构造做法引出说明；索引详图符号。

（2）建筑剖面图的识图步骤

① 了解剖切位置；

② 了解被剖切到的墙体、楼板和屋顶；

③ 了解可见部分；

④ 了解剖面图上的尺寸标准。

5. 节点详图

由于详图主要表现那些在平面图中不能详细反映的部位，因此详图中的尺寸标注，细部构造都非常详细。为了尽可能清晰地反映细部尺寸及做法，一般详图都采用较大的比例尺，常用1∶20、1∶10、1∶5、1∶2。

节点详图的图示内容：

① 详图名称或编号，详图比例；

② 详图中的详图索引符号；

③ 建筑构配件的形状、有关的详细尺寸和材料图例；

④ 详细注明各部位和各层次的用料、做法、颜色、施工要求；

⑤ 必要的定位轴线及编号；

⑥ 必要的标高。

第二部分

环境工程CAD绘图

项目五

AutoCAD绘图环境及基本操作

项目目标

了解 AutoCAD 2010 的基本功能，能够熟练掌握软件的打开、绘图界面的设置、点的坐标系、对象捕捉等知识。

内容索引

计算机辅助绘图就是利用计算机绘图软件替代手工绘图工具绘图。图形一般是由图线、尺寸、文字、剖面符号等要素组成，这些要素在计算机中的出现是通过各种绘图命令实现的，如果出现绘制错误或者不合理，则可以通过各种修改命令修改，还有就是很多的设置也都可以通过相应的命令实现，所以计算机辅助绘图就是利用软件的各种命令来实现绘图的各种操作。除了掌握基本命令的操作，还应该熟悉计算机绘图的一般方法和步骤，在适量的练习中逐渐提高绘图的速度和质量。

总之在这个课题里，主要学习的是 AutoCAD2010 绘图环境及基本操作。

主要内容见表 5-1。

表 5-1　项目任务表

学习任务一	AutoCAD 2010 软件的安装	能够自行安装 AutoCAD2010
		掌握软件的启动
学习任务二	绘制奥迪车标	软件简介
		设置基本绘图环境：图形界限、线型、绘图单位
		文件操作：命名、保存、新建、退出
		对象选择：W 选、C 选、单选、全选
		命令的调用
学习任务三	点的坐标画线	点的坐标系：相对坐标、绝对坐标
		点的坐标系：直角坐标、极坐标
		通过坐标画线
学习任务四	对象捕捉精准画线	对象捕捉工具的调用
		常用的对象捕捉方式
学习任务五	绘制 A3 标准图框	图幅，装订边尺寸
		矩形命令
学习任务六	绘制圆及圆弧连接	圆及删除命令的使用
		通过圆及圆弧连接绘制机件

匠心筑梦

2014 年 10 月 7 日，位于乌海市乌达工业园区的内蒙古东源科技有限公司正在建设的回用水厂房二楼发生爆炸事故，造成 3 人死亡，2 人重伤，4 人轻伤，回用水厂房及厂房内的部分设备被损毁，直接经济损失约 743.6 万元。

那么造成这场事故的原因是什么呢？

经事故调查组调查认定，事故的发生是由于地下污水总管内的可燃气体甲烷、氢气等通过 6 根溢流管反串到正在施工建设的回用水厂房，长时间积聚并达到爆炸极限，遇操作工打开电灯开关打火引发气体空间爆炸。中国成达工程有限公司 BDO 项目设计人员张子武，进行设计时违反《石油化工企业设计防火规范》相关规定，未进行危险有害因素辨识，便将通向雨水系统的六根溢流管线变更为通向污水系统，且未在六根溢流管或溢流管汇集总管上设计水封等阻隔装置，对事故的发生负有直接责任。

2017 年 2 月，乌海市乌达区人民法院作出张子武工程重大安全事故罪一审刑事判决书。被告人张子武犯工程重大安全事故罪，判处有期徒刑三年，缓刑三年，并处罚金 100000 元。

差之毫厘，谬之千里，只因画错 1 处管道，设计师获刑 3 年！告诫我们绘图一定要秉持精益求精、一丝不苟的工匠精神。

“执着专注、精益求精、一丝不苟、追求卓越。”2020 年 11 月 24 日，在全国劳动模范和先进工作者表彰大会上，习近平总书记高度概括了工匠精神的深刻内涵，强调劳模精神、劳动精神、工匠精神是以爱国主义为核心的民族精神和以改革创新为核心的时代精神的生动体现，是鼓舞全党全国各族人民风雨无阻、勇敢前进的强大精神动力。

劳动者的素质对一个国家、一个民族发展至关重要。不论是传统制造业还是新兴产业，工业经济还是数字经济，工匠始终是产业发展的重要力量，工匠精神始终是创新创业的重要精神源泉。时代发展，需要大国工匠；迈向新征程，需要大力弘扬工匠精神。

2016 年 4 月，郑州恒天重型装备有限公司的李会东被中华全国总工会授予“全国‘五一’劳动奖章”荣誉称号，5 月被人力资源和社会保障部评为“全国技术能手”。他 10 年来，先后获得“河南省五一劳动奖章”“郑州市五一奖章”，连续两年荣获公司“五一劳动奖章”称号；两次被评为“中央企业技术能手”；先后被评为“恒天集团技术能手”“河南省技术能手”“河南省技术标兵”；被郑州市政府评为“郑州市突出贡献高技能人才奖”；2014 年 4 月，被国务院国资委评为“中央企业劳动模范”。

一个 30 岁的年轻人如何在自己的岗位取得这么大的成绩？“知识改变命运！”

李会东的父亲曾对他说：“一个人可以没有文凭，但决不可以没有知识，没有技术。”2003 年刚过完春节，一个从未见过世面的河南睢县农家懵懂少年，远离了家乡，独自踏上了人生旅程的第一步——郑纺机技工学校，他报的是钳工专业。他特别珍惜这次学习机会，投入到钳工专业的学习生活。从上学的第一天起，李会东清楚地认识到，自己是从农村来的孩子，基础比别人差，家庭条件也不比别人好，要想当个好工人，就必须刻苦学习，才能为今后当一名真正合格的钳工打下基础。

进入工作岗位后，他很快意识到自己的问题：基础不够扎实，知识面不够，有时候连看图都吃力。于是，不甘落后的李会东，开始边学边练，一门心思要把技术水平提上去。为了看懂图纸、掌握技术，李会东一天跑好几趟技术室，常常是别人下班了，他在研究图纸，钻研技术上的问题；别人上班时，他早早就在车间检查设备性能，反复练习钳工技能和技巧。

走上钳工岗位以来，从不懂到精通，从干简单活到干技术难度高的复杂件号，如今他早已游刃有余。由于升降平台自身的特殊结构，在平面度误差要求 0.05 毫米以内的标准下，只能用纯手工去维修，李会东的工人，凭着多年在一线摸爬滚打积累的经验和磨练出的手感，却常常能在这毫厘之间游刃有余。10 多年间，这名普通技校的毕业生在技术改造、创新发展的路上不断前行，逐步成长为多次攻破和解决工作中的疑难杂症的“技能达人”。

在大国工匠的时代背景下，希望学生们能够在岗位上坚守本分、不断进取、努力钻研，坚守工匠精神，将技艺发挥到淋漓尽致，成为下一个大国工匠！

学习方法

本课题所学的内容主要通过实践训练来掌握，建议学习者从知识准备和教师的“授课录像”学起，通过录像了解主要的学习内容，详细了解 CAD 相关命令的操作和使用技巧，然后按照任务书，逐项完成学习任务。

二维码 5.1 CAD 绘图环境及基本功能介绍

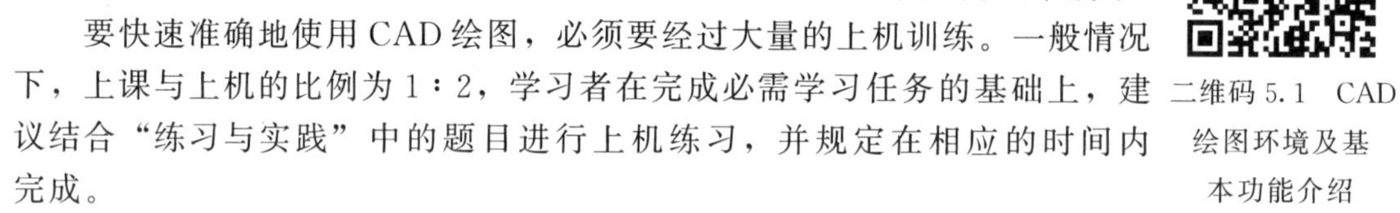

要快速准确地使用 CAD 绘图，必须要经过大量的上机训练。一般情况下，上课与上机的比例为 1∶2，学习者在完成必需学习任务的基础上，建议结合“练习与实践”中的题目进行上机练习，并规定在相应的时间内完成。

知识准备

AutoCAD（Autodesk Computer Aided Design）是 Autodesk 公司首次于 1982 年开发的自动计算机辅助设计软件，用于二维绘图、详细绘制、设计文档和基本三维设计，通过它无须懂得编程，即可自动制图，因此它在全球广泛使用，可用于土木建筑、装饰装潢、工业制图、工程制图、电子工业、服装加工等多方面领域，现已经成为国际上广为流行的绘图工具。

从 AutoCAD2000 开始，该系统又增添了许多强大的功能，如 AutoCAD 设计中心（ADC）、多文档设计环境（MDE）、Internet 驱动、新的对象捕捉功能、增强的标注功能以及局部打开和局部加载的功能。在学校里教学、培训中所用的一般是 AutoCAD 简体中文（Simplified Chinese）版本。其具有以下基本功能。

一、平面绘图

能以多种方式创建直线、圆、椭圆、多边形、样条曲线等基本图形对象的绘图辅助工具。AutoCAD 提供了正交、对象捕捉、极轴追踪、捕捉追踪等绘图辅助工具。正交功能使用户可以很方便地绘制水平、竖直直线，对象捕捉可帮助拾取几何对象上的特殊点，而追踪功能使画斜线及沿不同方向定位点变得更加容易。

二、编辑图形

AutoCAD 具有强大的编辑功能，可以移动、复制、旋转、阵列、拉伸、延长、修剪、缩放对象等。

三、三维绘图

可创建 3D 实体及表面模型，能对实体本身进行编辑。

AutoCAD 2010 简体中文版于 2009 年 3 月 23 号正式发布，相对于旧版本，此版本加入了强大的包括自由形式的设计工具、更好的 PDF 格式支持和参数化绘图等功能。与以往版本相比，AutoCAD 2010 在图标、图形格式、界面、三维、参数化绘图、动态图块、图形输出、PDF 底图、自定义功能、安装的启动设置、填充图案、视口旋转等功能特性上都有了极大的改动，使软件更适应时代和用户的需求。

AutoCAD 2010 软件的安装

通过 AutoCAD2010 软件的安装教程掌握自主安装软件的能力。

1. 能够自主安装 AutoCAD2010 软件。
2. 能够启动软件。

1. 下载 AutoCAD2010 安装软件，将 CAD 安装软件解压，再打开解压形成的 CAD 文件夹中的 Setup. exe 安装文件，如图 5-1 所示。

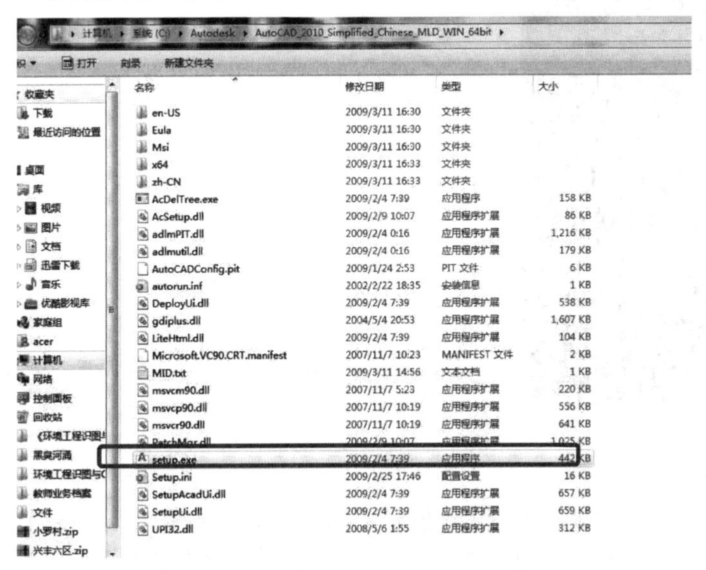

图 5-1　安装文件

2. 打开后如图 5-2 所示，点击安装产品。

图 5-2 安装产品

3. 弹出如图 5-3 所示画面，勾选图框中两项后，点击下一步。

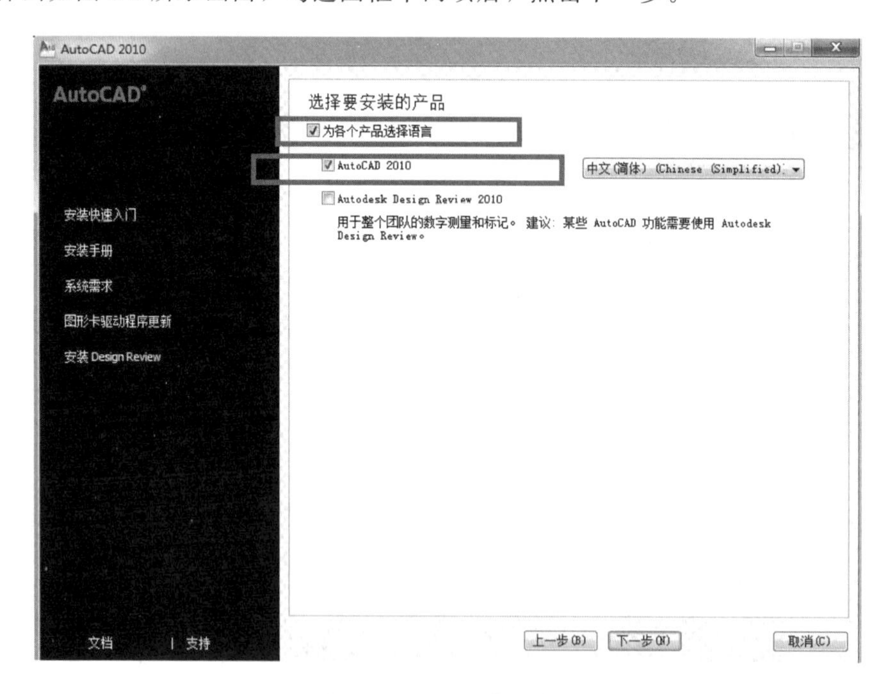

图 5-3 选择要安装的产品

4. 点击“我接受”选项，如图 5-4 所示，然后点击下一步。

5. 输入方框中序列号、产品密钥、姓氏、名字、组织等信息，如图 5-5 所示输完点击下一步。

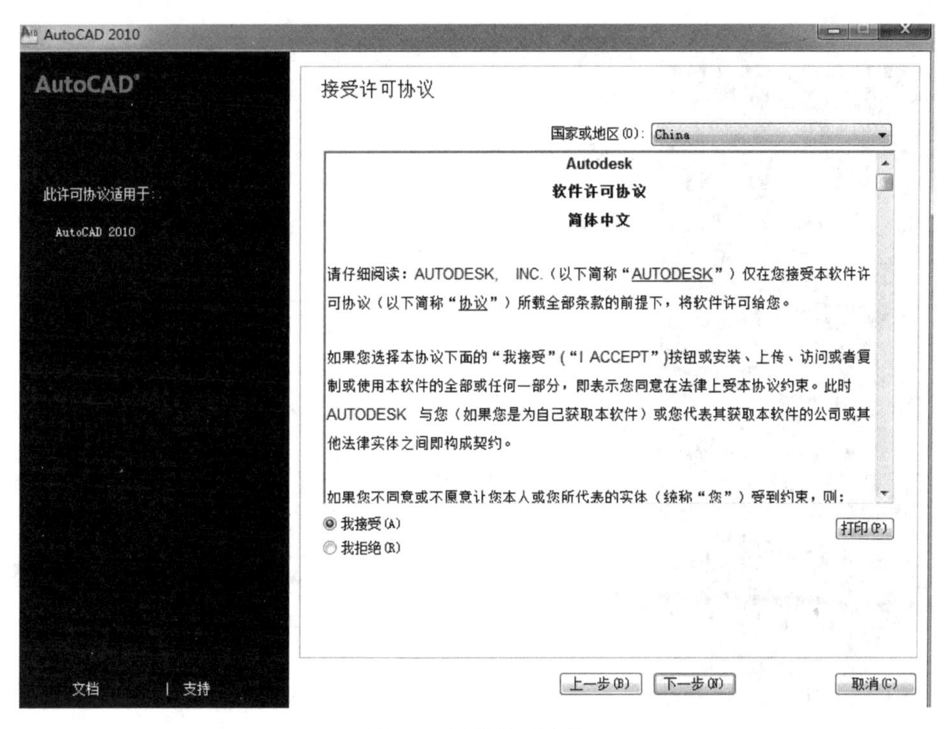

图 5-4 软件许可协议

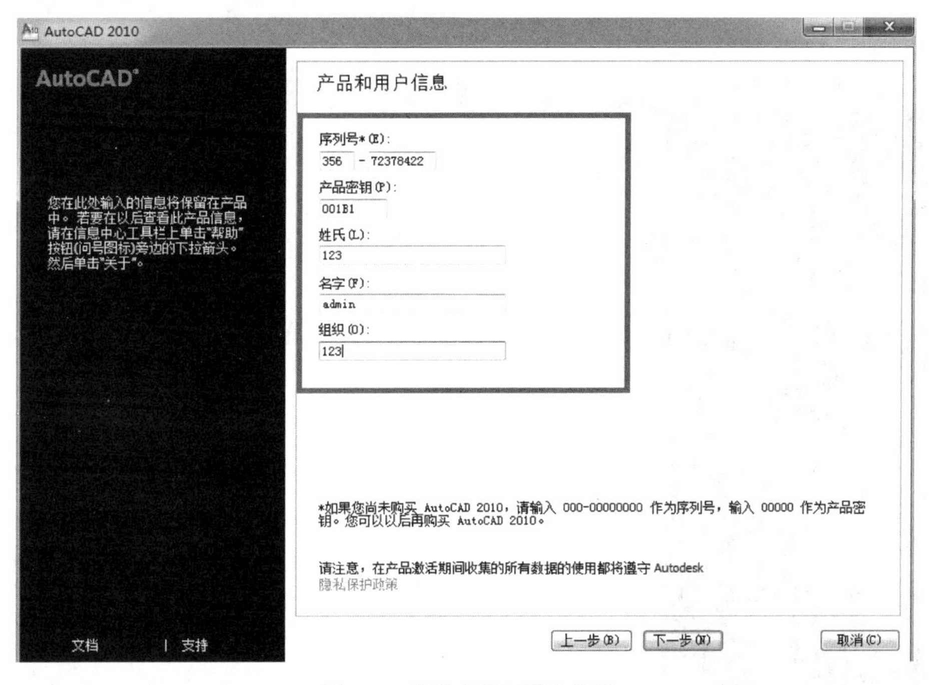

图 5-5 填写产品和用户信息

6. 点击红框中的配置按钮，如图 5-6 所示。再点击下一步。

7. 点击单机许可，如图 5-7 所示，然后点击下一步。

8. 将产品安装路径默认中的 C 盘改为其他盘，此处仍以 D 盘为例，如图 5-8 所示，改好之后点击下一步。

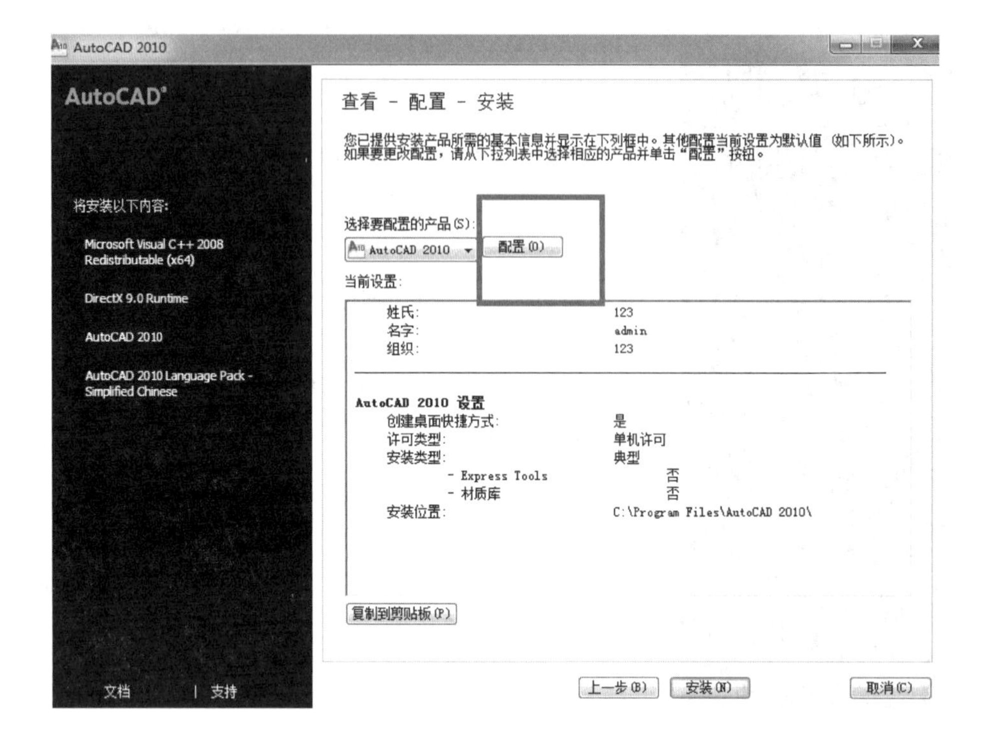

图 5-6 配置信息

图 5-7 选择许可类型

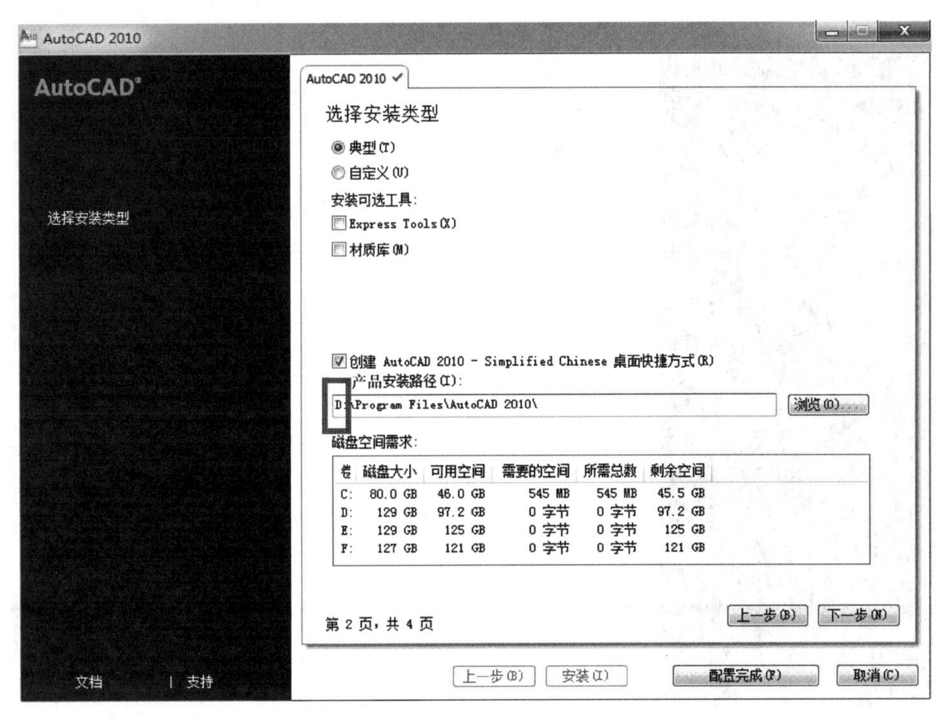

图 5-8 安装路径

9. 选中图中红框，如图 5-9 所示。

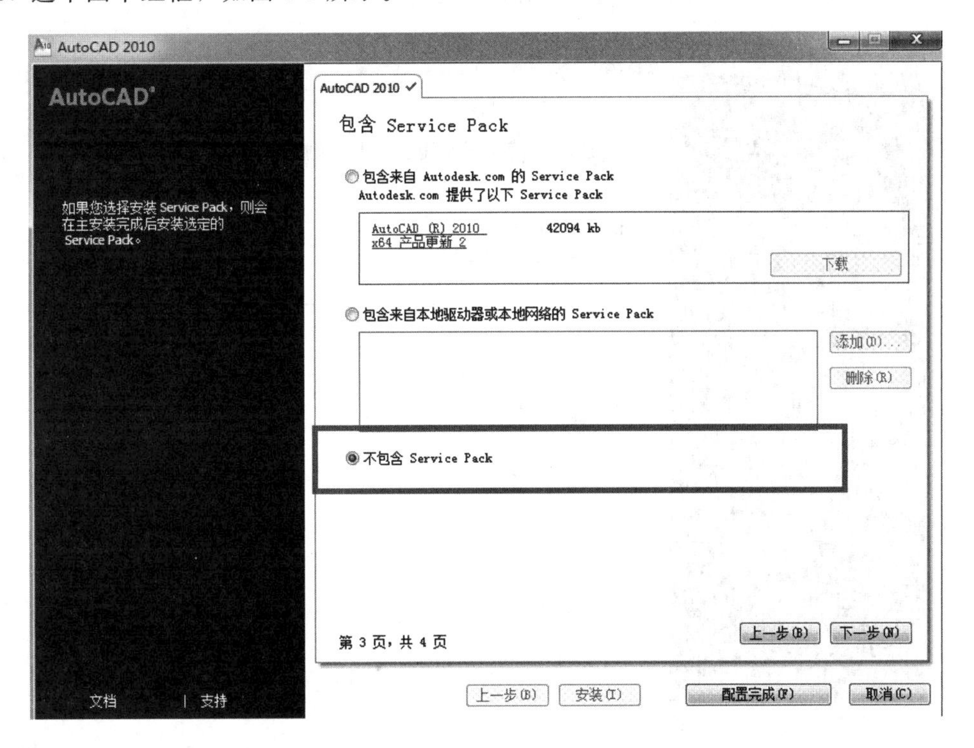

图 5-9 Service Pack 选项

10. 点击配置完成，如图 5-10 所示。

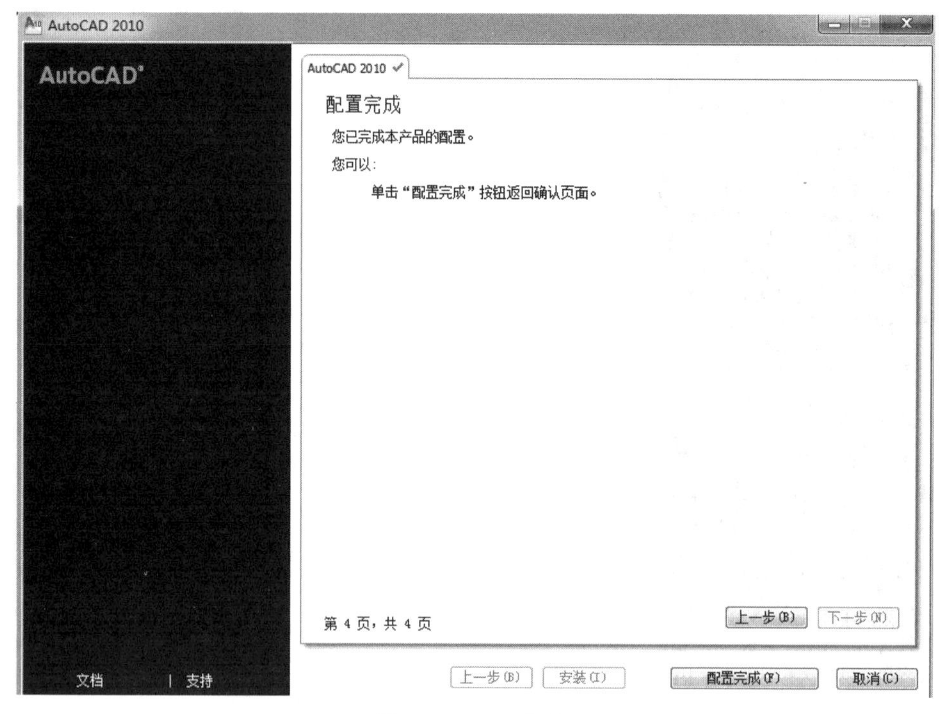

图 5-10 配置完成

11. 点击安装即可，如图 5-11 所示。等待安装完成。

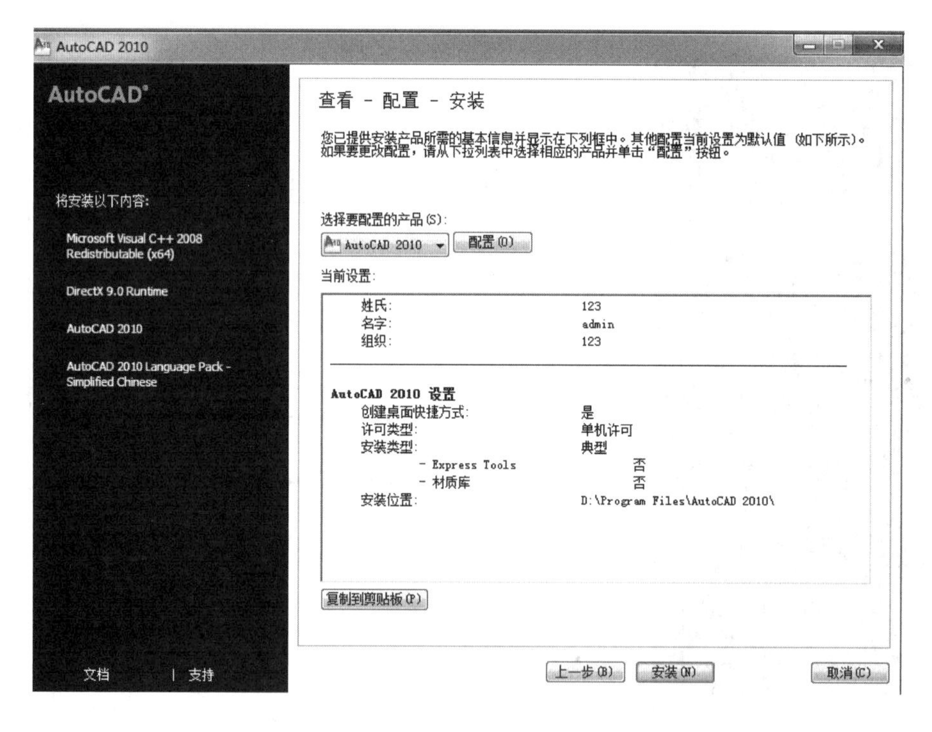

图 5-11 安装软件

12. 安装完成后，点击完成，再关闭弹出的信息框，返回桌面看是否形成快捷方式。

绘制奥迪车标

任务描述

通过绘制奥迪车标，掌握 AutoCAD 的启动，了解用户界面及基本功能，学会新建和保存文件的方法。

任务目标

1. 初步掌握 AutoCAD 2010 用户界面及功能。
2. 掌握图形文件的新建和保存。
3. 学会图形对象选择的两种方法。
4. 掌握基本绘图命令的操作。

工作过程

一、启动 AutoCAD 用户界面

启动 AutoCAD 2010 后，其用户界面如图 5-12 所示，主要由快速访问工具栏、功能区、绘图窗口、命令提示窗口和状态栏等部分组成。

图 5-12　AutoCAD 2010 用户界面

二、建立新图形文件

命令启动方法如下。

- 菜单命令：【文件】/【新建】。
- 工具栏：【快速访问】工具栏上的新建按钮。
- 命令：NEW。

执行新建图形命令，打开【选择样板】对话框，如图 5-13 所示。在该对话框中，用户可选择样板文件或基于公制、英制的测量系统，创建新图形。

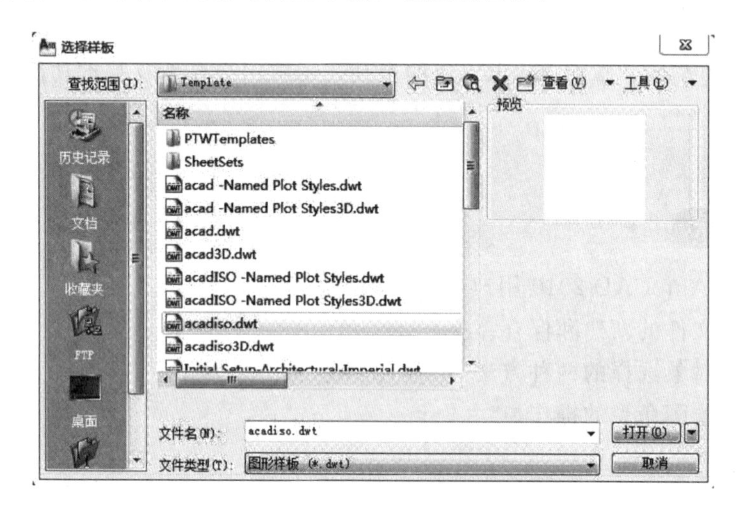

图 5-13 【选择样板】对话框

三、调用命令绘制圆形

执行 AutoCAD 命令的方法一般有两种：一种是在命令行中用键盘输入命令全称或简称，另一种是用鼠标选择一个菜单命令或单击面板中的命令按钮。

1. 使用键盘执行命令

在命令行中输入命令全称或简称就可以使系统执行相应的命令。

2. 利用鼠标执行命令

用鼠标选择一个菜单命令或单击面板上的命令按钮，系统就执行相应的命令。利用 AutoCAD 绘图时，用户多数情况下是通过鼠标执行命令的。

如图 5-14 所示，鼠标点击功能区绘图工具栏上的圆命令，或键盘输入 Circle（简写 C）命令，就可以绘制圆形，首先在绘图区域任意点击一点作为圆心，然后输入半径 20，按回车键结束命令。

四、选择对象及复制圆形

在使用编辑命令时，首先选中被编辑的图形，选择多个对象将构成一个选择集。可以通过鼠标点击的方式选中被编辑图形，选中的图形上方会出现多个蓝色方格（夹点），如果要编辑的对象比较多，可以通过鼠标画矩形窗口和交叉窗口的方式选择。

命令：COPY

选择对象：　　　　　　　　　　　　　　　　　选中已画的圆后按回车键

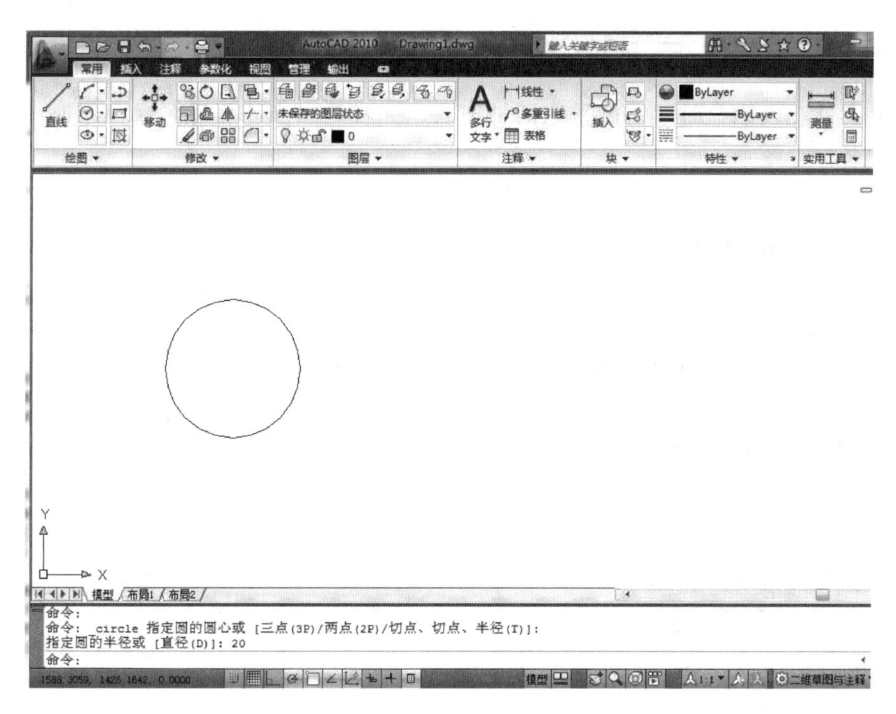

图 5-14　绘制圆形

指定基点：　　　　　　　　　　　　　　　　选中圆心后按回车键

指定第二个点或＜使用第一个点作为位移＞：　　输入位移 30 按回车键

指定第二个点或［退出(E)/放弃(U)］＜退出＞：　输入位移 60 按回车键

指定第二个点或［退出(E)/放弃(U)］＜退出＞：　输入位移 90 按回车键

完成绘制奥迪车标，如图 5-15 所示。

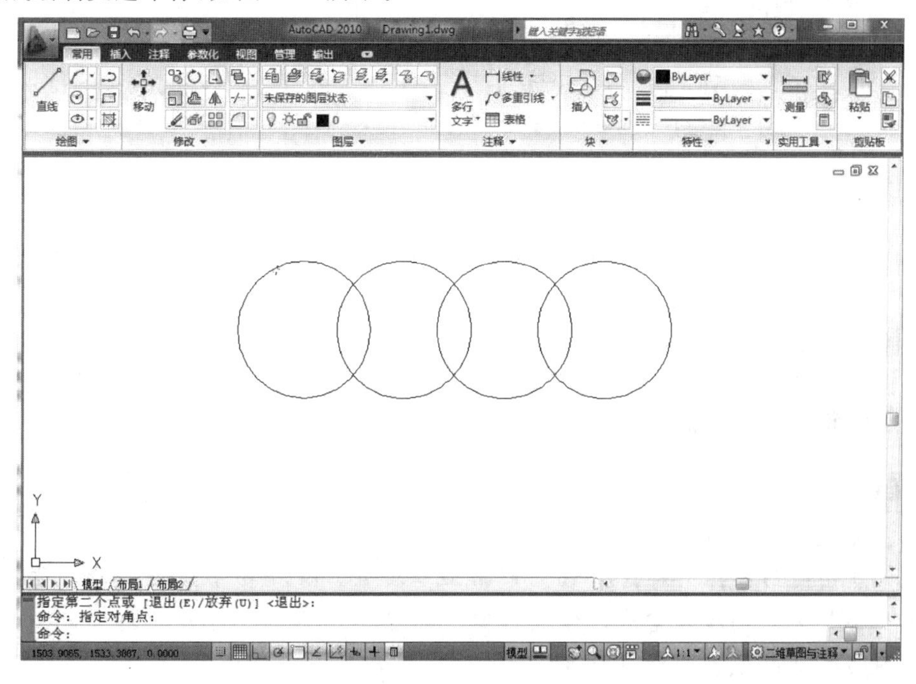

图 5-15　绘制奥迪车标

五、保存图形文件

将图形文件存入磁盘时，一般采取两种方式，一种是以当前文件名保存图形，另一种是指定新文件名保存图形。

快速保存命令启动方法如下。

- 菜单命令：【文件】/【保存】。
- 工具栏：【快速访问】工具栏上的保存按钮。
- 命令：QSAVE。

【图形另存为】对话框执行快速保存命令后，系统将当前图形文件以原文件名直接存入磁盘，而不会给用户任何提示。若当前图形文件名是默认名且是第一次存储文件时，则弹出【图形另存为】对话框，如图 5-16 所示，在该对话框中用户可指定文件的存储位置、输入新文件名及文件类型。

图 5-16 【图形另存为】对话框

执行换名保存命令后，将弹出【图形另存为】对话框。用户可在该对话框的【文件名】文本框中输入新文件名“学号＋奥迪车标”，并可在【保存于】及【文件类型】下拉列表中分别设定文件的存储路径和类型。

如何加密文件？

点击图形另存为对话框右上角的工具按钮，选择安全选项，弹出安全选项对话框，在里面输入密码，按确定键，如图 5-17 所示。下次再打开此图形文件时就要输入正确密码才可打开。

图 5-17 文件加密

点的坐标画线

根据案例讲解及绘图任务，掌握点的坐标系及点的坐标画线的方法。

任务目标

1. 了解点的坐标系：相对坐标、绝对坐标。
2. 了解点的坐标系：直角坐标、极坐标。
3. 能够熟练运用点的坐标来绘图。

一、了解坐标的表示方法

在 AutoCAD 中，点的坐标有绝对直角坐标、相对直角坐标、绝对极坐标和相对极坐标四种表示形式。

1. 绝对直角坐标和绝对极坐标

绝对直角坐标的输入格式为“x，y”。两坐标值之间用“，”号分隔开。例如，(−50，20)、(40，60)。绝对极坐标的输入格式为“$R<\alpha$”。R 表示点到原点的距离，α 表示极轴

方向与 X 轴正向间的夹角。若从 X 轴正向逆时针旋转到极轴方向，则 α 角为正，反之，α 角为负。例如，60<120、45<−30。

2. 相对直角坐标和相对极坐标

当知道某点与其他点的相对位置关系时可使用相对坐标。相对坐标与绝对坐标相比，仅仅是在坐标值前增加了一个符号“@”。

相对直角坐标的输入形式为“@x，y”，相对极坐标的输入形式为“@R<α”。

在相对极坐标中的角度是新点和上一点连线与 x 轴正向的夹角，逆时针为正。如果要按顺时针方向转动角度，则应输入负的角度值，如输入 100<−45 与输入 100<315 的效果相同。

【说明】在绘图过程中，大多数情况下用相对坐标绘图比绝对坐标方便得多。

二、采用不同的输入方法绘图

1. 使用绝对直角坐标，如图 5-18 所示。

命令：_line	绘制直线命令
指定第一点：0,0	输入 A 点坐标
指定下一点或 [放弃(U)]：45,45	输入 B 点绝对直角坐标
指定下一点或 [放弃(U)]：−25,60	输入 C 点绝对直角坐标
指定下一点或 [闭合(C)/放弃(U)]:C	输入 C,按回车键,封闭三角形 ABC

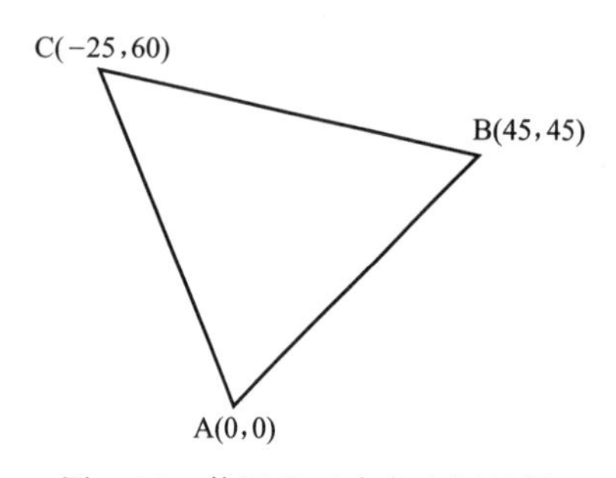

图 5-18 使用绝对直角坐标绘图

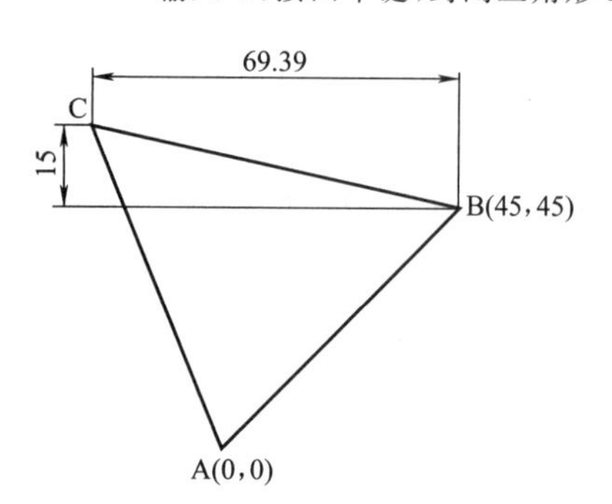

图 5-19 使用相对直角坐标绘图

2. 相对直角坐标，如图 5-19 所示。

命令：_line	绘制直线命令
指定第一点：0,0	输入 A 点直角坐标
指定下一点或 [放弃(U)]：45,45	B 点相对于 A 点的绝对直角坐标
指定下一点或 [放弃(U)]：@69.39,15	C 点相对于 B 点的相对直角坐标
指定下一点或 [闭合(C)/放弃(U)]：C	输入 C,按回车键,封闭三角形 ABC

3. 绝对极坐标，如图 5-20 所示。

命令：_line	
指定第一点：0,0	输入 A 点直角坐标
指定下一点或 [放弃(U)]：63.64<45	B 点相对于 A 点的绝对极坐标
指定下一点或 [放弃(U)]：65<113	C 点相对于 A 点的绝对极坐标

指定下一点或 [闭合(C)/放弃(U)]：C　　　　输入 C，按回车键，封闭三角形 ABC

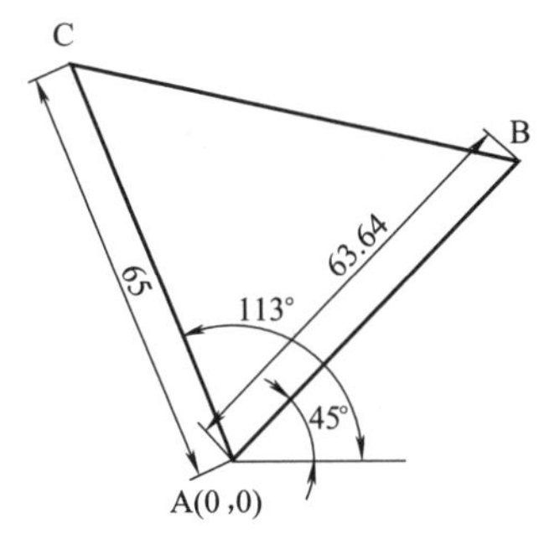

图 5-20　使用绝对极坐标绘图

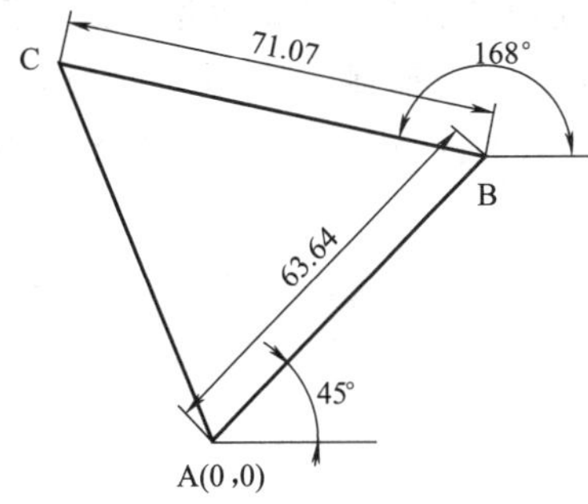

图 5-21　使用相对极坐标绘图

4. 相对极坐标，如图 5-21 所示。

命令：_line

指定第一点：0,0　　输入 A 点直角坐标

指定下一点或 [放弃(U)]：63.64<45　　B 点相对于 A 点的绝对极坐标

指定下一点或 [放弃(U)]：@71.07<168　　C 点相对于 B 点的相对极坐标

指定下一点或 [闭合(C)/放弃(U)]：C　　按回车键，封闭三角形 ABC

二维码 5.2　CAD 的辅助功能

任务四

对象捕捉精准画线

任务描述

根据案例讲解及绘图任务，掌握极轴追踪、对象捕捉等 CAD 辅助工具，能够利用这些辅助工具精准作图。

任务目标

1. 了解极轴追踪，掌握如何开启。
2. 掌握对象捕捉开启的方法，利用对象捕捉精准绘图。

工作过程

对象自动捕捉（简称自动捕捉）又称为隐含对象捕捉，利用此捕捉模式可以使 AutoCAD 自动捕捉到某些特殊点。

一、了解使用对象捕捉的几种方法

在绘图过程中调用对象捕捉功能的方法非常灵活，包括旋转“对象捕捉”工具栏中的相

应按钮、使用对象捕捉快捷菜单、设置“草图设置”对话框以及启用自动捕捉模式等。

1. 使用捕捉工具栏命令按钮来进行对象捕捉

打开“对象捕捉”工具栏的操作步骤是：如果在系统的工具栏区没有显示如图 5-22 所示的“对象捕捉”工具栏，可在系统的工具栏区右击，从弹出的快捷菜单中选择“对象捕捉”命令。

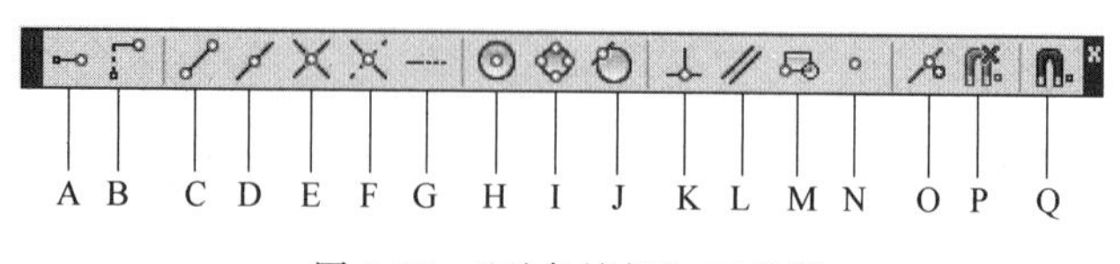

图 5-22 “对象捕捉”工具栏

在绘图过程中，当系统要求用户指定一个点时（例如选择直线命令后，系统要求指定一点作为直线的起点），可单击该工具栏中相应的特征点按钮，再把光标移到要捕捉对象上的特征点附近，系统即可捕捉到该特征点。图 5-22 所示的“对象捕捉”工具栏各按钮的功能说明如下。

A. 临时追踪点：通常与其他对象捕捉功能结合使用，用于创建一个临时追踪参考点，然后绕该点移动光标，即可看到追踪路径，可在某条路径上拾取一点。

B. 捕捉自：通常与其他对象捕捉功能结合使用，用于拾取一个与捕捉点有一定偏移量的点。例如，在系统提示输入一点时，单击此按钮及“捕捉端点”按钮后，在图形中拾取一个端点作为参考点，然后在命令行“-from 基点：-end 于<偏移>：”的提示下，输入以相对极坐标表示的相对于该端点的偏移值（如@8<45），即为获得所需点。

C. 捕捉端点：可捕捉对象的端点，包括圆弧、椭圆弧、多段线段、直线线段、多段线的线段、射线的端点以及实体及三维面边线的端点。

D. 捕捉中点：可捕捉对象的中点，包括圆弧、椭圆弧、多线、直线、多段线的线段、样条曲线、构造线的中点，以及三维实体和面域兑现任意一条边线的中点。

E. 捕捉交点：可捕捉两个对象的交点，包括圆弧、圆、椭圆、椭圆弧、多线、直线、多段线、射线、样条曲线、参照线彼此间的交点，还能捕捉面域和曲面边线的交点，但却不能捕捉三维实体的边线的交点。如果是按相同的 X、Y 方向的比例缩放图块，则可以捕捉图块中圆弧和圆的交点。另外，还能捕捉两个对象延伸后的交点（称之为“延伸交点”），但是必须保证这两个对象沿着其路径延伸肯定会相交。若要使用延伸交点模式，必须明确地选择一次交点对象捕捉方式，然后单击其中一个对象，之后系统提示选择第二个对象，单击第二个对象后，系统将立即捕捉到这两个对象延伸所得到的虚构交点。

F. 捕捉外观交点：捕捉两个对象的外观交点，这两个对象实际上在三维空间中并不相交，但在屏幕上显得相交。可以捕捉由圆弧、圆、椭圆、椭圆弧、多线、直线、多段线、射线、样条曲线或参照线构成的两个对象的外观交点。延伸的外观交点意义和操作方法与上面介绍的“延伸交点”基本相同。

G. 捕捉延长线（也叫“延伸对象捕捉”）：可捕捉到沿着直线或圆弧的自然延伸线上的点。若要使用这种捕捉，须将光标暂停在某条直线或圆弧的端点片刻，系统将在光标位置添加一个小小的加号（+），以指出该直线或圆弧已被选为延伸线，然后沿着直线或圆弧的自然延伸径移动光标时，系统将显示延伸路径。

H. 捕捉圆心：捕捉弧对象的圆心，包括圆弧、圆、椭圆、椭圆弧或多段线弧段的圆心。

I. 捕捉象限点：可捕捉圆弧、圆、椭圆、椭圆弧或多段线弧段的象限点，象限点可以想象为将当前坐标系平移至对象圆心处时，对象与坐标系正 X 轴、负 X 轴、正 Y 轴、负 Y 轴四个轴的交点。

J. 捕捉切点：捕捉对象上的切点。在绘制一个图元时，利用此功能，可使要绘制的图元与另一个图元相切。当选择圆弧、圆或多段线弧段作为相切直线的起点时，系统将自动启用延伸相切捕捉模式。

延伸相切捕捉模式不可用于椭圆或样条曲线。

K. 捕捉垂足：捕捉两个相垂直对象的交点。当将圆弧、圆、多线、直线、多段线、参照线或三维实体边线作为绘制垂线的第一个捕捉点的参照时，系统将自动启用延伸垂足捕捉模式。

L. 捕捉平行线：用于创建与现有直线段平行的直线段（包括直线或多段线线段）。使用该功能时，可先绘制一条直线 A，在绘制要与直线 A 平行的另一直线 B 时，先指定直线 B 的第一个点，然后单击该捕捉按钮，接着将鼠标光标暂停在现有的直线段 A 上片刻，系统便在直线 A 上显示平行线符号，在光标处显示“平行”提示，绕着直线 B 的第一点转动皮筋线，当转到与直线 A 平行方向时，系统显示临时的平行线路径，在平行线路径上某点处单击指定直线 B 的第二点。

M. 捕捉插入点：捕捉属性、形、块或文本对象的插入点。

N. 捕捉节点：可捕捉点对象，此功能对于捕捉用 DIVIDE 和 MEASURE 命令插入的点对象特别有用。

O. 捕捉最近点：捕捉在一个对象上离光标最近的点。

P. 无捕捉：不使用任何对象捕捉模式，即暂时关闭对象捕捉模式。

Q. 对象捕捉设置：单击该按钮，系统弹出如图 5-23 所示的“草图设置”对话框。

2. 使用捕捉快捷菜单命令来进行对象捕捉

在绘图时，当系统要求用户指定一个点时，可按 Shift 键（或 Ctrl 键）并同时在绘图区右击，系统弹出如图 5-24 所示的“对象捕捉”快捷菜单。在该菜单上选择需要的捕捉命令，再把光标移到要捕捉对象的特征点附近，即可以选择现有对象上的所需特征点。

在对象捕捉快捷菜单中，除“点过滤器（T）”子命令外，其余各项都与“对象捕捉”工具栏中的各种捕捉按钮相对应。

3. 使用捕捉字符命令来进行对象捕捉

在绘图时，当系统要求用户指定一个点时，可输入所需的捕捉命令的字符，再把光标移到要捕捉对象的特征点附近，即可以旋转现有对象上的所需特征点。各种捕捉命令字符参见表 5-2。

4. 使用自动捕捉功能来进行对象捕捉

在绘图过程中，如果每当需要在对象上选取特征点时，都要先选择该特征点的捕捉命令，这会使工作效率大大降低。为此，AutoCAD 系统提供了对象捕捉的自动模式。

要设置对象自动捕捉模式，可先在如图 5-23 所示的“草图设置”对话框的“对象捕捉”

选项卡中，选中所需要的捕捉类型复选框，然后选中“启动对象捕捉（F3）（O）”复选框，单击对话框的“确定”按钮即可。如果要退出对象捕捉的自动模式，可单击屏幕下部状态栏中的“对象捕捉”按钮（或者按F3键）使其凸起，或者按Ctrl+F键也能使“对象捕捉”按钮凸起。

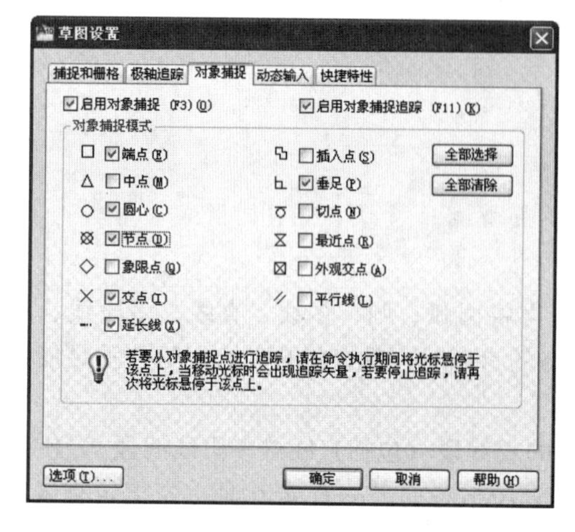

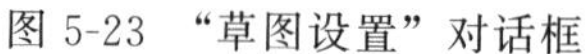
图5-23　“草图设置”对话框

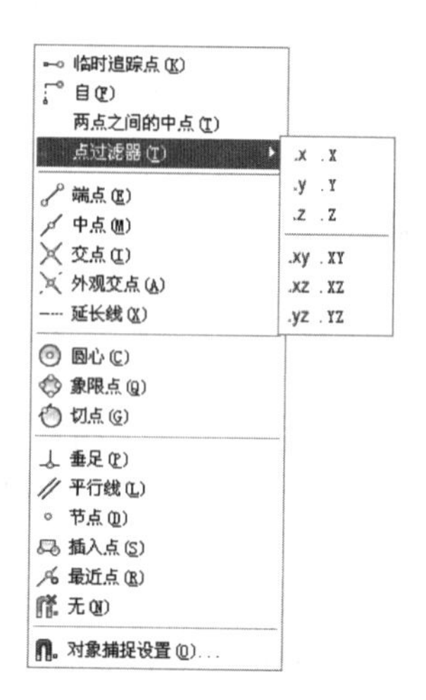

图5-24　“对象捕捉”快捷菜单

表5-2　捕捉命令字符列表

捕捉类型	对应命令	捕捉类型	对应命令
临时追踪点	TT	捕捉自	FROM
端点捕捉	END	中点捕捉	MID
交点捕捉	INT	外观交点捕捉	APPINT
延长线捕捉	EXT	圆心捕捉	CEN
象限点捕捉	QUA	切点捕捉	TAN
垂足捕捉	PER	捕捉平行线	PAR
插入点捕捉	INS	捕捉最近点	NEA

提示

“对象捕捉”按钮的特点是单击凹下，再单击则凸起。凹下为开状态（即自动捕捉功能为有效状态），凸起为关状态（即自动捕捉功能为无效状态）。另外，状态栏中的其他按钮，捕捉、栅格、正交、极轴、对象捕捉、对象追踪、DUCS、DYN、线宽也都具有这样的特点。

上面介绍了4种捕捉方法，其中前三种方法（即使用捕捉工具栏命令按钮、使用捕捉快捷菜单和使用捕捉字符命令）为覆盖捕捉模式（一般可称为手动捕捉），其根据特点是一次捕捉有效；最后一种方法（即自动捕捉）为运行捕捉模式，其根本特点是系统始终处于所设置的捕捉运行状态，直到关闭它们为止。自动捕捉固然方便，但如果对象捕捉处的特征点太多，也会造成不便，此时就须采用手动捕捉的方法捕捉到所要的特征点。

用AutoCAD绘图的过程中，当AutoCAD提示确定点时，本来希望通过鼠标拾取屏幕上的某一点，但由于拾取点与某些图形对象距离很近，得到的点并不是所拾取的那一点，而是已有对象上的某一特殊点，如端点、中点、圆心等。造成这种结果的原因是启用了自动对象捕捉，即 AutoCAD 自动捕捉到默认捕捉点。出现这种情况时，单击状态栏上的“对象捕捉”按钮，关闭自动对象捕捉功能，即可避免这种情况。

二、打开盘附文件，通过对象捕捉把图 5-25（a）变为图 5-25（b）

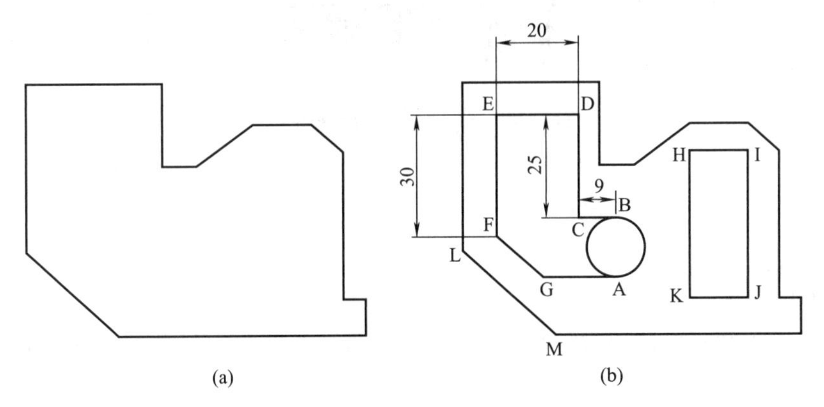

图 5-25 对象捕捉练习

命令：l	
指定第一点：_qua 于	输入直线命令
指定下一点或 [放弃(U)]：	Shift+鼠标右键选中捕捉象限点 A
指定下一点或 [放弃(U)]：	
命令：LINE	
指定第一点：_qua 于	输入直线命令
指定下一点或 [放弃(U)]：9	Shift+鼠标右键选中捕捉象限点 A
指定下一点或 [放弃(U)]：25	绘制线段 BC、CD、DE、EF
指定下一点或 [闭合(C)/放弃(U)]：20	
指定下一点或 [闭合(C)/放弃(U)]：30	
指定下一点或 [闭合(C)/放弃(U)]：par 到	Shift+鼠标右键选中捕捉平行线
指定下一点或 [闭合(C)/放弃(U)]：	把鼠标移动到线段 LM，回拉绘制 FG
命令：tr	修剪命令将多余线条修剪掉
当前设置：投影=UCS，边=延伸	
选择剪切边...	
选择对象或 <全部选择>： 找到 1 个	
选择对象：找到 1 个，总计 2 个	
选择对象：	
选择要修剪的对象，或按住 Shift 键选择要延伸的对象，或 [栏选(F)/窗交(C)/投影(P)/边(E)/删除(R)/放弃(U)]：	
选择要修剪的对象，或按住 Shift 键选择要延伸的对象，或 [栏选(F)/窗交(C)/投影(P)/边(E)/删除(R)/放弃(U)]：	
选择要修剪的对象，或按住 Shift 键选择要延伸的对象，或 [栏选(F)/窗交(C)/投影(P)/边(E)/删除(R)/放弃(U)]：	
命令：LINE	
指定第一点：	通过极轴追踪绘制线段 HI、IJ
指定下一点或 [放弃(U)]：	

指定下一点或[放弃(U)]: 　　　　　　通过极轴追踪绘制线段 JK
指定下一点或[闭合(C)/放弃(U)]:
指定下一点或[闭合(C)/放弃(U)]: C　　　闭合图形

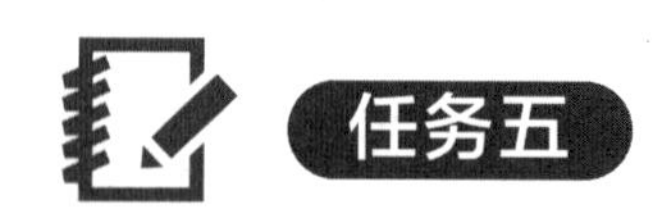

绘制 A3 标准图框

按照实际工程图纸绘制要求，按 1∶1 比例设置 A3 图幅（横装）一张，留装订边，画出图框线。

任务目标

1. 了解图层的概念，掌握如何设置图层。
2. 了解实际工程图纸图幅大小，装订边尺寸。
3. 掌握如何绘制矩形。

一、创建及设置图层

AutoCAD 图层是一张张透明的电子图纸，分别在不同的透明图纸上绘制不同的对象，然后将这些图纸重叠起来，最终形成复杂的图形。对于复杂的平面图形，一般要创建几个图层来组织图形，可以将线、文字、标注等置于不同的图层上，而不是将所有图形都放在 0 层上，这样可以分别控制各层图形对象的线型、颜色、线宽等特性。

二维码 5.3　A3 图幅的绘制

图层是用户管理图样强有力的工具。绘图时应考虑将图样划分为哪些图层以及按什么样的标准进行划分。如果图层的划分合理，则会使图形信息更清晰、更有序，为以后修改、观察及打印图样带来极大的便利。一般要创建以下几个图层（表 5-3）。

表 5-3　图层创建

图层名称	颜色(颜色号)	线型	线宽
01	白(7)	实线 CONTINUOUS	0.60mm （粗实线用）
02	红(1)	实线 CONTINUOUS	0.15mm （细实线、尺寸标注及字体用）
03	青(4)	实线 CONTINUOUS	0.30mm （中实线用）
04	黄(2)	点画线 ISO04W100	0.15mm
05	绿(3)	虚线 ISO02W100	0.15mm

选择菜单栏：格式→图层，出现图层特性管理器对话框，选择“新建”按钮，建立图层，用鼠标点击对应位置修改相应的图层名称、颜色、线型、线宽［颜色后面的数字，如白色（7）指的是选择颜色对话框颜色的从左到右的顺序，白色是从左数第 7 个］。如图 5-26 所示。

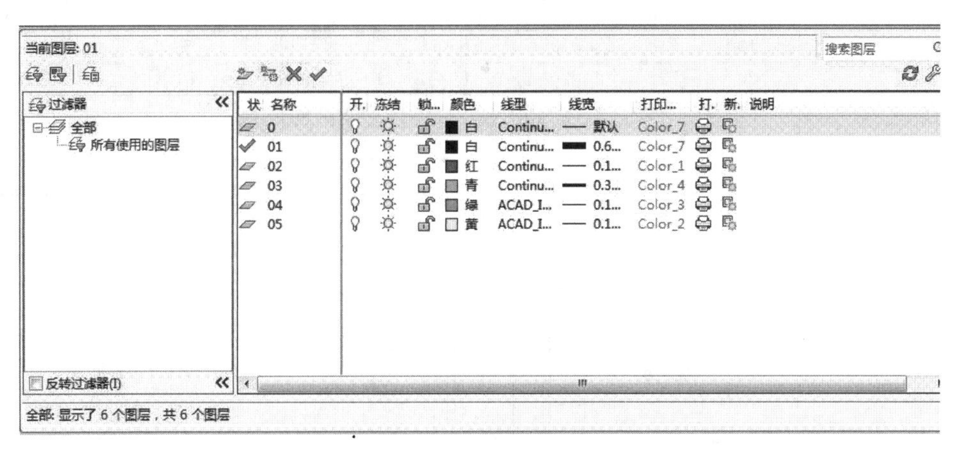

图 5-26　图层设置

鼠标点击在所选颜色上，则可以修改颜色，如图 5-27 所示。

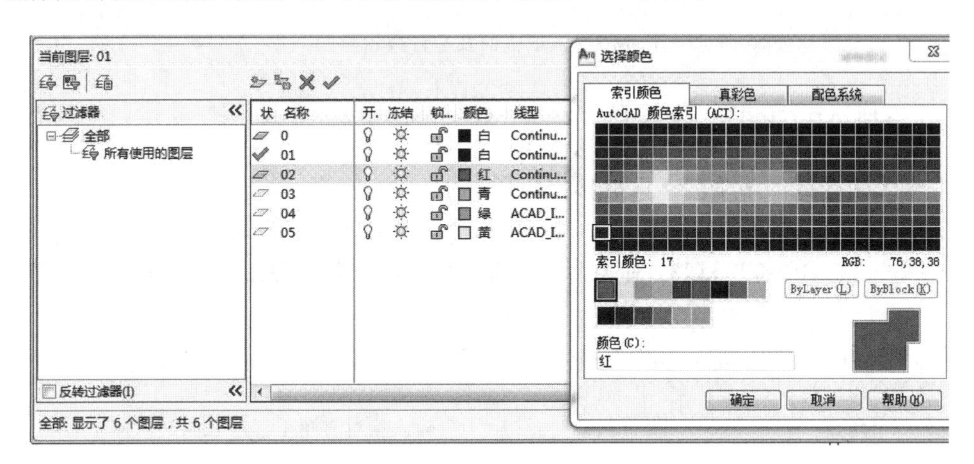

图 5-27　修改颜色

二、确定 A3 图幅尺寸

纸张的规格是指纸张制成后，经过修整切边，裁成一定的尺寸。过去是以多少“开”（例如 8 开或 16 开等）来表示纸张的大小，现在我国采用国际标准，规定以 A0、A1、A2、B1、B2 等标记来表示纸张的幅面规格。根据纸张幅面的面积，把幅面分为 A 系列、B 系列和 C 系列，幅面规格为 A0 的幅面尺寸为 841mm×1189mm；B0 的幅面尺寸为 1000mm×1414mm；C0 的幅面尺寸为 917mm×1279mm；复印纸的幅面规格只采用 A 系列和 B 系列。若将 A0 纸张沿长度方式对开成两等分，便成为 A1 规格，将 A 纸张沿长度方向对开，便成为 A2 规格，如此对开至 A8 规格；B0 纸张亦按此法对开至 B8 规格。其中 A3、A4、A5、A6 和 B4、B5、B6、B7 几种幅面规格为复印纸常用的规格。A 系列里面 A0 是最大的，但是全系列里面 B0 最大，C 组纸张尺寸主要使用于信封。图纸的基本幅面及尺寸见表 5-4。图纸幅面及装订边示意见图 5-28。

表 5-4 图纸的基本幅面及尺寸 单位：mm

幅面代号	A0	A1	A2	A3	A4
$B\times L$	841×1189	594×841	420×594	297×420	210×297
a	25	25	25	25	25
c	10	10	10	5	5
e	20	20	10	10	10

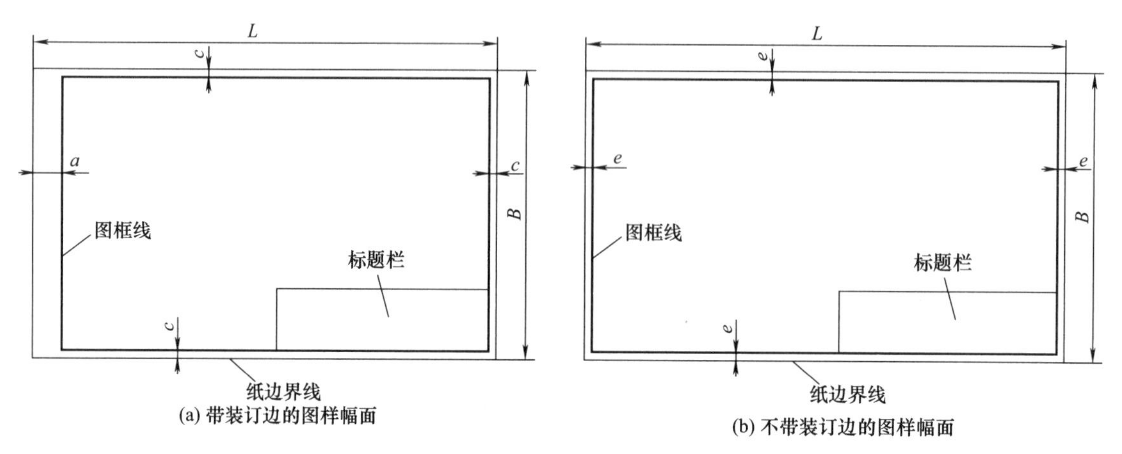

图 5-28 图纸幅面及装订边示意图

三、绘制 A3 图幅

指定矩形对角线的两个端点就能画出矩形。

1. 把细线 02 图层置为当前图层，画 A3 图框，绘制一个 A3 大小的矩形作为图纸的外框，选择第一点（0，0），选择对角点（420，297），图幅长度：420，宽度：297。命令如下：

命令：_rectang

指定第一个角点： 在绘图区域任意指定一点

指定另一个角点： 输入相对直角坐标@420,297,回车

得到 A3 图幅外框如图 5-29 所示。

2. 用粗实线图层画内边框，把粗实线 01 图层置为当前图层，绘制内框长度：390，宽度：287。与外边框距离，左边装订线：25，其余均为 5。

图 5-29 A3 图幅外框

图 5-30 A3 图框留装订边

命令:RECTANG

指定第一个角点:	使用对象捕捉"自"命令,输入 from,回车 鼠标点击外框左下角点为基点
基点:＜偏移＞:	输入相对于基点的偏移量@25,5
指定另一个角点:	输入相对直角坐标@390,287,回车

得到 A3 图幅如图 5-30 所示。

任务六

绘制圆及圆弧连接

任务描述

使用 CIRCLE 命令画圆时，默认的绘制方法是指定圆心和半径。此外，还可通过备选命令中两个切点加半径或三点来画圆。CIRCLE 命令也可以用来绘制过渡圆弧，方法是先画出与已有对象相切的圆，然后用 TRIM 命令修剪多余线条。通过练习提高绘制圆及圆弧的熟练程度。

任务目标

1. 掌握圆及圆弧连接绘制方法。
2. 熟练使用对象捕捉。

工作过程

打开附盘文件，使用 CIRCLE 命令将图 5-31（a）修改为图 5-31（b）。

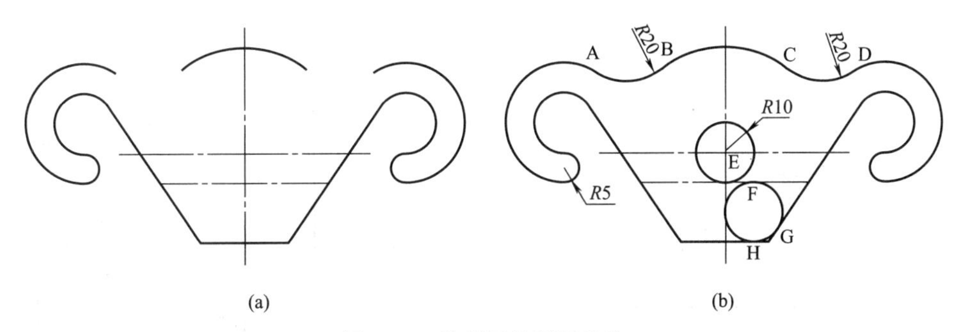

图 5-31 绘制圆及圆弧连接

命令：CIRCLE

指定圆的圆心或［三点(3P)/两点(2P)/切点、切点、半径(T)］：t

指定对象与圆的第一个切点 A：

指定对象与圆的第二个切点 B：
指定圆的半径 <10.0000>：20
命令：CIRCLE
指定圆的圆心或 [三点(3P)/两点(2P)/切点、切点、半径(T)]：t
指定对象与圆的第一个切点 C：
指定对象与圆的第二个切点 D：
指定圆的半径 <20.0000>：
命令：CIRCLE
指定圆的圆心或 [三点(3P)/两点(2P)/切点、切点、半径(T)]：
指定圆的半径或 [直径(D)] <20.0000>：10
命令：c
指定圆的圆心或 [三点(3P)/两点(2P)/切点、切点、半径(T)]：3P
指定圆上的第一个点 E：tan
指定圆上的第二个点 F：tan
指定圆上的第三个点 G：tan
命令：TRIM
选择该圆的两条剪切边，按 ENTER 键结束选择
选择要修剪掉的圆的边，按 ENTER 键结束选择
命令：TRIM
选择另一个圆的两条剪切边，按 ENTER 键结束选择
选择要修剪掉的圆的边，按 ENTER 键结束选择

练习与实践

一、点的坐标画线练习

1. 利用点的绝对或相对直角坐标绘制图 5-34。
2. 利用点的绝对或相对直角坐标绘制图 5-35。
3. 利用点的绝对或相对直角坐标绘制图 5-36。
4. 利用点的绝对或相对直角坐标绘制图 5-37。
5. 打开正交模式，通过输入直线的长度绘制图 5-38。
6. 设定极坐标追踪角度为 30°，并打开极轴追踪，然后通过输入直线的长度画出图 5-39。

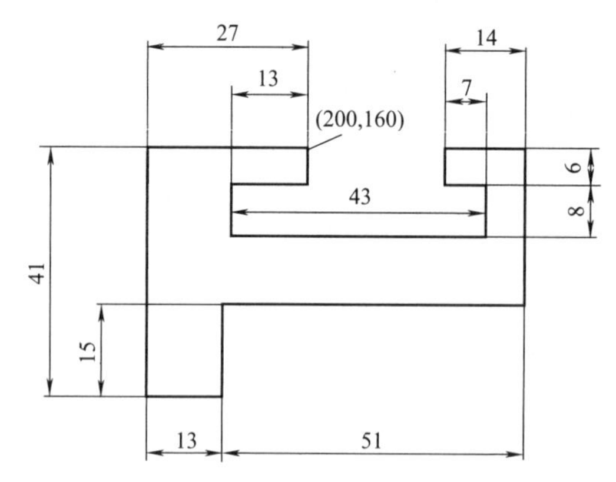

图 5-34 点的绝对或相对直角坐标绘图（一）

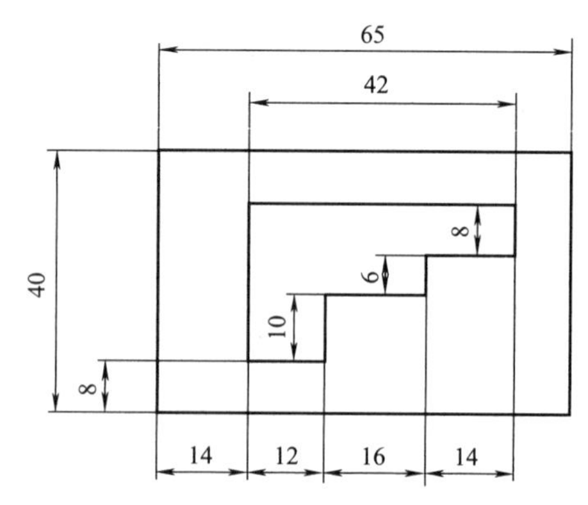

图 5-35 点的绝对或相对直角坐标绘图（二）

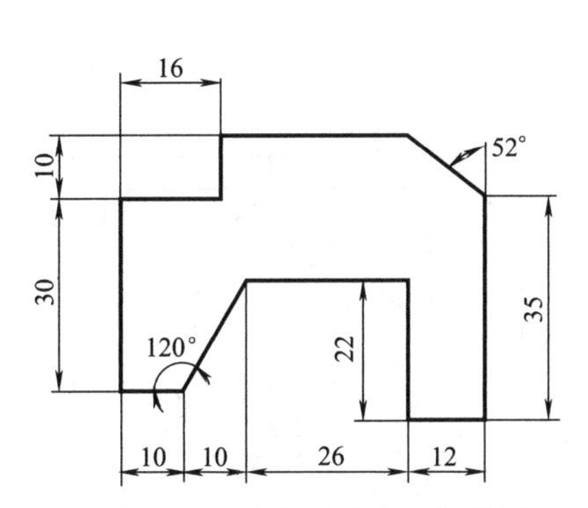

图 5-36 点的绝对或相对直角坐标绘图（三）

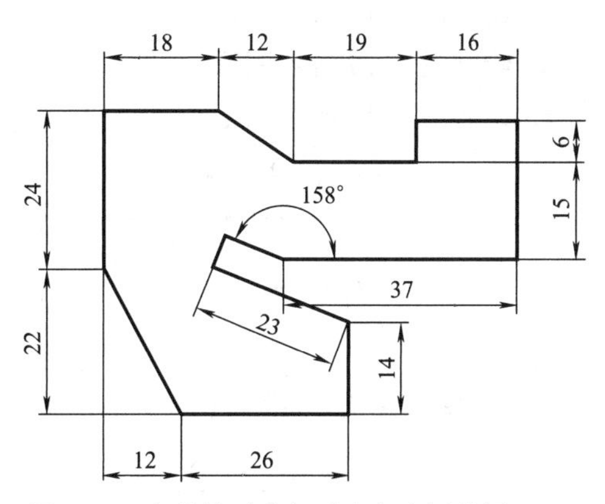

图 5-37 点的绝对或相对直角坐标绘图（四）

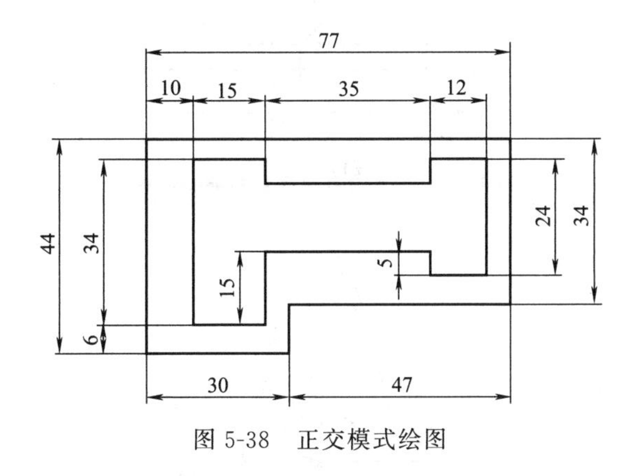

图 5-38 正交模式绘图

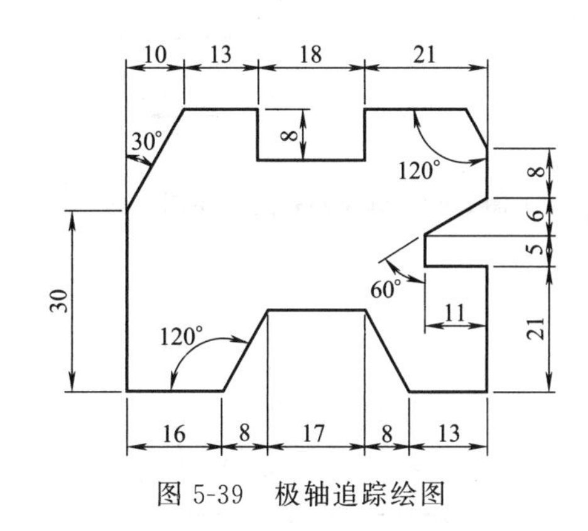

图 5-39 极轴追踪绘图

7. 设定极坐标追踪角度为 10°，并打开极坐标追踪，然后通过输入直线的长度画出图 5-40。

二、对象捕捉练习

利用极坐标追踪、自动捕捉及自动追踪功能绘制图 5-41。

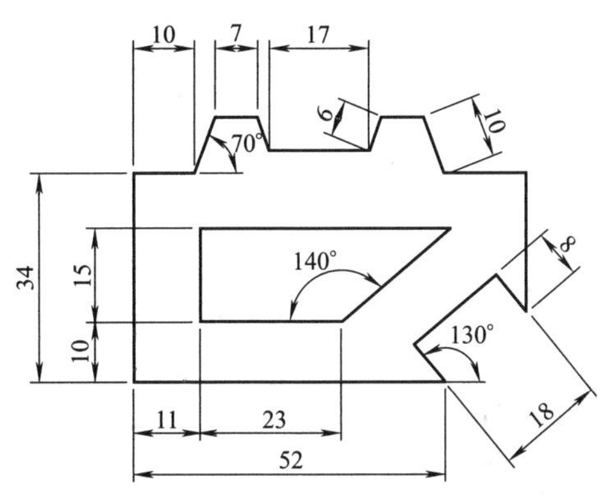

图 5-40 极坐标追踪绘图

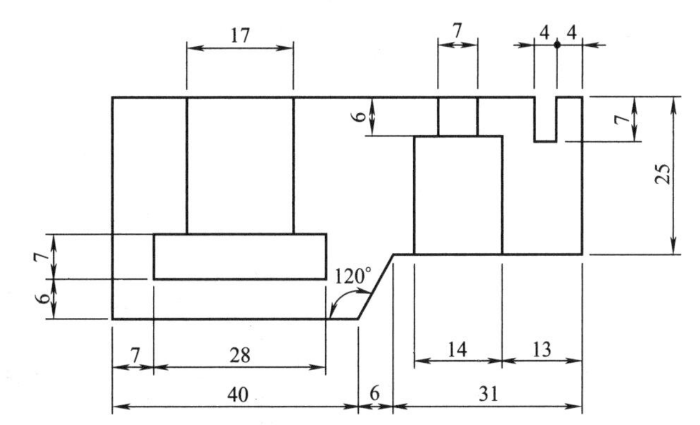

图 5-41 极坐标追踪、自动捕捉及自动追踪绘图

三、圆及圆弧连接练习

1. 绘制图 5-42 所示图形。

2. 绘制图 5-43 所示图形。

3. 绘制图 5-44 所示图形。

4. 绘制图 5-45 所示图形。

5. 绘制图 5-46 所示图形。

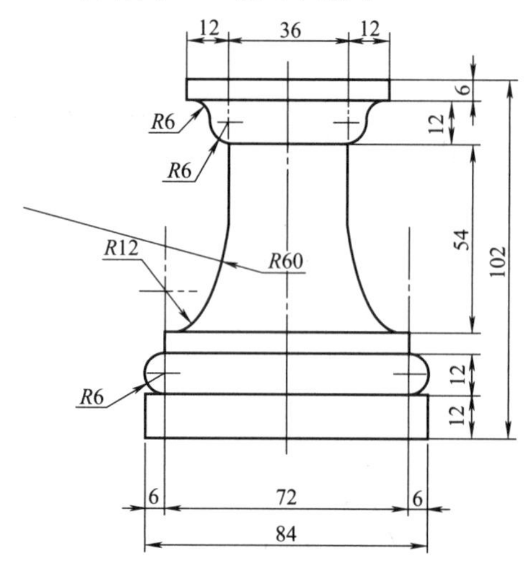

图 5-42 圆及圆弧连接绘图（一）

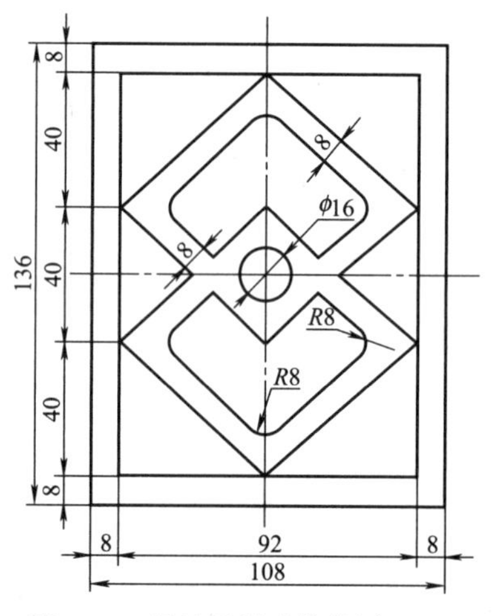

图 5-43 圆及圆弧连接绘图（二）

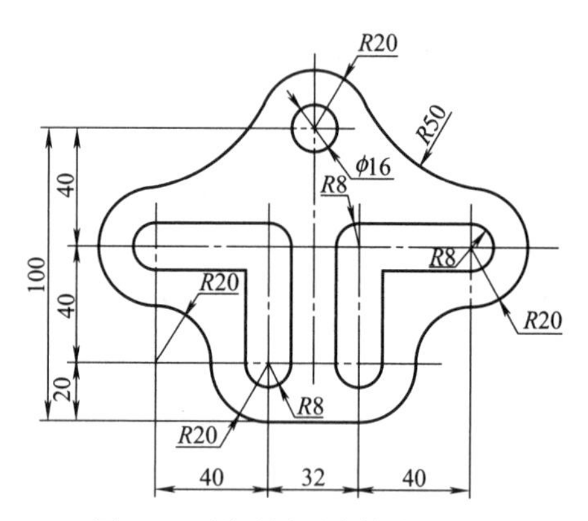

图 5-44 圆及圆弧连接绘图（三）

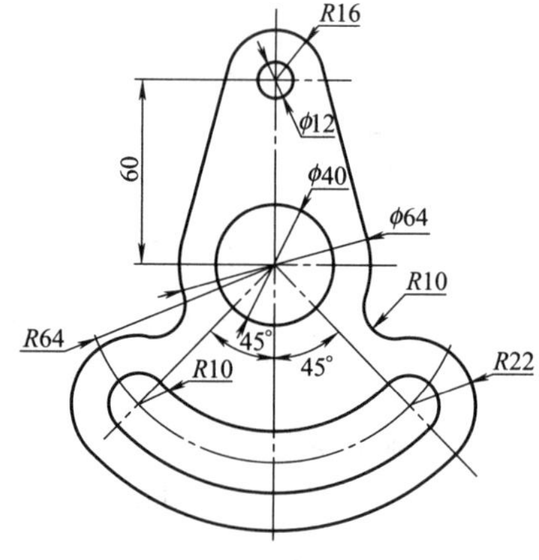

图 5-45 圆及圆弧连接绘图（四）

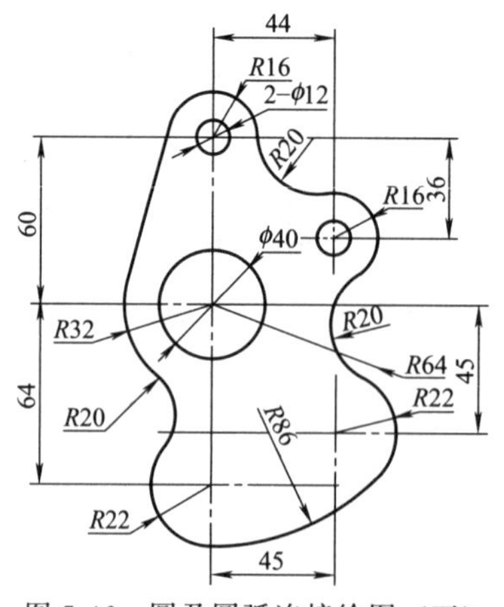

图 5-46 圆及圆弧连接绘图（五）

项目拓展

在绘图过程中，除了对象捕捉，还有正交模式、极轴追踪功能可以提高绘图速度和准确性。AutoCAD 中的“自动追踪”有助于按指定角度或与其他对象的指定关系绘制对象。当“自动追踪”打开时，临时对齐路径有助于以精确的位置和角度创建对象。“自动追踪”包括两种追踪选项：“极轴追踪”和“对象捕捉追踪”。可以通过状态栏上的“极轴”或“对象追踪”按钮打开或关闭“自动追踪”。

一、正交模式

当所绘制线段以水平、垂直线为主时，开启正交模式后，绘图十分方便。

单击状态栏上“正交”按钮，开启或关闭“正交”模式。在正交模式下光标只能沿水平或竖直方向移动，首先用鼠标移向直线段方向一侧表明直线的方向，然后直接输入直线段的长度即可（正值，负值则方向相反）。同样，正交模式只影响用鼠标拾取点（此时，只能拾取水平方向或垂直方向上的点），不会影响键盘输入点坐标。

二、极轴追踪

从 AutoCAD 2000 版本开始增加了一个极轴追踪的功能，使一些绘图工作更加容易。其实极轴追踪与正交模式的作用有些类似，也是为要绘制的直线临时对齐路径，然后输入一个长度单位就可以在该路径上绘制一条指定长度的直线。理解了正交的功能后，就不难理解极轴追踪了。

在 AutoCAD 2000 版本以前，如果要绘制一条与 X 轴方向成 60°且长为 10 个单位的直线，一般情况下需要两个步骤完成，首先打开正交，水平画一条长度为 10 个单位的直线，再用旋转的命令把直线旋转 60°的角而完成。而在 AutoCAD 2000 以后，有了极轴追踪的功

图 5-32 设置极轴追踪

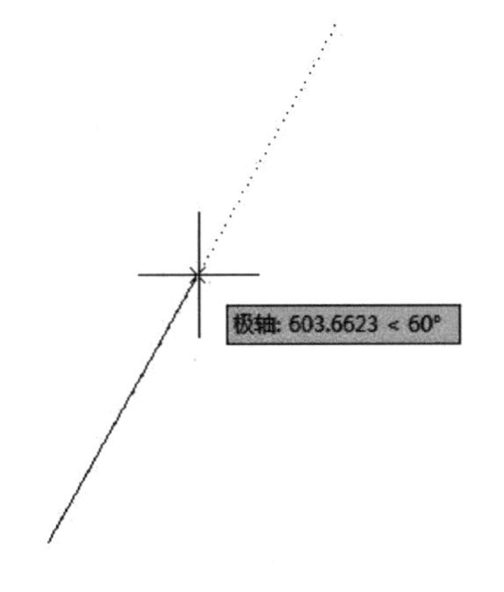

图 5-33 极轴追踪画线

能就方便多了。下面以绘制一条长度为 10 个单位与 X 轴成 60°的直线为例说明极轴追踪的一个简单应用，具体步骤如下。

1. 在任务栏的“极轴追踪”上点击右键，在弹出的菜单中选择设置，弹出草图设置对话框（图 5-32），选中“启用极轴追踪”并调节“增量角”为 60。点击“确定”关闭对话框。

2. 输入直线命令“Line”回车，在屏幕上点击第一点，慢慢地移动鼠标，当光标跨过 0°或者 60°角时，AutoCAD 将显示对齐路径和工具栏提示，如图 5-33 所示，虚线为对齐的路径。当显示为 60°角的时候，输入线段的长度 10 后按回车，那么 AutoCAD 就在屏幕上绘出了与 X 轴成 60°角且长度为 10 的一段直线。当光标从该角度移开时，对齐路径和工具栏提示消失。

“极轴追踪”和“正交”只能选一，当打开“极轴追踪”的时候，“正交模式”自动关闭。

项目六

AutoCAD绘图命令、编辑命令与标注命令

项目目标

熟练掌握 AutoCAD 2010 常用的绘图、编辑等命令，通过对象捕捉、正交模式等绘图工具的灵活使用，完成要表达的绘图目标。

内容索引

绘图、编辑与标注是 AutoCAD 中最常用的命令，一个几何图形的绘制完成通常是通过绘图命令与编辑命令组合完成，后期进行尺寸标注。对于一个几何图形，使用的绘图命令和编辑命令有很多种组合方式，在初级学习阶段，只要能达到绘制完成目标图形即可，在后期深入的学习中，要求学生能通过较快捷、灵活的命令组合达到高效率的绘图。

总之在这个课题里，主要学习的是 AutoCAD 2010 常用的绘图、编辑命令，辅助绘图工具的使用，尺寸的标注命令。

主要内容见表 6-1。

表 6-1　项目任务表

学习任务一	绘图命令	直线、构造线、多段线、样条曲线
		正多边形、矩形
		圆、圆弧、椭圆及椭圆弧
		插入块、编辑块
		点
		图案填充、渐变填充
		表格
		多行文字
		修订云线
学习任务二	编辑命令	删除、复制、镜像、偏移、阵列
		移动、旋转
		缩放、拉伸
		裁剪、延伸
		打断于点、打断、合并
		倒角、圆角
		分解
学习任务三	尺寸标注	线性、对齐、弧长、坐标
		半径、直径、角度
		快速标注、基线、连续
		工差、圆心标记
		编辑标注、编辑标注文字、标注更新、标注样式

匠心筑梦

螺丝钉，指一种圆柱形或圆柱形金属杆上带螺纹的零件，一端有帽。而就是一枚小小的螺丝钉，因雷锋的金子般的语言，赋予它不同凡响的内涵，并用自己的实践而使它闪闪发光，成为一种不朽的精神永留人间，放射出永恒的光芒。

“学习雷锋好榜样，忠于革命忠于党……”这首创作于1963年的歌曲，歌颂的便是伟大的共产主义战士、中国人民解放军全心全意为人民服务的楷模——雷锋。

雷锋，原名雷正兴，湖南望城人。1940他出生在湖南望城一户贫苦农民家庭。7岁时成了孤儿，在乡亲们的帮助下活了下来。1960年1月，雷锋应征入伍。同年11月，他加入了中国共产党。他是一名用平凡铸就非凡的普通战士，尽管他的生命之光只延续了22年，也没有做出什么惊天动地的丰功伟绩，但是他坚持做好每一件平凡小事的，甘当一枚能“钻”善“挤”的“永不生锈的螺丝钉”的精神却激励着一代又一代中华儿女。

“螺丝钉精神”是雷锋精神的重要体现。雷锋在湖南长沙跟着县委书记张兴玉当通讯员的时候，有一回在外出下乡，路上遇到一个生锈的螺丝钉，雷锋便一脚踢到路边。张书记却上前几步，弯腰捡起来，把螺丝钉上的灰擦干净，郑重地交给雷锋说：“留着，会有用处的。”雷锋当时觉得很奇怪。几天后，雷锋要到机械厂送信，张书记把捡到的螺丝钉让雷锋带到机械厂去，并语重心长地对雷锋说：“别看这个小小的螺丝钉，机器上少了它可不行；干工作也是这样，你这个通讯员整天忙于一些平凡的工作，可它是整个革命事业的一部分，就像机器上的螺丝钉一样。”

螺丝钉的故事对雷锋启发很大。在后来的工作中，雷锋始终把自己当作机器上的螺丝钉，党把他拧在哪里就在哪里发光。他在日记里写到：“一个人的作用对于革命事业来说，就如一架机器上的一颗螺丝钉。机器由于有许许多多螺丝钉的连结和固定，才成了一个坚实的整体，才能运转自如，发挥它巨大的工作能力，螺丝钉虽小，其作用是不可估量的，我愿永远做一个螺丝钉。螺丝钉要经常保养和清洗才不会生锈。人的思想也是这样，要经常检查才不会出毛病”。

“如果你是一颗小小的螺丝钉，你是否永远坚守在你生活的岗位上。”雷锋把自己比作机器上的一颗螺丝钉，从农民、工人到战士，他干一行、爱一行，钻一行、精一行。在望城县，他是第一个拖拉机手，在鞍山做钢铁工人时，他3次被评为先进生产者，18次被评为标兵，5次被评为红旗手；入伍后，他荣立三等功2次、二等功1次，还被评为五好战士和节约标兵。雷锋用自己22年短暂的兑现了他全心全意为人民服务的誓言。

“螺丝钉精神”就是自觉地把个人融入党和人民的事业之中去，个人服从整体，服从组织，忠于职守，兢兢业业，干一行爱一行，全心全意为人民服务的精神！

“把有限的生命投入到无限的为人民服务中去”，雷锋用一件件小事平凡的小事铸就了不平凡的人生，尽管半个多世纪过去了，但雷锋的螺丝钉精神却以超越时空的力量，激励着人民无私奉献，把崇高理想信念和道德品质追求，转化在了具体的工作中，做一颗永不生锈的螺丝钉，如同一首穿梭时空的永恒旋律，深深扎根在祖国大地的每个角落，内化为砥砺前行的精神动力，外化为日常生活的具体行动，激励着我们在新时代奋勇前行。

温佳润，2014级环境工程技术专业毕业生，现就职于北京市东方园林环境股份有限公司，岗位为公司项目总经理。之前无论是在制糖厂的污水处理厂工作，还是在环保公司工作，又或者在餐饮行业创业，他都始终发扬雷锋的“螺丝钉精神”，干一行、爱一行、钻一行、精一行，在平凡的工作岗位上，把工作做到极致。在这几年的工作中，他最大的体会就是：我们每个人都是团队的“螺丝钉”，螺丝钉虽小，但缺了谁都不行。每个人都对团队很重要，都要承担起对团队的责任，拿他自己打个比方，从最开始负责技术，再到业务和融资，很多看似不相关的内容，其实都是能够对团队的发展起决定性作用。

罗东福。2014 届给排水专业毕业生，现就职于广东宏义建筑科技发展有限公司广州分公司，从事消防工程和机电工程施工安装与管理，担任项目经理。他最大的体会是像一颗螺丝钉一样，坚持做一个行业，找到属于自己的平台，发挥自己优势，不断地学习专业知识，夯实专业技能，从基层做起，扎根平凡岗位，靠自己一步一个脚印不断地努力和坚持，把有限的生命投入到无限的为中国环保事业中去，为人民的美好生活而努力奋斗。

作为新时代的青年，承担着新时代建设美丽中国的历史使命。需要有扎根岗位，干一行爱一行，专一行精一行的精神，以高度的敬业精神和责任意识投入到平凡的工作中去，真正做到像一颗螺丝钉，拧在哪里，就在哪里闪闪发光。尽管每个人的力量是有限的，我们的工作是平凡、普通的，但我们也要让自己的所学满足社会的需求和人民的期待，把有限的生命投入到无限的为人民服务中去，像雷锋一样“做一颗永不生锈的螺丝钉”，在为人民服务的岗位上绽放出青春的光芒！

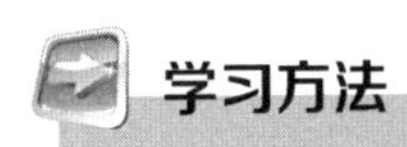

学习方法

这个课题里所学的内容主要通过实践训练来掌握，建议学习者从教师的“授课录像”学起，通过录像了解主要的学习内容，通过“助学 PPT 课件”详细了解 CAD 相关命令的操作和使用技巧，按照任务书和引导课文的要求，逐项完成学习任务。

要快速准确地使用 CAD 绘图，必须要经过大量的上机训练。一般情况下，上课与上机的比例为 1∶2，在完成必需学习任务的基础上，建议结合“练习与实践”中的题目进行上机练习，并规定在相应的时间内完成。如果想完全掌握本项目的所有任务技能，我们不但要进行课堂学习，还需要进行课下的自主学习。

知识准备

认识绘图栏、编辑栏和标注栏。

1. 绘图栏介绍

在 AutoCAD 2010 版本中，绘图栏共包含 19 个绘图命令，涵盖点、线、面、曲线、圆、多边形等平面几何要素命令，同时还包含填充、面域、表格和多行文字的绘制命令。绘图栏具体的命令组、图标、功能及说明见表 6-2。

表 6-2 绘图栏命令功能一览表

命令组	图标	名称	命令	缩写	功能	说明
线命令		直线	LINE	L	创建直线段	可以创建一系列连续的直线段。每条线段都是可以单独进行编辑的直线对象
		构造线	XLINE	XL	创建无限长的线	可以使用无限延伸的线(例如构造线)来创建构造和参考线,并且其可用于修剪边界

续表

命令组	图标	名称	命令	缩写	功能	说明
线命令		多段线	PLINE	PL	创建二维多线段	二维多段线是作为单个平面对象创建的相互连接的线段序列。可以创建直线段、圆弧段或两者的组合线段
		样条曲线	SPLINE	SPL	创建通过或接近指定点的平滑曲线	
多边形		正多边形	POLYGON	POL	创建等边闭合多段线	可以指定多边形的各种参数，包含边数
		矩形	RECTANG	REC	创建矩形多段线	可以指定矩形参数（长度、宽度、旋转角度）并控制角的类型（圆角、倒角或直角）
圆及圆弧		圆	CIRCLE	C	创建圆	可以通过圆心和半径创建圆
		圆弧	ARC	A	创建圆弧	用三点创建圆弧
		椭圆	ELLIPSE	EL	创建椭圆	
		椭圆弧	ELLIPSE	EL	创建椭圆弧	
块命令		插入块	INSERT	I	插入块	将块或图形插入当前图形中
		创建块	BLOCK	B	创建块	从选定的对象中创建一个块定义
点命令		点	POINT	PO	创建多个点对象	
填充		图案填充	BHATCH	H或BH	填充封闭区域或选定对象	使用填充图案、实体填充或渐变填充
		渐变色	GRADIENT		使用渐变填充填充封闭区域或选定对象	渐变填充是在一种颜色的不同灰度之间或两种颜色之间创建过渡
面域		面域	REGION	REG	将封闭区域的对象转换为面域对象	面域是用闭合的形状或环创建的二维区域。闭合多段线、闭合的多条直线和闭合的多条曲线都是有效的选择对象。曲线包括圆弧、圆、椭圆弧、椭圆和样条曲线
表格		表格	TABLE		创建空的表格对象	可以通过空的表格或表格样式创建空的表格对象。还可以将表格链接至Microsoft Excel电子表格中的数据
多行文字	A	多行文字	MTEXT	MT或T	创建多行文字对象	可以将若干文字段落创建为单个多行文字对象。使用内置编辑器，可以格式化文字外观、列和边界
修订云线		修订云线	REVCLOUD		使用多段线创建修订云线	可以通过拖动光标创建新的修订云线，也可以将闭合对象（例如椭圆或多段线）转换为修订云线。使用修订云线亮显要查看的图形部分

2. **编辑栏介绍**

在编辑栏中，共包含有 17 个命令，其中删除、复制、镜像、偏移等是最常用的编辑命令。裁剪和延伸在实际绘图中通过命令是可以转换使用的，打断于点与合并命令刚好是一对有相反作用的编辑命令。

编辑栏具体的命令组、图标、功能及说明见表 6-3。

表 6-3 编辑栏命令功能一览表

命令组	图标	名称	命令	缩写	功能	说明
常用编辑命令		删除	ERASE	E	从图形删除对象	选定对象 删除的对象
		复制	COPY	CO,CP	在指定方向上按指定距离复制	
		镜像	MIRROR	MI	创建选定对象的镜像副本	可以创建表示半个图形的对象，选择这些对象并沿指定的线进行镜像以创建另一半
		偏移	OFFSET	O	创建同心圆、平行线和等距曲线	多段线 带有偏移的多段线
		阵列	ARRAY	AR	创建按指定方式排列的多个对象副本	在均匀隔开的矩形或环形阵列中创建对象副本
		移动	MOVE	M	在指定方向上按指定距离移动对象	使用坐标、栅格捕捉、对象捕捉和其他工具可以精确移动对象
		旋转	ROTATE	RO	绕基点旋转对象	
缩放与拉伸		缩放	SCALE	SC	放大或缩小选定对象，使缩放后对象的比例保持不变	1.50 1 2
		拉伸	STRETCH	S	拉伸与选择窗口或多边形交叉的对象	1
裁剪和延伸		修剪	TRIM	TR	修剪对象以与其他对象的边相接	
		延伸	EXTEND	EX	扩展对象以与其他对象的边相接	

续表

命令组	图标	名称	命令	缩写	功能	说明
打断与合并		打断于点	BREAK	BR	在一点打断选定对象	有效对象包括直线、开放的多段线和圆弧。不能在一点打断闭合对象(例如圆)
		打断	BREAK		在两点之间打断选定对象	 1 2
		合并	JOIN	J	合并相似的对象以形成一个完整的对象	 1 2
倒角		倒角	CHAMFER	CHA	给对象加倒角	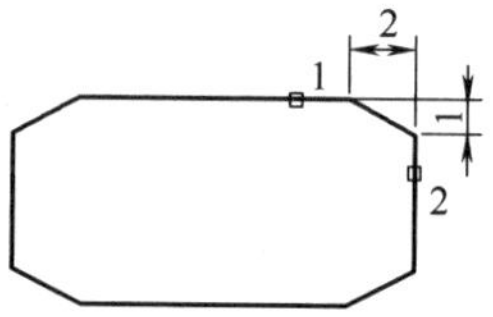 2 1 1 2
		倒圆角	FILLET	F	给对象倒圆角	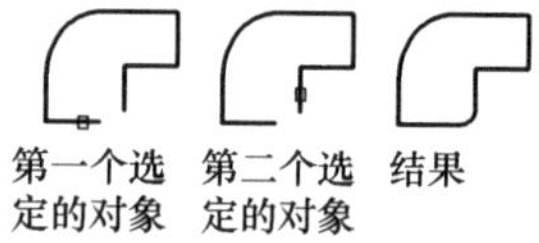 第一个选定的对象 第二个选定的对象 结果
分解		分解	EXPLODE	X	将复合对象分解为其组件对象	可以分解的对象包括块、多段线及面域等

3. **标注栏介绍**

标注栏有 17 个命令，分为 6 个命令组，包括长度标注、半径标注、快速标注、公差标注、标注编辑及标注样式等。

标注栏具体的命令组、图标、功能及说明见表 6-4。

表 6-4 标注栏命令功能一览表

命令组	图标	名称	命令	缩写	功能	说明
长度、弧长及坐标标注		线性	DIMLINEAR	DLI	创建线性标注	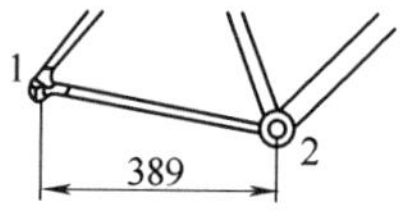 1 389 2
		对齐	DIMALIGNED	DAL	创建对齐线性标注	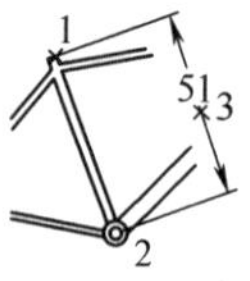 1 51 3 2
		弧长	DIMARC		创建弧长标注	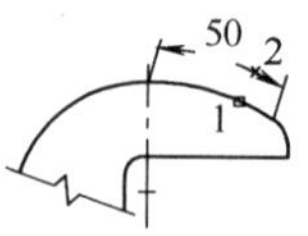 50 2 1

续表

命令组	图标	名称	命令	缩写	功能	说明
长度、弧长及坐标标注		坐标	DIMORDINATE	DOR	创建坐标标注	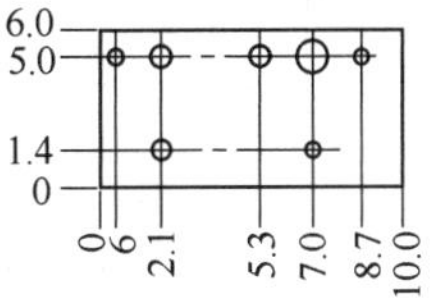
圆及圆弧标注		半径	DIMRADIUS	DRA	为圆或圆弧创建半径标注	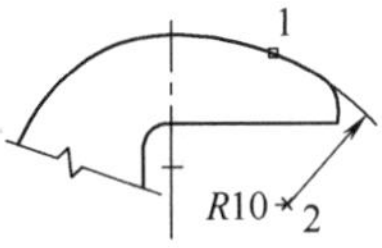
		折弯	DIMJOGGED		为圆和圆弧创建折弯标注	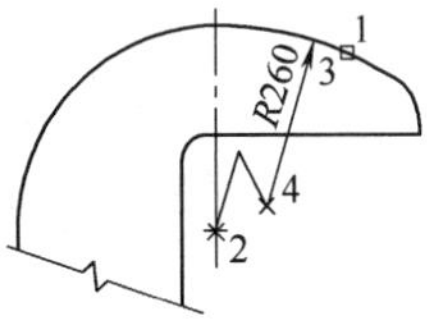 折弯半径标注也称为缩放半径标注。当圆弧或圆的中心位于布局之外并且无法在其实际位置显示时，将创建折弯半径标注。可以在更方便的位置指定标注的原点，这称为中心位置替代
		直径	DIMDIAMETER	DDI	创建圆或圆弧的直径标注	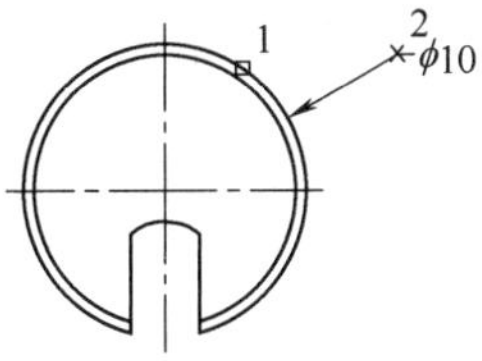
		角度	DIMANGULAR	DAN	创建角度标注	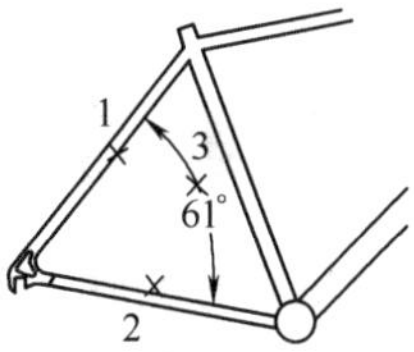
快速标注		快速标注	QDIM		从选定对象快速创建一系列标注	创建系列基线或连续标注，或者为一系列圆或圆弧创建标注时，此命令特别有用
	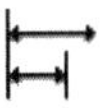	基线	DIMBASELINE		从上一个标注或选定标注的基线处创建线性标注、角度标注或坐标标注	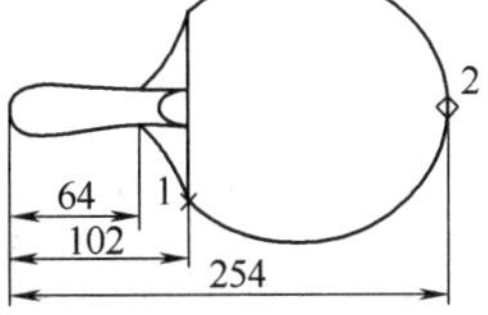
		连续	DIMCONTINUE		创建从先前创建的标注的延伸线开始的标注	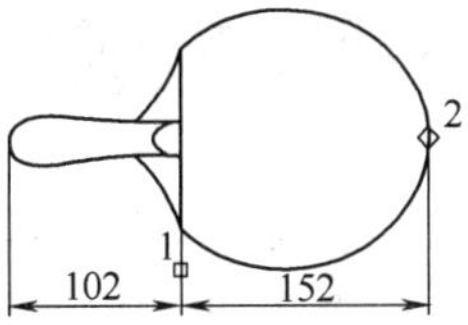

续表

命令组	图标	名称	命令	缩写	功能	说明
公差及圆心标记	⊕.1	公差	TOLERANCE	TOL	创建包含在特征控制框中的形位公差	∠ 0.1 A
	⊕	圆心标记	DIMCENTER	DCE	创建圆和圆弧的圆心标记或中心线	可以选择圆心标记或中心线,并在设置标注样式时指定它们的大小
标注编辑		编辑标注	DIMEDIT	DED	编辑标注文字和延伸线	
		编辑标注文字	DIMTEDIT		移动和旋转标注文字并重新定位尺寸线	
		标注更新	DIMSTYLE	D 或 DST	用当前标注样式更新标注对象	
		标注样式	DIMSTYLE	D 或 DST	创建和修改标注样式	

任务一

绘制角钢

任务描述

角钢俗称角铁，是两边互相垂直成角形的长条钢材，广泛地用于各种建筑结构和工程结构，如房梁、桥梁等。通过绘制工程常用结构角钢，掌握常用的绘图命令和编辑命令。

任务目标

1. 掌握绘图命令：构造线、直线、圆。
2. 掌握编辑命令：删除、偏移、倒角、填充。
3. 掌握线性标注和半径标注。

工作过程

二维码 6.1
绘制角钢

绘图命令：构造线、直线、圆。
编辑命令：删除、偏移、倒角、填充。

标注命令：线性标注、半径标注。

很多同学在刚开始学习CAD绘制图形时，喜欢一打开文件就开始画线，看到图样中有什么线就画什么线，不建图层，也不按照常用的图纸绘制步骤进行绘图。对于简单图形，这种随意的绘图方式可能并没有太大影响，但是，在绘制复杂的工程图时，这种不规范的绘图习惯将大大影响绘图速度，还会给后期的审核校正工作带来诸多不便。因此，在刚开始学CAD时，就需要养成良好的绘图习惯，按照正确的绘图顺序，规范绘制图纸。

按照一般图纸的作图顺序，本图样的制图顺序可分为以下5步：

① 根据图形特征确定图层个数并新建图层。

② 先画定位线，或能确定位置的重要图线；图纸的第一条图线的选择非常重要，如果第一条图线位置或尺寸出现错误，那么后面图线的位置或尺寸极有可能出现问题。

③ 然后根据图形特征，绘制其他图线；如有必要，可以通过辅助线确定图线的位置和长度。

④ 按图样尺寸剪辑修改图线。

⑤ 最后完成尺寸标注，并检查图线的尺寸准确性，如果与图样存在差异，则需进行修改。

绘图具体步骤：

首先，绘制辅助线，绘制两条相互垂直的构造线，绘制直径100的圆，确定出角钢的长度及位置（一、二）。

其次，绘制角钢的形状，完成角钢的填充（三至九）。

最后，完成角钢的标注（十、十一）。

角钢图纸如图6-1所示。

一、使用构造线命令绘制相互垂直的辅助线

命令:XLINE
指定点或[水平(H)/垂直(V)/角度(A)/二等分(B)/偏移(O)]:
指定通过点:
指定通过点:

二、使用圆命令绘制直径100的圆

命令: _circle
指定圆的圆心或[三点(3P)/两点(2P)/切点、切点、半径(T)]:
指定圆的半径或[直径(D)]: d
指定圆的直径: 100

辅助线绘制完成图如图6-2所示。

三、使用多段线命令绘制角钢的外边线

命令: _pline
指定起点:
当前线宽为0.0000
指定下一个点或[圆弧(A)/半宽(H)/长度(L)/放弃(U)/宽度(W)]:
指定下一点或[圆弧(A)/闭合(C)/半宽(H)/长度(L)/放弃(U)/宽度(W)]:

指定下一点或 [圆弧(A)/闭合(C)/半宽(H)/长度(L)/放弃(U)/宽度(W)]：

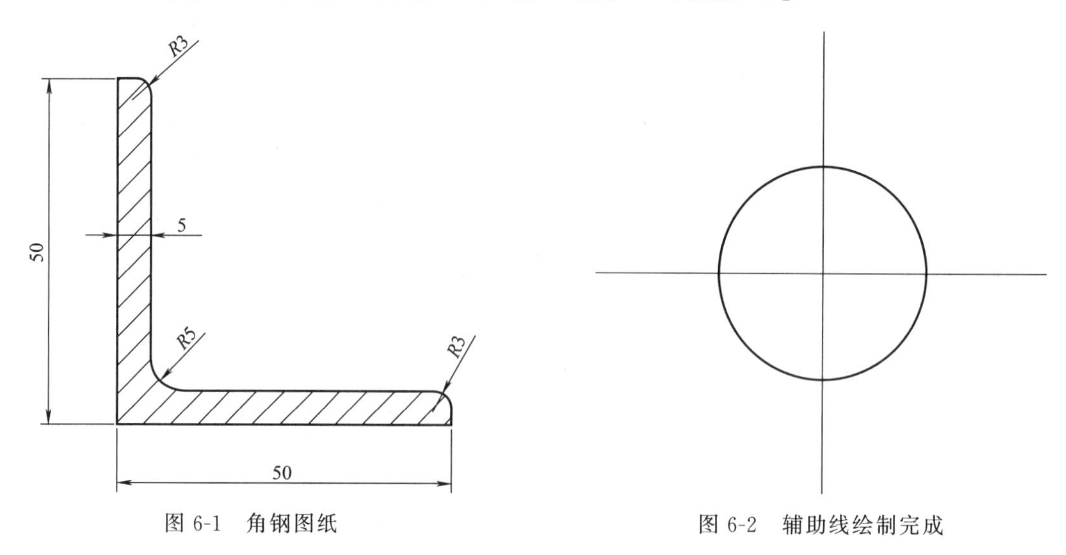

图 6-1 角钢图纸

图 6-2 辅助线绘制完成

四、使用偏移命令绘制角钢的厚度

命令：o(或 OFFSET)

当前设置：删除源=否 图层=源 OFFSET GAPTYPE=0

指定偏移距离或 [通过(T)/删除(E)/图层(L)] <通过>： 5

选择要偏移的对象，或 [退出(E)/放弃(U)] <退出>：

指定要偏移的那一侧上的点，或 [退出(E)/多个(M)/放弃(U)] <退出>：

选择要偏移的对象，或 [退出(E)/放弃(U)] <退出>：

五、使用删除命令删除辅助构造线及圆

命令：e(或 ERASE)

选择对象：找到 1 个

选择对象：找到 1 个，总计 2 个

选择对象：找到 1 个，总计 3 个

选择对象：

六、使用直线命令连接角钢的短边

命令：_line 指定第一点：

指定下一点或 [放弃(U)]：

指定下一点或 [放弃(U)]：

命令：

LINE 指定第一点：

指定下一点或 [放弃(U)]：

指定下一点或 [放弃(U)]：

七、使用倒圆角命令倒角

命令：_fillet

当前设置：模式=修剪，半径=0.0000

选择第一个对象或[放弃(U)/多段线(P)/半径(R)/修剪(T)/多个(M)]：r

指定圆角半径＜0.0000＞：3

选择第一个对象或[放弃(U)/多段线(P)/半径(R)/修剪(T)/多个(M)]：

选择第二个对象，或按住 Shift 键选择要应用角点的对象：

命令：FILLET

当前设置：模式＝修剪，半径＝3.0000

选择第一个对象或[放弃(U)/多段线(P)/半径(R)/修剪(T)/多个(M)]：

选择第二个对象，或按住 Shift 键选择要应用角点的对象：

八、使用倒圆角命令半径为 5 的圆角

命令：_fillet

当前设置：模式 ＝修剪，半径＝3.0000

选择第一个对象或[放弃(U)/多段线(P)/半径(R)/修剪(T)/多个(M)]：r 指定圆角半径＜3.0000＞：5

选择第一个对象或[放弃(U)/多段线(P)/半径(R)/修剪(T)/多个(M)]：

选择第二个对象，或按住 Shift 键选择要应用角点的对象：

九、使用填充角命令填充

命令：h(或 HATCH)

拾取内部点或[选择对象(S)/删除边界(B)]：　正在选择所有对象...

正在选择所有可见对象...

正在分析所选数据...

正在分析内部孤岛...

拾取内部点或[选择对象(S)/删除边界(B)]：

填充命令菜单需要设置的参数如图 6-3 所示。图形绘制完成阶段如图 6-4 所示。

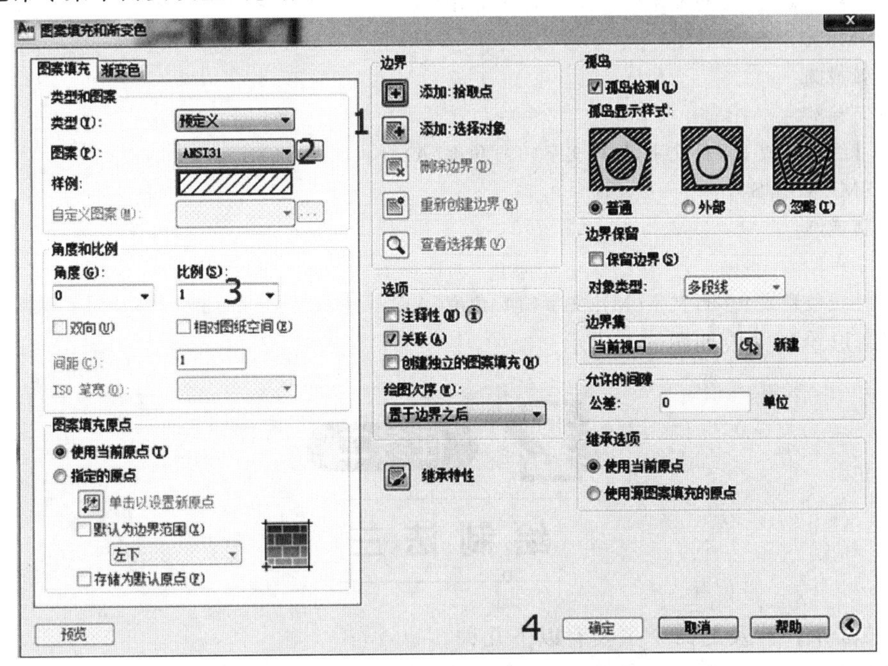

图 6-3　填充命令菜单需要设置的参数

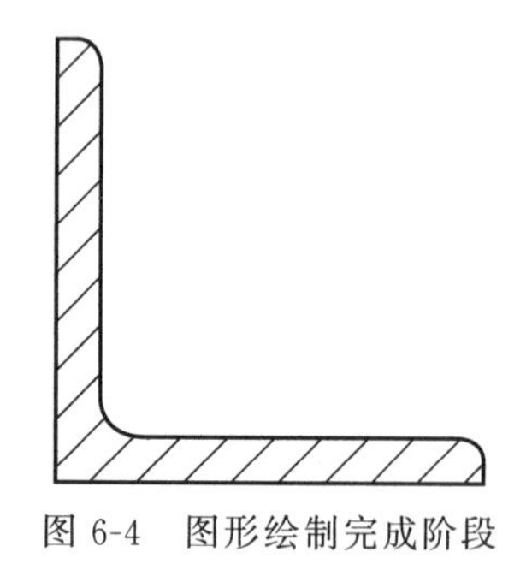
图 6-4 图形绘制完成阶段

十、使用线性标注命令标注角钢的边及厚度

命令：_ DIMLINEAR
指定第一条延伸线原点或 ＜选择对象＞：
指定第二条延伸线原点：
指定尺寸线位置或
[多行文字(M)/文字(T)/角度(A)/水平(H)/垂直(V)/旋转(R)]：
标注文字＝50
命令:DIMLINEAR
指定第一条延伸线原点或 ＜选择对象＞：
指定第二条延伸线原点：
指定尺寸线位置或
[多行文字(M)/文字(T)/角度(A)/水平(H)/垂直(V)/旋转(R)]：
标注文字＝50
命令：_dimlinear
指定第一条延伸线原点或 ＜选择对象＞：
指定第二条延伸线原点：
指定尺寸线位置或
[多行文字(M)/文字(T)/角度(A)/水平(H)/垂直(V)/旋转(R)]：
标注文字＝5

十一、使用半径标注命令标注倒角半径

命令：_dimradius
选择圆弧或圆：
标注文字＝3
指定尺寸线位置或 [多行文字(M)/文字(T)/角度(A)]：
命令:DIMRADIUS
选择圆弧或圆：
标注文字＝3
指定尺寸线位置或 [多行文字(M)/文字(T)/角度(A)]：
命令:DIMRADIUS
选择圆弧或圆：
标注文字＝5
指定尺寸线位置或 [多行文字(M)/文字(T)/角度(A)]：

角钢图形绘制完成如图 6-1 所示。

绘 制 法 兰

在图 6-5 中，涉及的命令主要有以下几种。

绘图命令：直线、圆、多段线、多行文字；

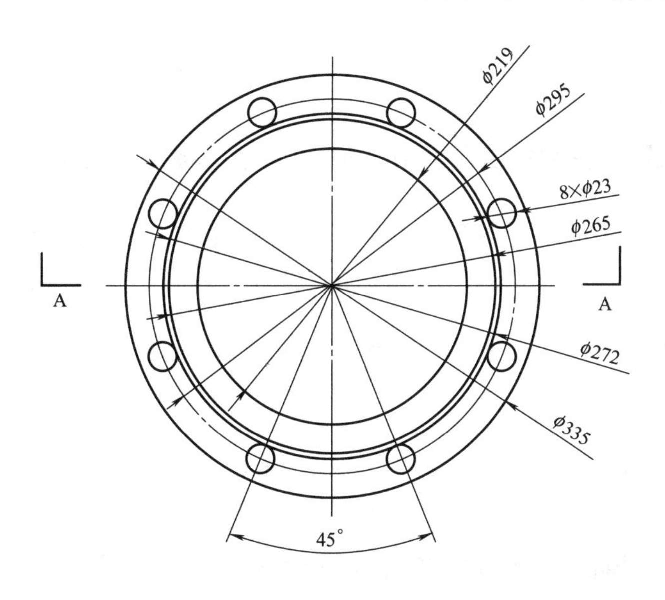

公称直径200法兰平面图

图 6-5　公称直径 200 法兰平面图

编辑命令：阵列、偏移、旋转、镜像；

标注命令：直径标注、角度标注、编辑标注文字。

一、建立图层

分别建立粗实线、点化线、细实线及虚线，设置图层颜色、线型及线宽。如图 6-6 所示。

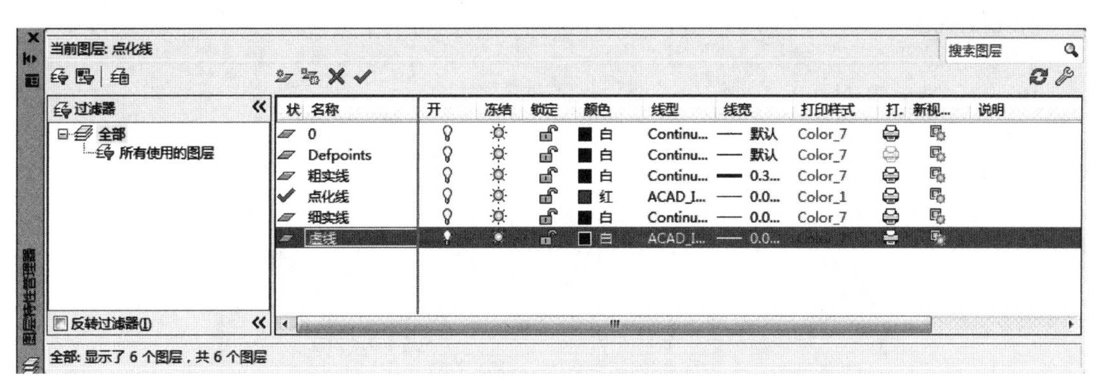

图 6-6　图层设置

二、绘制中心轴线

鼠标左键单击，或输入“L”命令，绘制两条相交的中心轴线。

三、绘制法兰内部直径为 219mm 的圆

左键单击，或输入“C”命令，绘制直径 219mm 的圆。

命令：_circle

指定圆的圆心或［三点(3P)/两点(2P)/切点、切点、半径(T)］：

指定圆的半径或［直径(D)］：d

指定圆的直径：219

四、绘制法兰外直径为 335mm 的圆（采用偏移方法绘制）

左键单击 ，或输入“O”命令，从直径 219mm 的圆向外偏移 58mm，完成直径 335mm 的圆的绘制。

命令：o(或 OFFSET)

当前设置：删除源＝否　图层＝源　OFFSETGAPTYPE＝0

指定偏移距离或［通过(T)/删除(E)/图层(L)］＜通过＞：　58

选择要偏移的对象，或［退出(E)/放弃(U)］＜退出＞：

指定要偏移的那一侧上的点，或［退出(E)/多个(M)/放弃(U)］＜退出＞：

选择要偏移的对象，或［退出(E)/放弃(U)］＜退出＞：

五、绘制法兰直径 295mm 的圆及 8 个螺栓孔直径 23mm 的圆（采用圆、阵列、旋转等命令绘制）

命令：_circle

指定圆的圆心或［三点(3P)/两点(2P)/切点、切点、半径(T)］：

指定圆的半径或［直径(D)］＜403.3341＞：d

指定圆的直径 ＜806.6682＞：295

命令：_circle

指定圆的圆心或［三点(3P)/两点(2P)/切点、切点、半径(T)］：

指定圆的半径或［直径(D)］＜147.5000＞：d

指定圆的直径 ＜295.0000＞：23

命令：_array

选择对象：找到 1 个

选择对象：

指定阵列中心点：

阵列命令的使用如下。阵列命令对话框如图 6-7 所示。

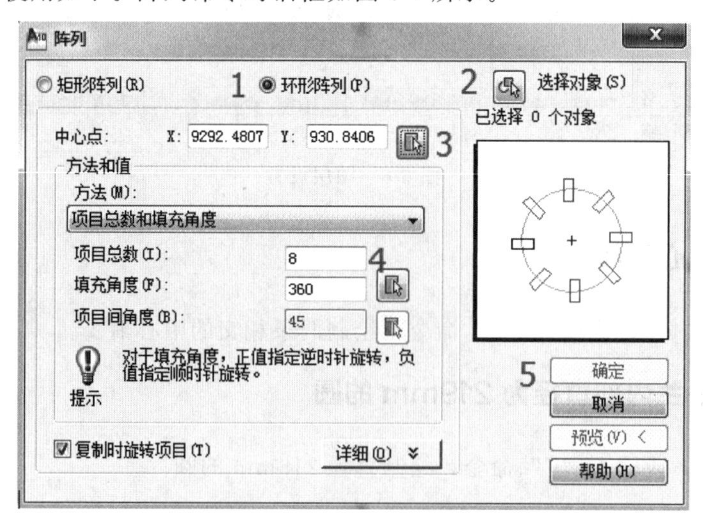

图 6-7　阵列命令对话框

① 选择环形阵列；

② 选择直径 23mm 的圆；

③ 选择直径 219mm 圆的圆心；

④ 项目总数填写 8；

⑤ 点击确定键。

阵列前后效果对比如图 6-8 所示。

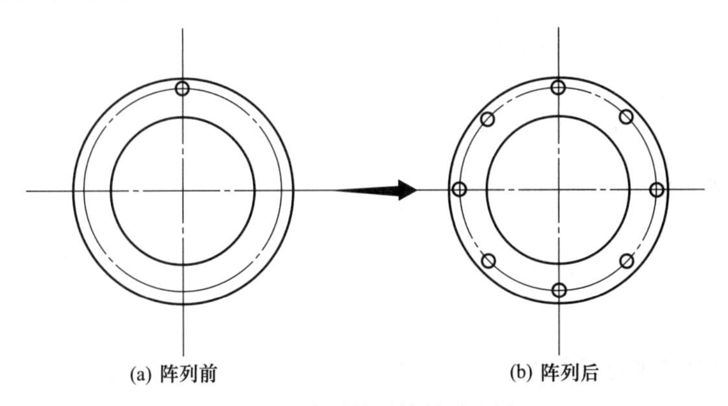

图 6-8　阵列前后效果对比图

命令：_rotate

UCS 当前的正角方向：　ANGDIR＝逆时针　ANGBASE＝0

选择对象：找到 1 个

选择对象：找到 1 个，总计 2 个

选择对象：找到 1 个，总计 3 个

选择对象：找到 1 个，总计 4 个

选择对象：找到 1 个，总计 5 个

选择对象：找到 1 个，总计 6 个

选择对象：找到 1 个，总计 7 个

选择对象：找到 1 个，总计 8 个

选择对象：

指定基点：

指定旋转角度，或［复制(C)/参照(R)］＜0＞：　22.5

旋转前后效果对比如图 6-9 所示。

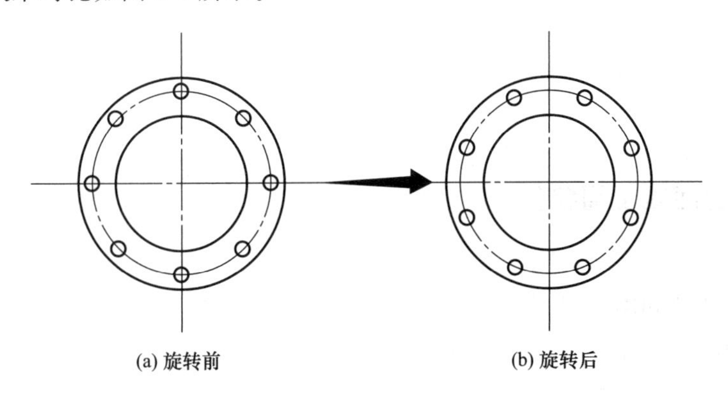

图 6-9　旋转前后效果对比图

六、绘制法兰直径 265mm 及 272mm 的圆

命令：_circle
指定圆的圆心或［三点(3P)/两点(2P)/切点、切点、半径(T)］：
指定圆的半径或［直径(D)］<241.4988>：d
指定圆的直径 <482.9977>：265
命令:CIRCLE
指定圆的圆心或［三点(3P)/两点(2P)/切点、切点、半径(T)］：
指定圆的半径或［直径(D)］<132.5000>：d
指定圆的直径 <265.0000>：272

七、绘制法兰螺栓孔的辅助线

使用直线和镜像命令。
命令：_line
指定第一点：
指定下一点或［放弃(U)］：
指定下一点或［放弃(U)］：
命令：_mirror
选择对象:找到 1 个
指定镜像线的第一点：
指定镜像线的第二点：
要删除源对象吗?［是(Y)/否(N)］<N>：
镜像前后效果对比如图 6-10 所示。

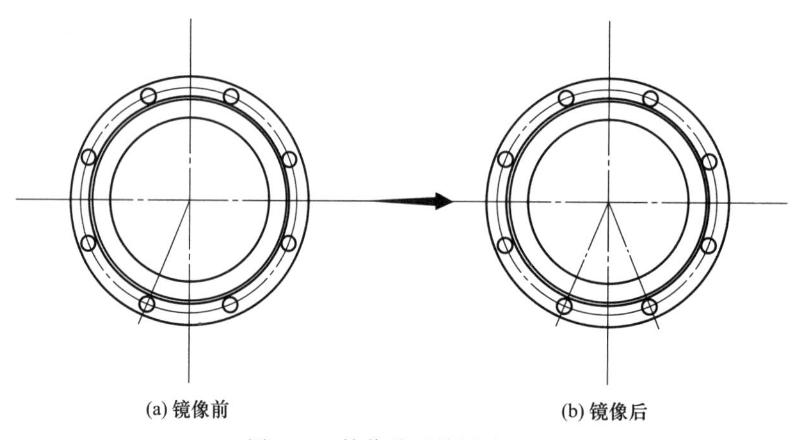

图 6-10 镜像前后效果对比图

八、绘制剖面线及图名称

采用多段线、多行文字、镜像等命令。
剖面线绘制步骤如图 6-11 所示。

1. 绘制剖面线

命令：_pline
指定起点：

当前线宽为 0.0000

指定下一个点或［圆弧（A）/半宽（H）/长度（L）/放弃（U）/宽度（W）］：h

指定起点半宽 ＜0.0000＞：1

指定端点半宽 ＜1.0000＞：

指定下一个点或［圆弧（A）/半宽（H）/长度（L）/放弃（U）/宽度（W）］：

指定下一点或［圆弧（A）/闭合（C）/半宽（H）/长度（L）/放弃（U）/宽度（W）］：

指定下一点或［圆弧（A）/闭合（C）/半宽（H）/长度（L）/放弃（U）/宽度（W）］：

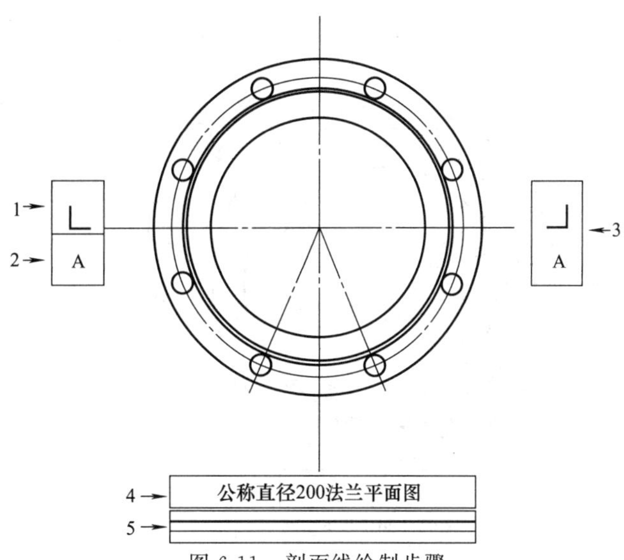

图 6-11　剖面线绘制步骤

2. **绘制剖面线字符**

命令：t（或 MTEXT）

当前文字样式："Standard"

文字高度：2.5

注释性：否

指定第一角点：

指定对角点或［高度（H）/对正（J）/行距（L）/旋转（R）/样式（S）/宽度（W）/栏（C）］：

3. **采用镜像命令绘制剖面线及符号**

命令：MI（或 MIRROR）

选择对象：找到 1 个

选择对象：找到 1 个，总计 2 个

指定镜像线的第一点：

指定镜像线的第二点：

要删除源对象吗？［是（Y）/否（N）］＜N＞：

4. **输入图纸名称及横线**

命令：T（或 MTEXT）

当前文字样式："Standard"

文字高度：2.5

注释性：否

指定第一角点：

指定对角点或［高度（H）/对正（J）/行距（L）/旋转（R）/样式（S）/宽度（W）/栏（C）］：

5. **命令：_ pline**

指定起点：

当前线宽为 2.0000

指定下一个点或［圆弧（A）/半宽（H）/长度（L）/放弃（U）/宽度（W）］：

指定下一点或［圆弧（A）/闭合（C）/半宽（H）/长度（L）/放弃（U）/宽度（W）］：

九、标注法兰尺寸

采用直径标注、角度标注字等命令。标注步骤如图 6-12 所示。

1. 标注圆直径，鼠标左键点击，或输入 DDI 命令。

命令：DIMDIAMETER

选择圆弧或圆：

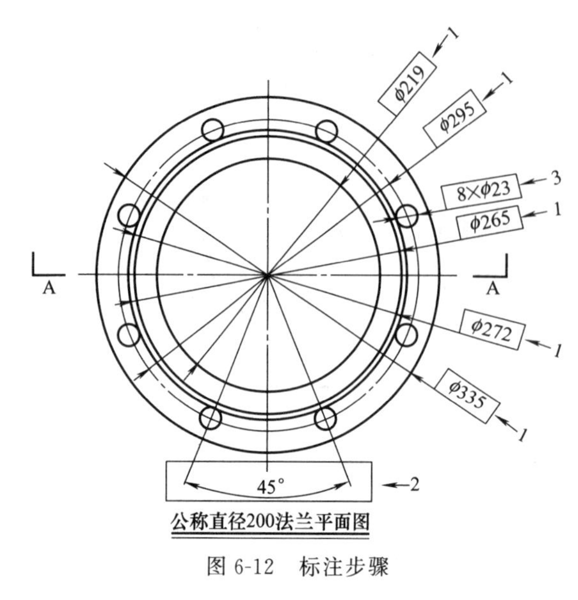

图 6-12 标注步骤

标注文字＝219

指定尺寸线位置或［多行文字(M)/文字(T)/角度(A)］：

2. 标注角度命令，鼠标点击，或输入 DAN 命令。

命令：_dimangular

选择圆弧、圆、直线或 <指定顶点>：

选择第二条直线：

指定标注弧线位置或［多行文字(M)/文字(T)/角度(A)/象限点(Q)］：

标注文字＝45

3. 标注螺栓孔的圆，鼠标左键点击

，或输入 DDI 命令。

命令：_dimdiameter

选择圆弧或圆：

标注文字＝23

指定尺寸线位置或［多行文字(M)/文字(T)/角度(A)］：

在命令行中输入 ed，在 ϕ23 前输入 8× 完成标注编辑。

命令：ed(或 DDEDIT)

选择注释对象或［放弃(U)］：

选择注释对象或［放弃(U)］：

绘制几何图形

绘制的几何图形如图 6-13 所示，绘制几何图形标记的辅助字母如图 6-14 所示。

1. 新建实线、点化线、标注 3 个图层，分别设置颜色、线型等参数，如图 6-15 所示。

2. 使用直线命令，绘制直线 MN，直线 GH，使用移动命令使得直线 MN 的中点和直

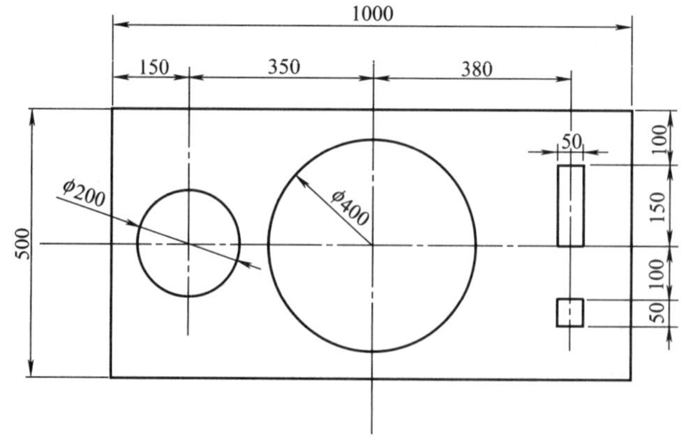

图 6-13 绘制的几何图形

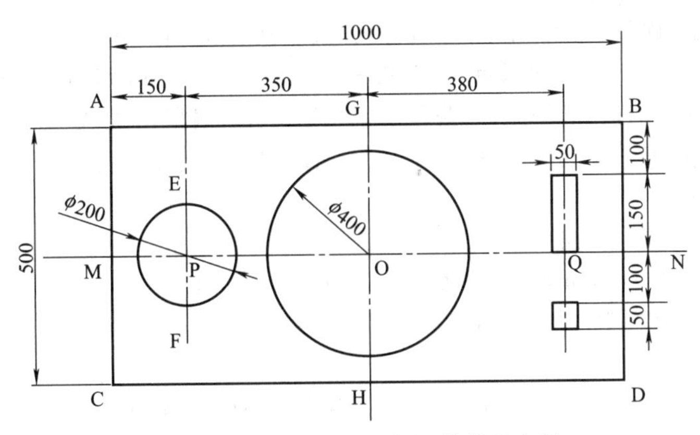

图 6-14　绘制几何图形标记的辅助字母

Status	Name	On	Fr...	L...	Color	Linetype	Linewe...	Plot...	P..	N..	Description
	0				w...	Contin...	—— De...	Color_7			
	Defpoints				w...	Contin...	—— De...	Color_7			
✓	标注				g...	Contin...	—— De...	Color_3			
	点化线				red	CENTER2	—— De...	Color_1			
	实线				w...	Contin...	—— De...	Color_7			

图 6-15　建立的图层

线 GH 的中点重合。

命令：_line

指定第一点：

指定下一点或 [放弃(U)]：

指定下一点或 [放弃(U)]：

（绘制直线 MN、GH）

命令：_move

选择对象：找到 1 个

指定基点或 [位移(D)] <位移>：　指定第二个点或 <使用第一个点作为位移>：

（移动直线 MN 到 O 点）

3. 使用矩形命令，绘制长 1000mm，宽 500mm 的矩形，通过移动命令使得矩形 ABCD 的几何中心位于 O 点。

命令：_rectang

指定第一个角点或 [倒角(C)/标高(E)/圆角(F)/厚度(T)/宽度(W)]：

指定另一个角点或 [面积(A)/尺寸(D)/旋转(R)]：d

指定矩形的长度 <10.0000>：1000

指定矩形的宽度 <10.0000>：500

指定另一个角点或 [面积(A)/尺寸(D)/旋转(R)]：

（绘制 1000×500 的矩形）

命令：m

选择对象：找到 1 个

指定基点或 [位移(D)] <位移>：　指定第二个点或 <使用第一个点作为位移>：

命令：m

选择对象：找到 1 个

指定基点或［位移(D)］＜位移＞： 指定第二个点或＜使用第一个点作为位移＞：

(移动矩形的长边中点到直线 GH 上，然后移动矩形的短边到直线 MN 上)

4. 使用偏移命令偏移直线 GH，偏移距离 350mm，偏移出直线 EF，编辑修剪直线 EF 到合适的长度；偏移直线 GH，偏移距离 380mm，偏移出与 Q 点相交的直线。

命令：o (或 OFFSET)

当前设置：删除源＝否 图层＝源 OFFSETGAPTYPE＝0

指定偏移距离或［通过(T)/删除(E)/图层(L)］＜通过＞： 350

选择要偏移的对象，或［退出(E)/放弃(U)］＜退出＞：

(选择直线 GH)

指定要偏移的那一侧上的点，或［退出(E)/多个(M)/放弃(U)］＜退出＞：

(选择直线 GH 的左侧)

选择要偏移的对象，或［退出(E)/放弃(U)］＜退出＞：

命令：o

当前设置：删除源＝否 图层＝源 OFFSETGAPTYPE＝0

指定偏移距离或［通过(T)/删除(E)/图层(L)］＜350.0000＞： 380

选择要偏移的对象，或［退出(E)/放弃(U)］＜退出＞：

(选择直线 GH)

指定要偏移的那一侧上的点，或［退出(E)/多个(M)/放弃(U)］＜退出＞：

(选择直线 GH 的右侧)

选择要偏移的对象，或［退出(E)/放弃(U)］＜退出＞：

5. 以 P 为圆心，绘制出直径 200mm 的圆，以 *O* 为圆心，绘制出直径 400mm 的圆。

命令：_circle

指定圆的圆心或［三点(3P)/两点(2P)/相切、相切、半径(T)］：

(选中 P 点)

指定圆的半径或［直径(D)］：100

命令：CIRCLE

指定圆的圆心或［三点(3P)/两点(2P)/相切、相切、半径(T)］：

(选中 O 点)

指定圆的半径或［直径(D)］＜100.0000＞：200

6. 使用矩形命令，绘制 50mm×150mm 的矩形和 50mm×50mm 的矩形，使用移动命令分别移动 2 个矩形。

命令：_rectang

指定第一个角点或［倒角(C)/标高(E)/圆角(F)/厚度(T)/宽度(W)］：

指定另一个角点或［面积(A)/尺寸(D)/旋转(R)］：D

指定矩形的长度 ＜1000.0000＞：50

指定矩形的宽度 ＜500.0000＞：150

指定另一个角点或［面积(A)/尺寸(D)/旋转(R)］：

命令：_rectang

指定第一个角点或［倒角(C)/标高(E)/圆角(F)/厚度(T)/宽度(W)］：

指定另一个角点或［面积(A)/尺寸(D)/旋转(R)］：D

指定矩形的长度 ＜50.0000＞：

指定矩形的宽度 ＜150.0000＞：50

指定另一个角点或［面积(A)/尺寸(D)/旋转(R)］：

命令：M(或 MOVE)
选择对象：找到 1 个
指定基点或［位移(D)］＜位移＞：指定第二个点或＜使用第一个点作为位移＞：
（移动 50mm×150mm 的下短边到 Q 点）

命令：M
选择对象：找到 1 个
指定基点或［位移(D)］＜位移＞：指定第二个点或＜使用第一个点作为位移＞：
（移动 50mm×50mm 的上短边到 Q 点）

命令：m
选择对象：找到 1 个
指定基点或［位移(D)］＜位移＞：指定第二个点或＜使用第一个点作为位移＞：＜正交 开＞ 100
（移动 50mm×50mm 矩形向下移动 100mm）

7. 完成对绘制图形的标注。

命令：_dimlinear
指定第一条尺寸界线原点或＜选择对象＞：
（选中 M 点）
指定第二条尺寸界线原点：
（选中 P 点）
指定尺寸线位置或
［多行文字(M)/文字(T)/角度(A)/水平(H)/垂直(V)/旋转(R)］：
标注文字＝150
（完成 MP 之间距离的标注，其余标注步骤省略）

绘制 45° 弯头

45°弯头图纸如图 6-16 所示；45°弯头图纸带辅助线及标记如图 6-17 所示。

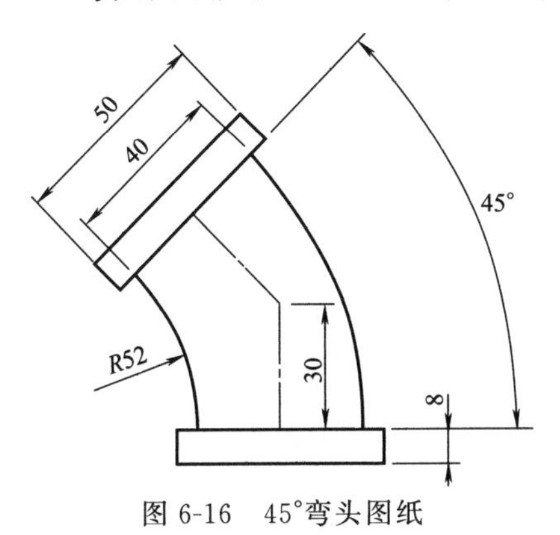

图 6-16　45°弯头图纸

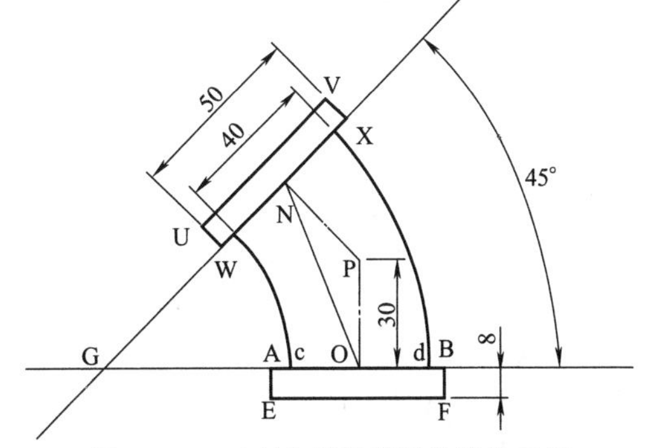

图 6-17　45°弯头图纸带辅助线及标记

1. 先建立需要的图层（此处不再赘述），绘制长 50mm×8mm 的矩形。

命令：_rectang
指定第一个角点或［倒角(C)/标高(E)/圆角(F)/厚度(T)/宽度(W)］：

指定另一个角点或 [面积(A)/尺寸(D)/旋转(R)]：d
指定矩形的长度 <50.0000>：50
指定矩形的宽度 <8.0000>：8
指定另一个角点或 [面积(A)/尺寸(D)/旋转(R)]：

2. 以绘制的矩形的上长边中点为起点，绘制点画线。

命令：_line
指定第一点：
指定下一点或 [放弃(U)]：@30<90

(@长度<角度)

指定下一点或 [放弃(U)]：@30<135
指定下一点或 [闭合(C)/放弃(U)]：

3. 以 P 点和 ON 点中点连线为轴线，镜像矩形 ABEF。

命令：mi(或 MIRROR)
选择对象：找到 1 个

(选择矩形 ABEF)

选择对象：
指定镜像线的第一点：
指定镜像线的第二点：

(第一点选择直线 ON 的中点，第二点选择 P 点)

要删除源对象吗？[是(Y)/否(N)] <N>：n

4. 沿着两个矩形长边做构造线 GO 和 GN，两构造线交于 G 点。以 G 点为圆心，GA 长度为半径作圆。

命令：_xline
指定点或 [水平(H)/垂直(V)/角度(A)/二等分(B)/偏移(O)]：
指定通过点：

(选择 W 点)

指定通过点：

(选择 X 点)

命令：_xline
指定点或 [水平(H)/垂直(V)/角度(A)/二等分(B)/偏移(O)]：
指定通过点：

(选择 A 点)

指定通过点：

(选择 B 点)

命令：_circle
指定圆的圆心或 [三点(3P)/两点(2P)/相切、相切、半径(T)]：
指定圆的半径或 [直径(D)] <52.4264>：

(点选 GA 长度)

命令：tr (或 TRIM)
当前设置：投影=UCS，边=无
选择剪切边...
选择对象或 <全部选择>： 找到 1 个

(选择构造线 GW)

选择对象：找到 1 个，总计 2 个

(选择构造线 GA)

选择对象：
选择要修剪的对象，或按住 Shift 键选择要延伸的对象，或
[栏选(F)/窗交(C)/投影(P)/边(E)/删除(R)/放弃(U)]：
选择要修剪的对象，或按住 Shift 键选择要延伸的对象，或
[栏选(F)/窗交(C)/投影(P)/边(E)/删除(R)/放弃(U)]：
选择要修剪的对象，或按住 Shift 键选择要延伸的对象，或
[栏选(F)/窗交(C)/投影(P)/边(E)/删除(R)/放弃(U)]： 指定对角点：
（选择不需要的三段圆弧）
选择要修剪的对象，或按住 Shift 键选择要延伸的对象，或
[栏选(F)/窗交(C)/投影(P)/边(E)/删除(R)/放弃(U)]：

5. 偏移弧线 WA。

命令：OFFSET
当前设置：删除源＝否 图层＝源 OFFSETGAPTYPE＝0
指定偏移距离或[通过(T)/删除(E)/图层(L)]＜40.0000＞： 40
选择要偏移的对象，或[退出(E)/放弃(U)]＜退出＞：
（选择弧线 WA）
指定要偏移的那一侧上的点，或[退出(E)/多个(M)/放弃(U)]＜退出＞：
选择要偏移的对象，或[退出(E)/放弃(U)]＜退出＞：

6. 标注尺寸。

此处不再赘述。

绘制六角螺栓

在图 6-18 中，涉及的命令主要有如下几种。

① 绘图命令：直线、圆、圆弧、正多边形、多行文字、多段线。

② 编辑命令：打断、倒角、镜像。

③ 标注命令：直径标注、线型标注。

首先绘制螺栓的平面图，然后绘制螺栓的立面图，观察螺栓的立面图是一个左右对称的图形，绘制螺栓立面图的一半，然后通过镜像命令以中心轴线为对称中心线完成螺栓立面图的绘制。

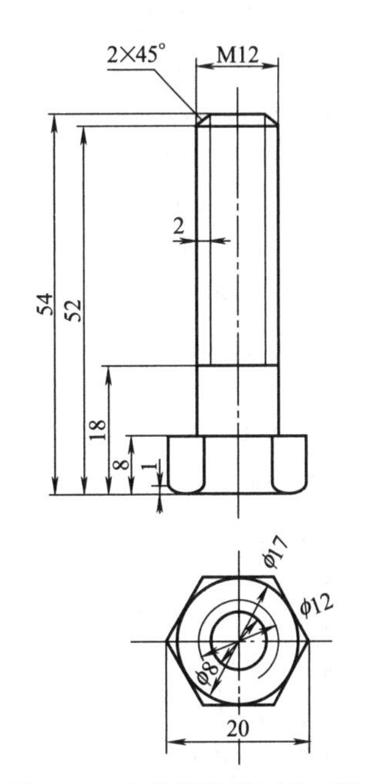

图 6-18 六角螺栓平面立面图

1. 建立图层，分别建立粗实线、细实线等图层，设置图层颜色、线型及线宽。如图 6-19 所示。

2. 使用短中心图层，采用构造线命令绘制两条垂直的构造线。

命令：XLINE
指定点或[水平(H)/垂直(V)/角度(A)/二等分(B)/偏移(O)]：
指定通过点：
指定通过点：

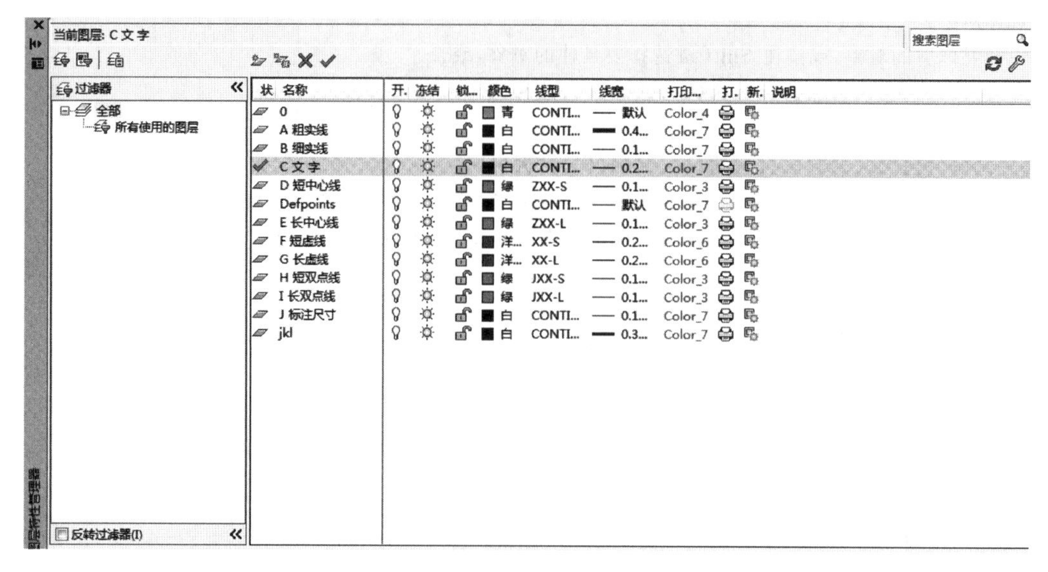

图 6-19 建立图层

3. 使用粗实线图层，圆命令绘制直径为 8mm 和 17mm 的圆。

命令：_circle

指定圆的圆心或[三点(3P)/两点(2P)/切点、切点、半径(T)]：

指定圆的半径或[直径(D)]：d

指定圆的直径：8

命令：_circle

指定圆的圆心或[三点(3P)/两点(2P)/切点、切点、半径(T)]：

指定圆的半径或[直径(D)]＜4.0＞：d

指定圆的直径＜8.0＞：17

4. 使用粗实线图层，采用多边形命令绘制内接圆直径为 20mm 的正六边形。

命令：_polygon

输入边的数目＜4＞：6

指定正多边形的中心点或[边(E)]：

输入选项[内接于圆(I)/外切于圆(C)]＜I＞：i

指定圆的半径：10

5. 使用粗实线图层，绘制直径为 12mm 的圆和打断命令打断圆。

命令：_circle

指定圆的圆心或[三点(3P)/两点(2P)/切点、切点、半径(T)]：

指定圆的半径或[直径(D)]＜8.5＞：d

指定圆的直径＜17.0＞：12

命令：_break

选择对象：

指定第二个打断点 或[第一点(F)]：

命令：u

命令：U

打断 GROUP

命令：_break

选择对象：
指定第二个打断点 或［第一点(F)］：

6. 使用粗实线图层，绘制螺栓的下基准线。

命令：_line
指定第一点：
指定下一点或［放弃(U)］：
指定下一点或［放弃(U)］：

7. 通过偏移下基准线，确定螺栓的高度特征线。

命令：_offset
当前设置：删除源＝否 图层＝源 OFFSETGAPTYPE＝0
指定偏移距离或［通过(T)/删除(E)/图层(L)］＜通过＞： 1
选择要偏移的对象，或［退出(E)/放弃(U)］＜退出＞：
指定要偏移的那一侧上的点，或［退出(E)/多个(M)/放弃(U)］＜退出＞：
选择要偏移的对象，或［退出(E)/放弃(U)］＜退出＞：
命令：o(或 OFFSET)
当前设置：删除源＝否 图层＝源 OFFSETGAPTYPE＝0
指定偏移距离或［通过(T)/删除(E)/图层(L)］＜1.0＞： 8
选择要偏移的对象，或［退出(E)/放弃(U)］＜退出＞：
指定要偏移的那一侧上的点，或［退出(E)/多个(M)/放弃(U)］＜退出＞：
选择要偏移的对象，或［退出(E)/放弃(U)］＜退出＞：
命令：OFFSET
当前设置：删除源＝否 图层＝源 OFFSETGAPTYPE＝0
指定偏移距离或［通过(T)/删除(E)/图层(L)］＜8.0＞： 18
选择要偏移的对象，或［退出(E)/放弃(U)］＜退出＞：
指定要偏移的那一侧上的点，或［退出(E)/多个(M)/放弃(U)］＜退出＞：
选择要偏移的对象，或［退出(E)/放弃(U)］＜退出＞：
命令：o
当前设置：删除源＝否 图层＝源 OFFSETGAPTYPE＝0
指定偏移距离或［通过(T)/删除(E)/图层(L)］＜18.0＞： 52
选择要偏移的对象，或［退出(E)/放弃(U)］＜退出＞：
指定要偏移的那一侧上的点，或［退出(E)/多个(M)/放弃(U)］＜退出＞：
选择要偏移的对象，或［退出(E)/放弃(U)］＜退出＞：
命令：o
当前设置：删除源＝否 图层＝源 OFFSETGAPTYPE＝0
指定偏移距离或［通过(T)/删除(E)/图层(L)］＜52.0＞： 54
选择要偏移的对象，或［退出(E)/放弃(U)］＜退出＞：
指定要偏移的那一侧上的点，或［退出(E)/多个(M)/放弃(U)］＜退出＞：
选择要偏移的对象，或［退出(E)/放弃(U)］＜退出＞：

8. 在平面图向立面图位置拉出 4 条垂直的直线作为辅助线。

命令：_line
指定第一点：
指定下一点或［放弃(U)］：
指定下一点或［放弃(U)］：
命令：LINE

指定第一点：
指定下一点或［放弃(U)］：
指定下一点或［放弃(U)］：
命令：LINE
指定第一点：
指定下一点或［放弃(U)］：
指定下一点或［放弃(U)］：
命令：LINE
指定第一点：
指定下一点或［放弃(U)］：
指定下一点或［放弃(U)］：

9．绘制六角头的外轮廓线，使用多段线命令。

命令：_pline
指定起点：
当前线宽为 0.0
指定下一个点或［圆弧(A)/半宽(H)/长度(L)/放弃(U)/宽度(W)］：
指定下一点或［圆弧(A)/闭合(C)/半宽(H)/长度(L)/放弃(U)/宽度(W)］：
指定下一点或［圆弧(A)/闭合(C)/半宽(H)/长度(L)/放弃(U)/宽度(W)］：
指定下一点或［圆弧(A)/闭合(C)/半宽(H)/长度(L)/放弃(U)/宽度(W)］：

10．绘制六角头的弧线，使用多段线命令。

命令：_pline
指定起点：
当前线宽为 0.0
指定下一个点或［圆弧(A)/半宽(H)/长度(L)/放弃(U)/宽度(W)］：a
指定圆弧的端点或
［角度(A)/圆心(CE)/方向(D)/半宽(H)/直线(L)/半径(R)/第二个点(S)/放弃(U)/宽度(W)］：s
指定圆弧上的第二个点：
指定圆弧的端点：
指定圆弧的端点或
［角度(A)/圆心(CE)/闭合(CL)/方向(D)/半宽(H)/直线(L)/半径(R)/第二个点(S)/放弃(U)/宽度(W)］：s
指定圆弧上的第二个点：
指定圆弧的端点：
指定圆弧的端点或
［角度(A)/圆心(CE)/闭合(CL)/方向(D)/半宽(H)/直线(L)/半径(R)/第二个点(S)/放弃(U)/宽度(W)］：l
指定下一点或［圆弧(A)/闭合(C)/半宽(H)/长度(L)/放弃(U)/宽度(W)］：
指定下一点或［圆弧(A)/闭合(C)/半宽(H)/长度(L)/放弃(U)/宽度(W)］：

11．使用多段线命令绘制六角头的螺杆。

命令：_pline
指定起点：
当前线宽为 0.0
指定下一个点或［圆弧(A)/半宽(H)/长度(L)/放弃(U)/宽度(W)］：
指定下一点或［圆弧(A)/闭合(C)/半宽(H)/长度(L)/放弃(U)/宽度(W)］：

指定下一点或 [圆弧(A)/闭合(C)/半宽(H)/长度(L)/放弃(U)/宽度(W)]:

12. 使用倒角命令绘制螺栓底部。

命令: _chamfer

(“修剪”模式) 当前倒角距离 1=1.0,距离 2=1.0

选择第一条直线或 [放弃(U)/多段线(P)/距离(D)/角度(A)/修剪(T)/方式(E)/多个(M)]: d

指定第一个倒角距离 <1.0>: 2

指定第二个倒角距离 <2.0>:

选择第一条直线或 [放弃(U)/多段线(P)/距离(D)/角度(A)/修剪(T)/方式(E)/多个(M)]:

选择第二条直线,或按住 Shift 键选择要应用角点的直线:

绘制六角螺栓过程如图 6-20 所示。

13. 绘制螺栓螺纹线。

命令: _line

指定第一点:

指定下一点或 [放弃(U)]:

指定下一点或 [放弃(U)]:

命令:LINE

指定第一点:

指定下一点或 [放弃(U)]:

指定下一点或 [放弃(U)]:

14. 删除垂直的辅助直线。

命令: _erase

选择对象: 指定对角点: 找到 6 个

选择对象: 指定对角点: 找到 3 个,总计 9 个

选择对象: 找到 1 个,总计 10 个

选择对象:

15. 使用裁剪命令,完成六角头的裁剪。

命令: tr

当前设置:投影=UCS,边=无

选择剪切边...

选择对象或 <全部选择>: 找到 1 个

选择对象:

选择要修剪的对象,或按住 Shift 键选择要延伸的对象,或

[栏选(F)/窗交(C)/投影(P)/边(E)/删除(R)/放弃(U)]:

选择要修剪的对象,或按住 Shift 键选择要延伸的对象,或

[栏选(F)/窗交(C)/投影(P)/边(E)/删除(R)/放弃(U)]:

裁剪前后图纸如图 6-21 所示。

16. 使用镜像命令,完成螺栓立面图的绘制。

命令: mi

选择对象: 指定对角点: 找到 8 个

选择对象:

指定镜像线的第一点: 指定镜像线的第二点:

要删除源对象吗? [是(Y)/否(N)] <N>:

镜像前后图纸如图 6-22 所示。

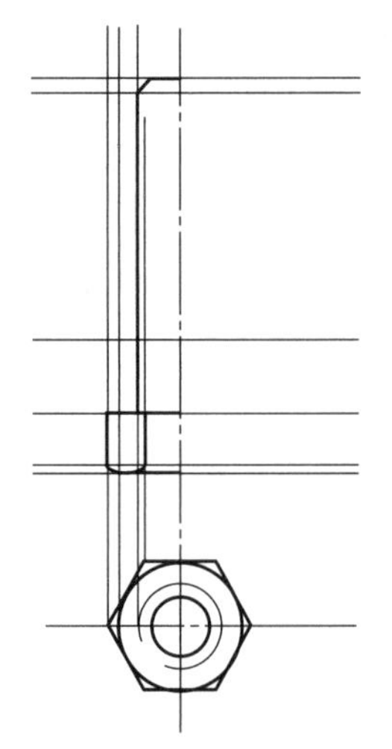

图 6-20 绘制六角螺栓过程图

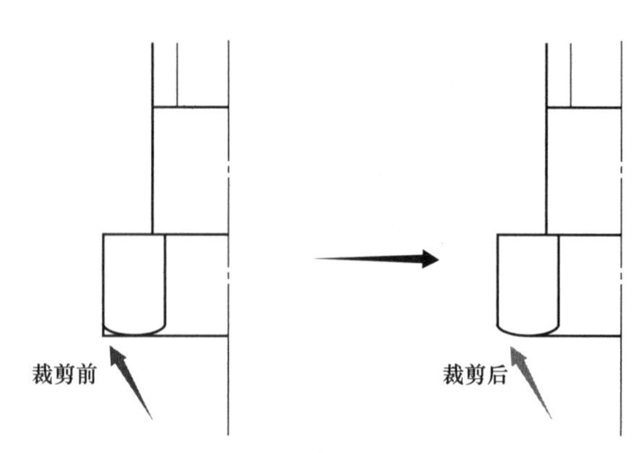

图 6-21 裁剪前后图纸

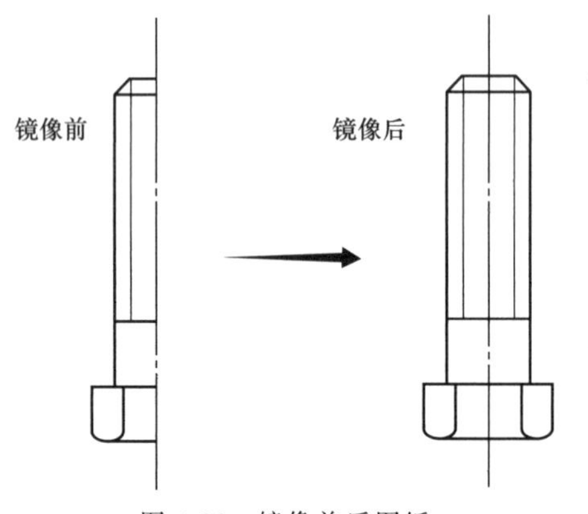

图 6-22 镜像前后图纸

17. 先使用线型标注命令标注最下部尺寸，然后使用基线标注命令完成标注。

命令：_dimlinear

指定第一条延伸线原点或 <选择对象>：

指定第二条延伸线原点：

指定尺寸线位置或

[多行文字(M)/文字(T)/角度(A)/水平(H)/垂直(V)/旋转(R)]：

标注文字=1

命令：_dimbaseline

指定第二条延伸线原点或 [放弃(U)/选择(S)] <选择>：

标注文字=8

指定第二条延伸线原点或 [放弃(U)/选择(S)] <选择>：

标注文字=18

指定第二条延伸线原点或 [放弃(U)/选择(S)] <选择>：

标注文字=52

指定第二条延伸线原点或 [放弃(U)/选择(S)] <选择>：

标注文字=54

指定第二条延伸线原点或 [放弃(U)/选择(S)] <选择>：

选择基准标注：

18. 使用直径标注命令，线型标注命令完成平面图的标注。

19. 使用多段线命令和多行文字命令完成倒角的标注。

20. 完成构造线的裁剪。

二维码 6.2 认识垃圾焚烧废气处理设备——布袋除尘器

练习与实践

1. 抄绘进风消声器，见图 6-23。

2. 抄绘袋式除尘器的三视图，见图 6-24。

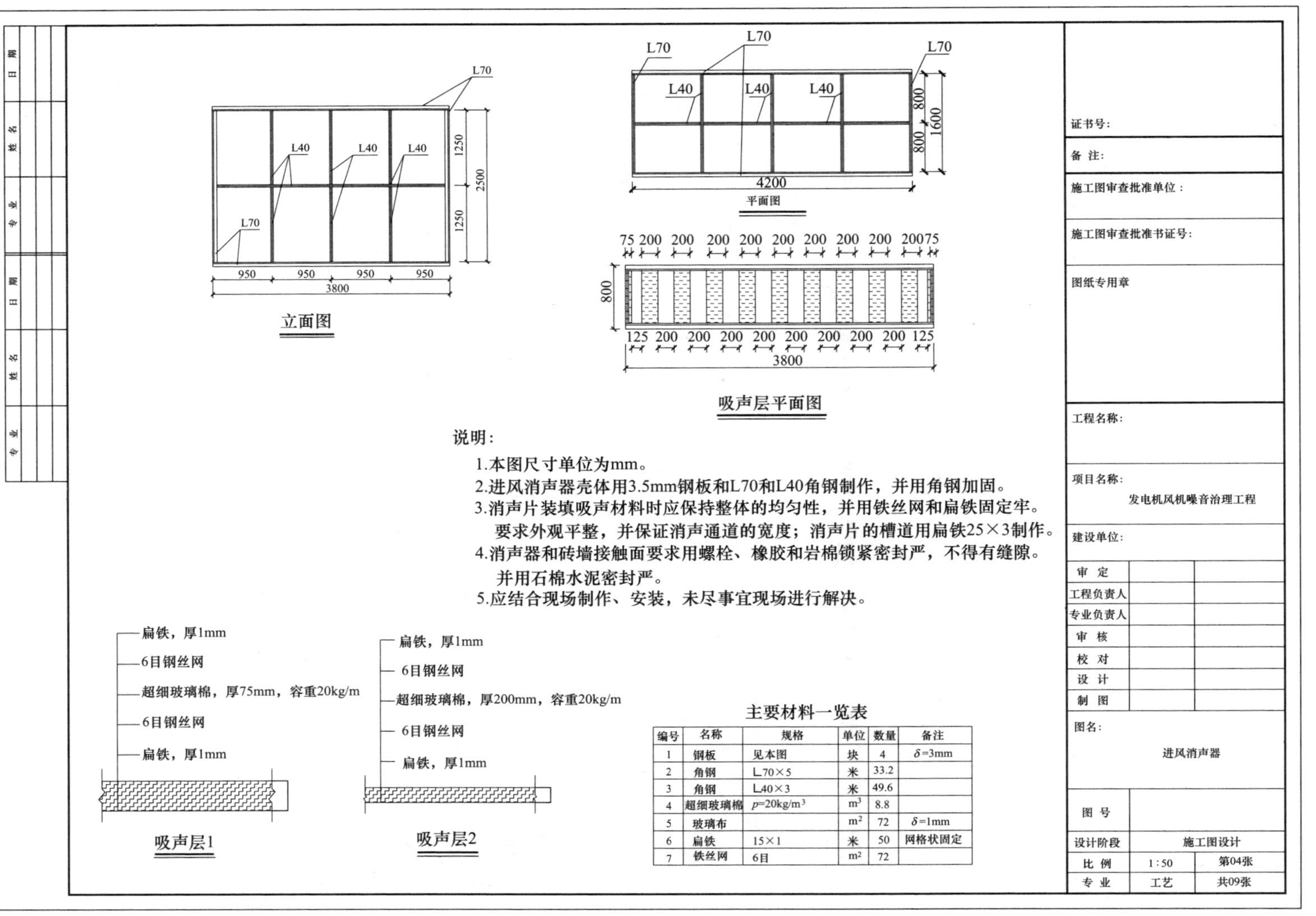

立面图
平面图
吸声层平面图
吸声层1
吸声层2
扁铁，厚1mm
6目钢丝网
超细玻璃棉，厚75mm，容重20kg/m
超细玻璃棉，厚200mm，容重20kg/m
说明：
1.本图尺寸单位为mm。
2.进风消声器壳体用3.5mm钢板和L70和L40角钢制作，并用角钢加固。
3.消声片装填吸声材料时应保持整体的均匀性，并用铁丝网和扁铁固定牢。要求外观平整，并保证消声通道的宽度；消声片的槽道用扁铁25×3制作。
4.消声器和砖墙接触面要求用螺栓、橡胶和岩棉锁紧密封严，不得有缝隙。并用石棉水泥密封严。
5.应结合现场制作、安装，未尽事宜现场进行解决。
主要材料一览表
编号 名称 规格 单位 数量 备注
1 钢板 见本图 块 4 δ=3mm
2 角钢 L70×5 米 33.2
3 角钢 L40×3 米 49.6
4 超细玻璃棉 ρ=20kg/m³ m³ 8.8
5 玻璃布 m² 72 δ=1mm
6 扁铁 15×1 米 50 网格状固定
7 铁丝网 6目 m² 72
证书号：
备 注：
施工图审查批准单位：
施工图审查批准书证号：
图纸专用章
工程名称：
项目名称：发电机风机噪音治理工程
建设单位：
图名：进风消声器
设计阶段 施工图设计
比例 1:50 第04张
专业 工艺 共09张

图 6-23　进风消声器

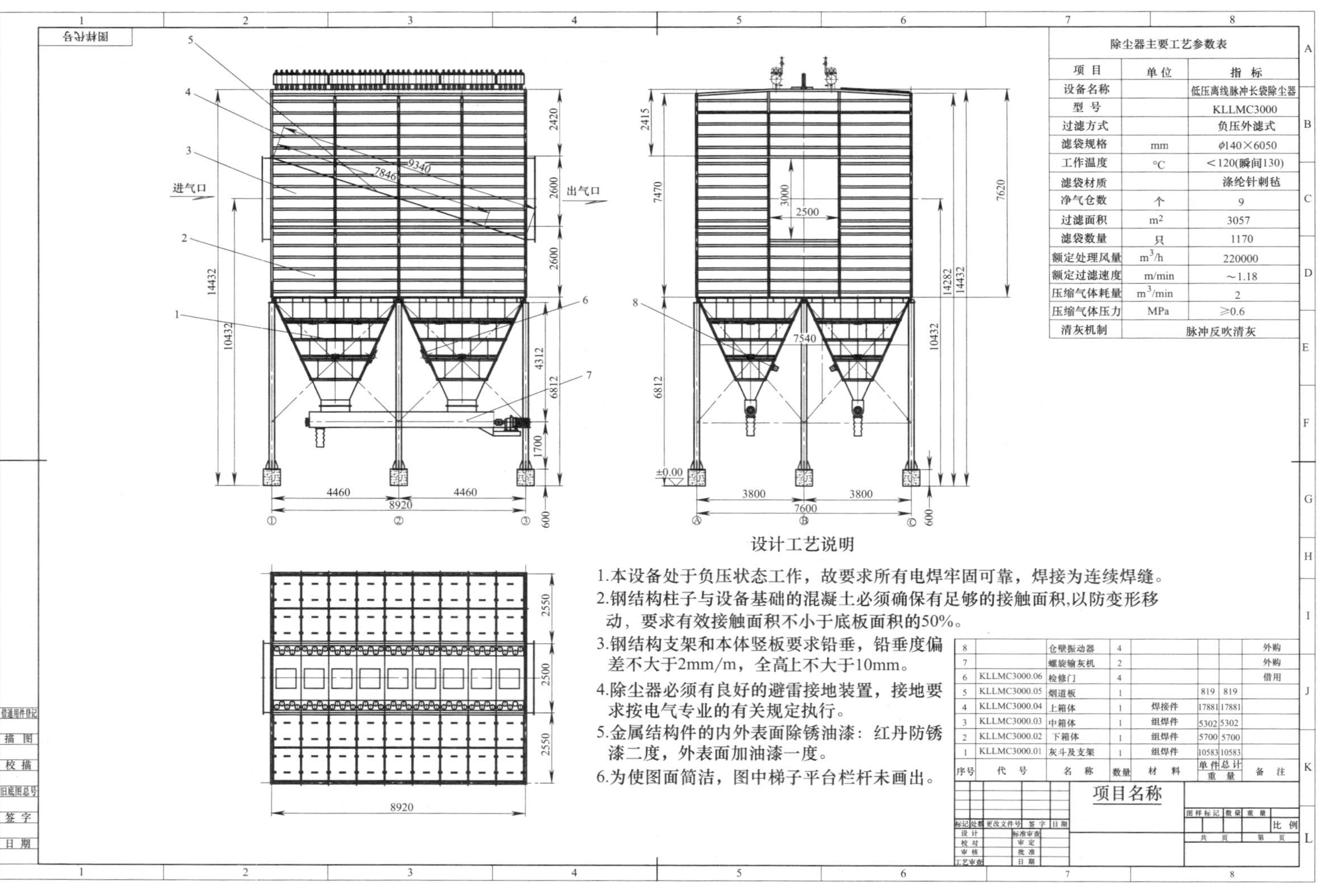

图样代号
进气口
出气口
除尘器主要工艺参数表
项 目 | 单 位 | 指 标
设备名称 | | 低压离线脉冲长袋除尘器
型 号 | | KLLMC3000
过滤方式 | | 负压外滤式
滤袋规格 | mm | ϕ140×6050
工作温度 | ℃ | ＜120(瞬间130)
滤袋材质 | | 涤纶针刺毡
净气仓数 | 个 | 9
过滤面积 | m2 | 3057
滤袋数量 | 只 | 1170
额定处理风量 | m3/h | 220000
额定过滤速度 | m/min | ～1.18
压缩气体耗量 | m3/min | 2
压缩气体压力 | MPa | ≥0.6
清灰机制 | | 脉冲反吹清灰
设计工艺说明
1.本设备处于负压状态工作，故要求所有电焊牢固可靠，焊接为连续焊缝。
2.钢结构柱子与设备基础的混凝土必须确保有足够的接触面积,以防变形移动，要求有效接触面积不小于底板面积的50%。
3.钢结构支架和本体竖板要求铅垂，铅垂度偏差不大于2mm/m，全高上不大于10mm。
4.除尘器必须有良好的避雷接地装置，接地要求按电气专业的有关规定执行。
5.金属结构件的内外表面除锈油漆：红丹防锈漆二度，外表面加油漆一度。
6.为使图面简洁，图中梯子平台栏杆未画出。
8 | | 仓壁振动器 | 4 | | | | 外购
7 | | 螺旋输灰机 | 2 | | | | 外购
6 | KLLMC3000.06 | 检修门 | 4 | | | | 借用
5 | KLLMC3000.05 | 烟道板 | 1 | | 819 | 819 |
4 | KLLMC3000.04 | 上箱体 | 1 | 焊接件 | 17881 | 17881 |
3 | KLLMC3000.03 | 中箱体 | 1 | 组焊件 | 5302 | 5302 |
2 | KLLMC3000.02 | 下箱体 | 1 | 组焊件 | 5700 | 5700 |
1 | KLLMC3000.01 | 灰斗及支架 | 1 | 组焊件 | 10583 | 10583 |
序号 | 代 号 | 名 称 | 数量 | 材 料 | 单件 总计 重 量 | 备 注
项目名称
比 例
描 图
校 描
旧底图总号
签 字
日 期

图 6-24 袋式除尘器图纸

第三部分

技能提升

项目七

污水处理构筑物的绘制

项目目标

熟练运用 AutoCAD 2010 完成绘图任务，熟悉污水处理构筑物在工艺中的作用，掌握其图纸的要点、绘制步骤等。

匠心筑梦

采用活性污泥法的污水处理厂，曝气生物反应池是其核心设施，反应池中的曝气系统主要起供氧和混合作用，而鼓风机房是保证曝气系统正常运行的关键。鼓风设备选型以及曝气系统运行效率对污水厂碳排放量产生影响。习近平总书记在 2022 年世界经济论坛视频会议的演讲中提到“实现碳达峰碳中和是中国高质量发展的内在要求，也是中国对国际社会的庄严承诺。”尊重自然、顺应自然、保护自然，是人类必须遵循的客观规律。然而，随着工业文明的发展，近代工业生产排放了数万亿吨的二氧化碳，导致地球温度持续升高、海平面上升、极端天气事件频发、传染病风险增大，一系列连锁反应给人类生存和发展带来严峻挑战。在生态环境面前，人类是一荣俱荣、一损俱损的命运共同体，没有哪个国家能够置身事外。世界各国只有携手合作、协同行动，才能共同应对全球气候变暖这一摆在全人类面前的严峻大考。“双碳”是中国提出的两个阶段碳减排奋斗目标，这既是实现中华民族永续发展的必然选择，也是构建人类命运共同体的庄严承诺。“双碳”目标的提出将把我国的绿色发展之路提升到新的高度，成为我国未来数十年内社会经济发展的主基调之一。实现“双碳”目标是一项复杂的系统工程，中国“双碳”目标的确定，彰显了我国主动承担应对气候变化责任的大国担当。

据测算，污水处理行业的碳排放量约占全社会总排放量的 1%，主要来自高耗能设备的运行和药剂的大量使用。此外，为了在国家碳达峰、碳减排的战略背景下，引导污水处理厂采用科学、高效的碳减排技术和方法，实现减污降碳协同增效，促进生态环保产业绿色低碳发展，由中国环境保护产业协会城镇污水处理分会组织制定的我国污水处理领域首个低碳团体标准《污水处理厂低碳运行评价技术规范》（T/CAEPI 49—2022）已于 2022 年 7 月 1 日起正式实施。除了科技创新选择更高效节能的鼓风设备以外，还可以通过技术改造在处理工艺设计、运营管理中寻求节能降耗方法。

内容索引

对于采用活性污泥法的污水处理厂来说，曝气生物反应池是其核心设施，反应池中的曝气系统主要起供氧和混合作用，而鼓风机房是保证曝气系统正常运行的关键。因此，在成套的污水处理厂工艺图纸中，鼓风机房的平面图、剖面图、局部大样图等应详尽地标注鼓风机房的尺寸、鼓风机的型号、空气管道及阀门附件等的布置信息。

在本项目中，以某污水处理厂鼓风机房图为案例讲解鼓风机房的绘制要点，截选鼓风机房平面图讲解绘图步骤，以及标注等内容。

主要内容见表 7-1。

表 7-1　项目任务表

学习任务一	抄绘鼓风机房平面图	鼓风机房的作用
		鼓风机房图纸的绘制要点
		鼓风机房平面图的绘制步骤
		多线(Mline)
学习任务二	标注鼓风机房平面图	设置标注样式
		尺寸标注
		设置文字样式
		书写文字(文字标注)

学习方法

这个项目里所学的内容主要通过实践训练来掌握，建议学习者从教师的“授课录像”学起，通过录像了解主要的学习内容，通过“助学 PPT 课件”详细了解 CAD 相关命令的操作和使用技巧，按照任务书和引导课文的要求，逐项完成学习任务。

二维码 7.1　鼓风机房的绘制

要快速准确地使用 CAD 绘图，必须要经过大量的上机训练。一般情况下，上课与上机的时间比例为 1∶2，在完成必需学习任务的基础上，建议结合“练习与实践”中的题目进行上机练习，并规定相应的时间完成。

本项目图稿文件可登录化学工业出版社教学资源网（www. cipedu. com. cn），注册后免费获取。

知识准备

鼓风机房工艺图主要包含平面图和剖面图，此外还有必要的局部大样图、文字说明、设备材料一览表等。根据实际情况，可绘制在一张或多张图纸上。

鼓风机房平面图绘制要点如下：

(1) 鼓风机房土建部分，包含墙体、梁柱、门窗、室外散水、坡道、台阶等；

(2) 鼓风机类型、数量及配套电机等；

(3) 空气管道平面位置、走向、规格及可曲挠橡胶接头、止回阀、蝶阀、放空阀、弯头、异径管等阀门附件；

(4) 起重机械及其运行轨道等；

（5）标注，包含鼓风机房尺寸、设备（或部件）名称、外形及安装尺寸及其距离墙体尺寸等；

（6）其他内容，比如剖图符号，指北针、风频图、图名等文字注释。

鼓风机房剖面图应根据在平面图中的剖图符号（剖图符号包含剖切位置线和剖视方向线）来绘制，即在剖切位置将鼓风机房剖开，移去介于观察者和剖切平面之间的部分，对于剩余部分向剖视方向所做的正投影，可全剖，也可半剖。除去表达与平面图相同的内容外，标高必不可少，如鼓风机房地坪标高和屋顶标高、空气管道中心标高、空气管沟底标高、室外地坪标高等。

在本项目中，节选鼓风机房平面图作为范例进行讲解。如图 7-1 所示。

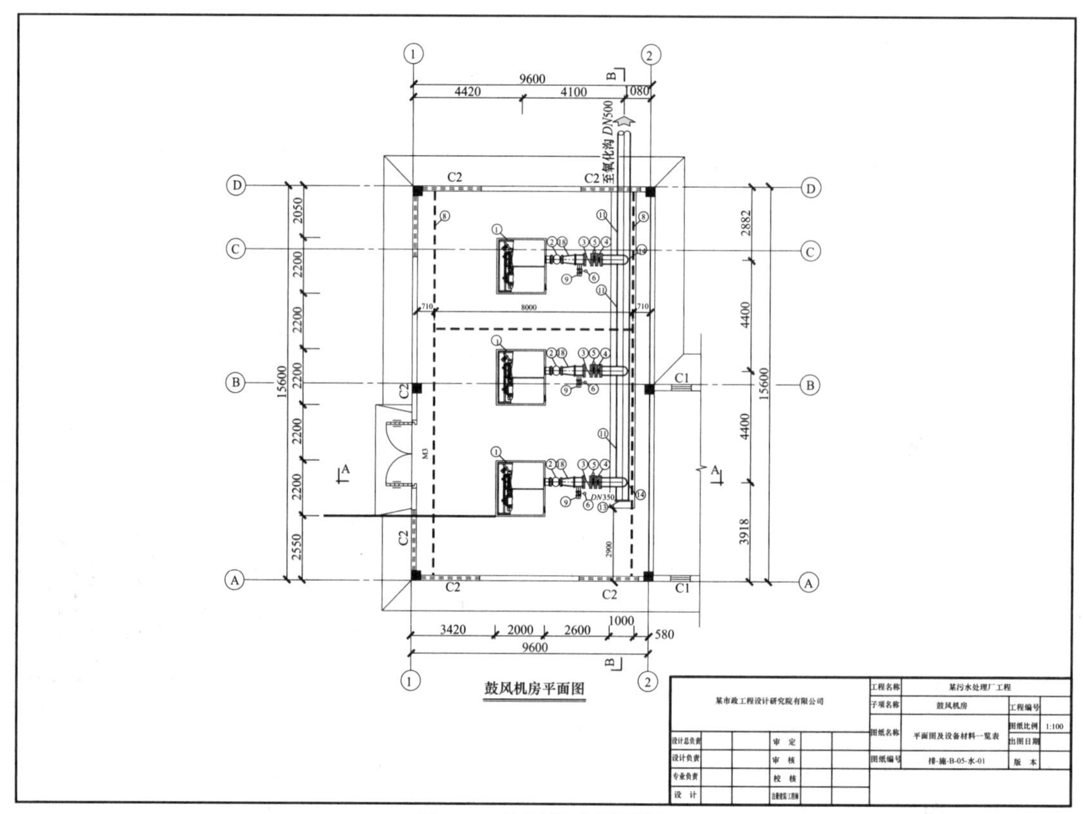

图 7-1 鼓风机房平面图

抄绘鼓风机房平面图

按照实际工程图纸绘制要求完成鼓风机房平面图的绘制。

任务目标

1. 了解鼓风机房平面图的绘制步骤。
2. 按照 1∶1 绘制 A2 横装图纸一张，并依据给定尺寸绘制标题栏。
3. 插入图框及标题栏，并按图纸比例的倒数缩放图框及标题栏。
4. 按照绘制步骤独立完成鼓风机房平面图绘制。

工作过程

一、创建图层

菜单栏：格式→图层→新建。

功能区：点击，启动图层特性管理器，新建图层。

命令行：输入“Layer”或“LA”，按回车键启动图层特性管理器，新建图层。

根据鼓风机房平面图，设置图层及线型。图层设置见表 7-2。

表 7-2　图层设置一览表

图层名	颜色	线型	线宽
0	白色	实线 Continuous	1.0mm(用于绘制工字钢轨道)
DOTE (轴线)	红色	单点长画线 LONG DASH DOT (ACAD_IS004W100)	默认
AXIS (轴标)	绿色	实线 Continuous	默认
WALL (墙体)	白色	实线 Continuous	默认
COLUMN (柱子)	白色	实线 Continuous	默认
WINDOW (门、窗、散水)	青色	实线 Continuous	默认
TEXT (文字)	白色	实线 Continuous	默认
CENTER (管道中心线)	红色	单点长画线 LONG DASH DOT (ACAD_IS004W100)	默认
PIPE (空气管道及阀门附件)	青色	实线 Continuous	0.6mm

此外，DEFPOINTS 图层是系统默认生成的，只要有标注尺寸，系统马上就会自动生成此图层。默认线宽默认设置为 0.25mm，可在工具菜单栏，选项功能下，用户系统配置选项卡（图 7-2）点击线宽设置，进行更改（图 7-3）。

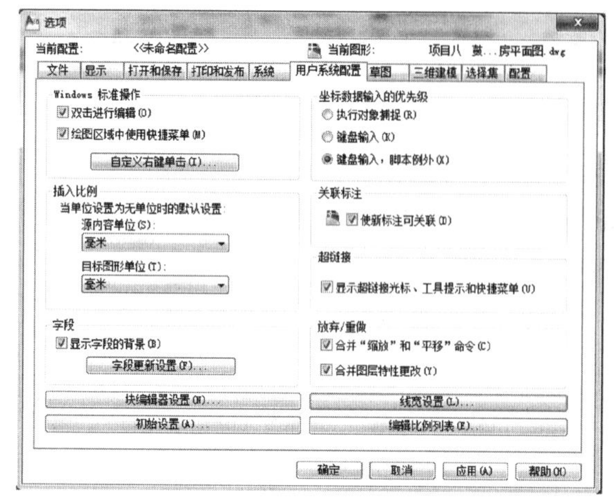

图 7-2 用户系统配置选项卡

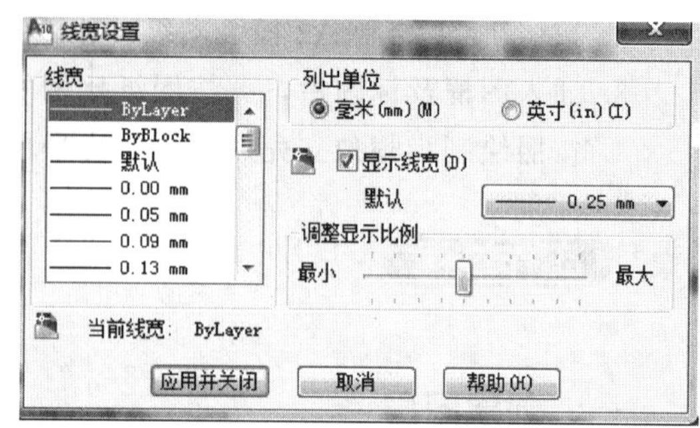

图 7-3 线宽设置对话框

单点长画线是非连续线型，为保证其正常显示，应调整全局比例因子，本图中设置为100。具体设置方法：特性功能区（图 7-4）→线型→其他→显示细节→全局比例因子（图 7-5 为线型管理器对话框）。

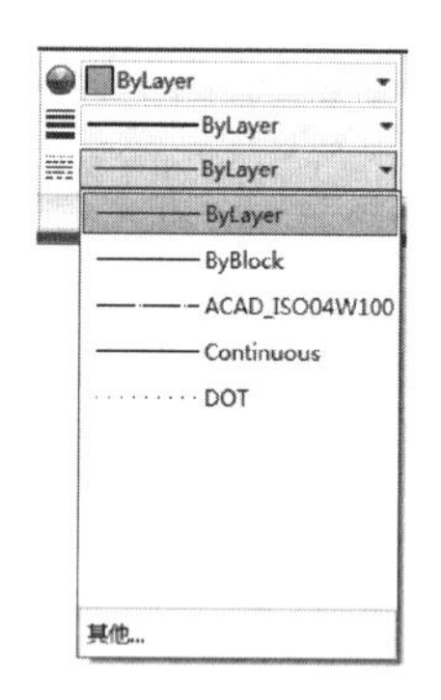

图 7-4 特性功能区

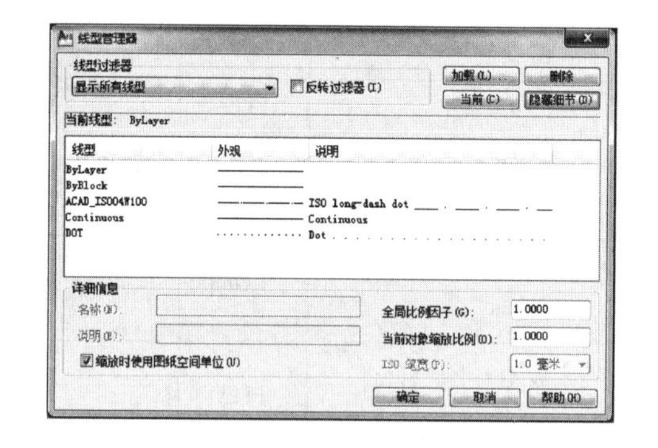

图 7-5 线型管理器对话框

LTSCALE（全局比例因子）是控制线型的全局比例因子，它将影响图样中所有非连续线型的外观。CELTSCALE（当前对象缩放比例）调整后，所有新绘制的非连续线型均会受到影响。

二、绘制 A2 图幅及标题栏

按照 1∶1 绘制设置 A2 横装图纸一张（图 7-6），并依据给定尺寸（图 7-7）绘制标题栏。A2 横装尺寸为 420mm×594mm，左侧装订边留 25mm，非装订边留 10mm。图框线、标题栏线的宽度符合《房屋建筑制图统一标准》(GB/T 50001—2010) 中 4.0.4 条规定。

图 7-6　A2 横装图纸

某市政工程设计研究院有限公司 设计证书: 咨询证书:					
设计总负责			审 定		
设计负责			审 核		
专业负责			校 核		
设 计			注册建筑/工程师		

工程名称	某污水处理厂工程		
子项名称	鼓风机房	工程编号	
图纸名称	平面图及设备材料一览表	图纸比例	1:100
		出图日期	
图纸编号	排-施-B-05-水-01	版本	

8　8　8　8　8　16　56

14　14　17　14　14　17　14　48　14　14

90　90

180

图 7-7　标题栏尺寸

三、插入图框及标题栏

查阅图纸可知，本图图纸比例为 1∶100，所以插入图框及标题栏时，需要按照比例因子 100 进行缩放，完成后如图 7-8 所示。缩放后的图框及标题栏放大了 100 倍。

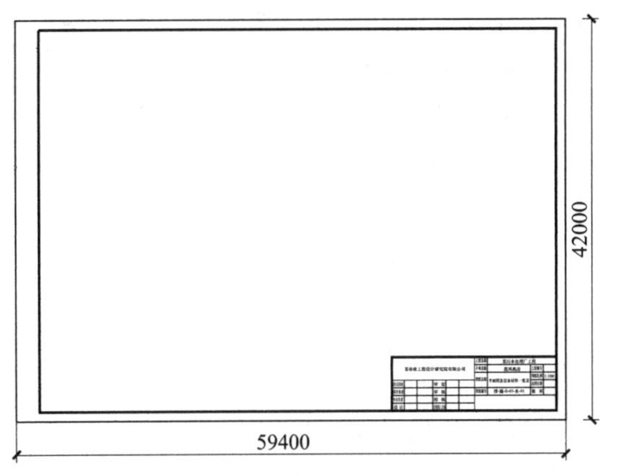

图 7-8　缩放后的图框及标题栏

四、绘制鼓风机房平面图

1. 绘制定位轴线

在 AutoCAD 中，常利用构造线、直线命令，通过偏移、修剪等方式绘制图形定位辅助线、中心线等。

在鼓风机房平面图中，根据定位轴线编号和尺寸标注可以确定定位轴线之间的间距。依据《房屋建筑制图统一标准》(GB/T 50001—2010)“8 定位轴线”相关规定可知，定位轴线应用细单点长画线绘制，定位轴线编号圆应用细实线绘制，直径为 8～10mm。定位轴线圆的圆心应在定位轴线的延长线或延长线的折线上。横向编号是从左到右顺序编写，竖向编号是从下往上编写。

在绘制时，应先绘制横向和竖向各一条定位轴线，即①轴线和Ⓐ轴线，其余通过已知的距离偏移绘制。绘制完成后的定位轴线如图 7-9 所示。

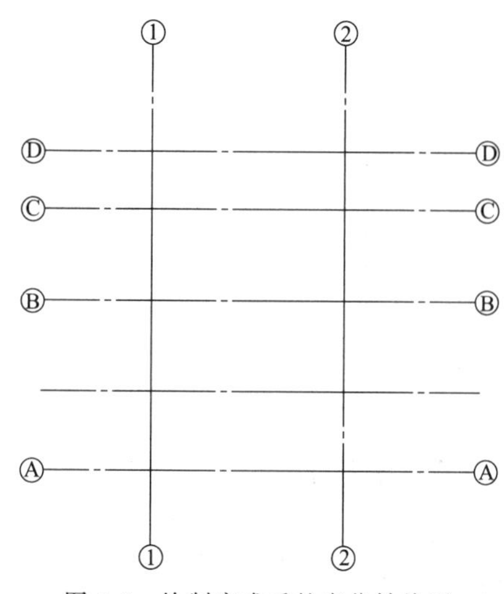

图 7-9 绘制完成后的定位轴线图

2. 绘制墙体

在 AutoCAD 中，常利用多线命令绘制池体、墙体、公路或管道等。多线命令应用大致有三步：设置多线样式→绘制多线→编辑多线。在鼓风机房平面图中，墙体厚度有两种，分别为 200mm 和 250mm。

(1) 多线样式

多线样式控制多线外观，AutoCAD 提供一种默认样式，即 STANDARD。多线样式可对多线封口、填充、连接方式、图元及其偏移量、颜色、线型等进行设置。设置方法如下。

菜单栏：格式→多线样式

命令行：MLSTYLE

以鼓风机房平面图中厚度为 200mm 的墙体多线样式设置为例，在启动多线样式设置命令后，弹出“多线样式”对话框，点击【新建】按钮，在弹出的“创建新的多线样式”对话框中设置新样式名为“墙体 200”，基础样式为“STANDARD”，点击【继续】按钮，如图 7-10 所示，在弹出的“新建多线样式”对话框中，设置图元等信息，本例中将图元偏移量设置为“100”和“－100”，如图 7-11 所示，设置完成后点击【确定】按钮，返回“多线样式”对话框，将新设置的多线样式置为当前，即可开始绘制多线。

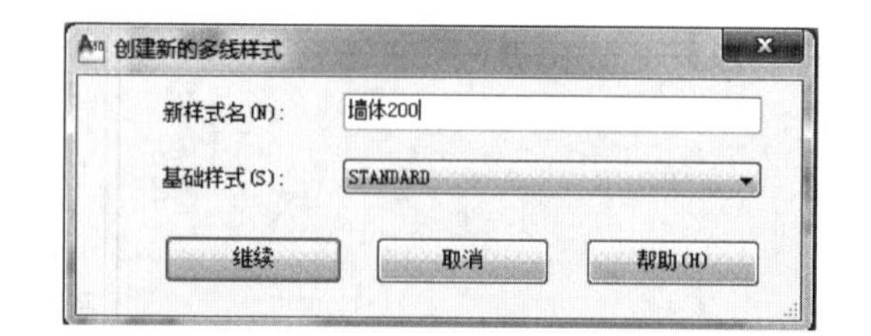

图 7-10 “创建新的多线样式”对话框

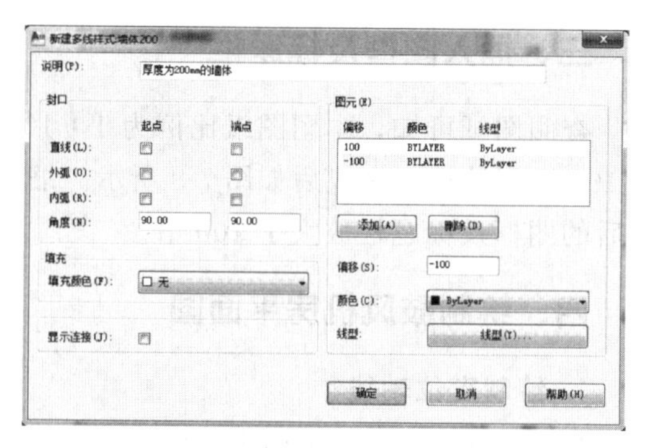

图 7-11 “新建多线样式”对话框

(2) 绘制多线

多线样式设置好后，即可开始绘制多线，绘制方法如下。

菜单栏：绘图→多线

命令行：MLINE（或 ML）

以鼓风机房平面图中厚度为 200mm 的墙体绘制为例，具体步骤如下：

命令行输入：ML，回车

当前设置：对正＝上，比例＝20.00，样式＝墙体 200

指定起点或[对正(J)/比例(S)/样式(ST)]：S

输入多线比例＜20,00＞：1

指定起点或[对正(J)/比例(S)/样式(ST)]：J

输入对正类型[上(T)/无(Z)/下(B)]:B

在绘图区域，鼠标移动，捕捉A轴线和1轴线的交点，点击鼠标左键，然后再移动鼠标，捕捉Ⓐ轴线和②轴线的交点，点击鼠标左键，即可完成一段墙体的绘制。结果如图7-12所示。

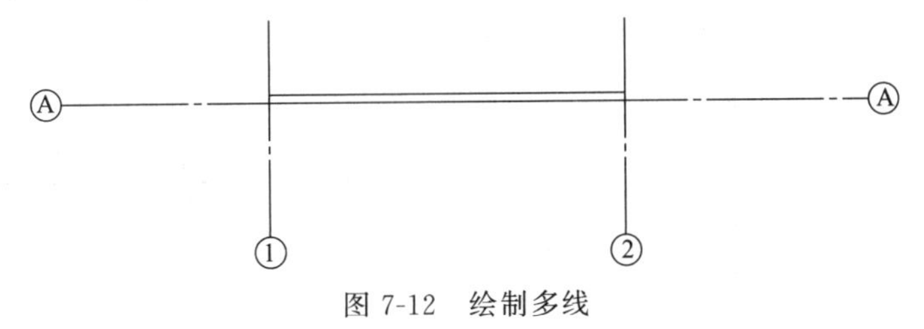

图7-12　绘制多线

提示

多线对正类型有三种，分别是上（T）、无（Z）、下（B）。要依据所绘图样设置，若从左往右绘制多线，则上（T）对正点在最上面图元的端点处，无（Z）对正点在偏移量为0的位置处，下（B）对正点在最低端图元的端点处。

（3）编辑多线

绘制完成的多线若需要编辑，可启动多线编辑命令，如图7-13所示，方法如下。

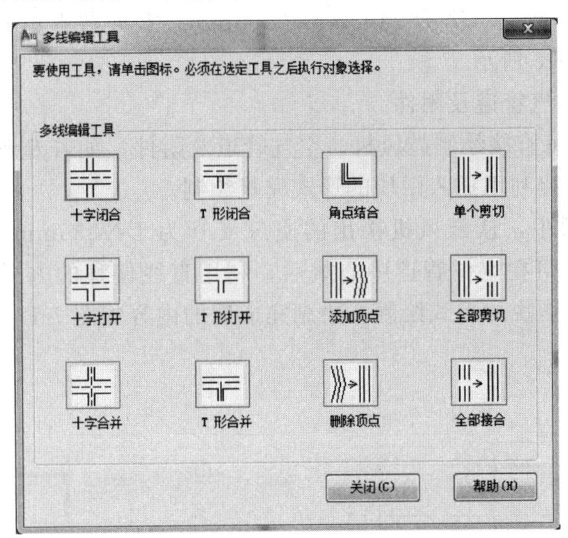

图7-13　“多线编辑工具”对话框

菜单栏：修改→对象→多线

命令行：MLEDIT

利用多线编辑工具可以改变两条多线的相交形式，也可在多线中添加或删除定点，亦可将多线中的线条切断或接合。在鼓风机房平面图中，厚度为200mm的墙体绘制完成后，可利用角点结合工具，将角点位置多线进行编辑，结果如图7-14所示。

绘制完成上述内容后，在继续绘制和编辑厚度为250mm的两段墙体，最后绘制打断符号后，墙体绘制完成，结果如图7-15所示。

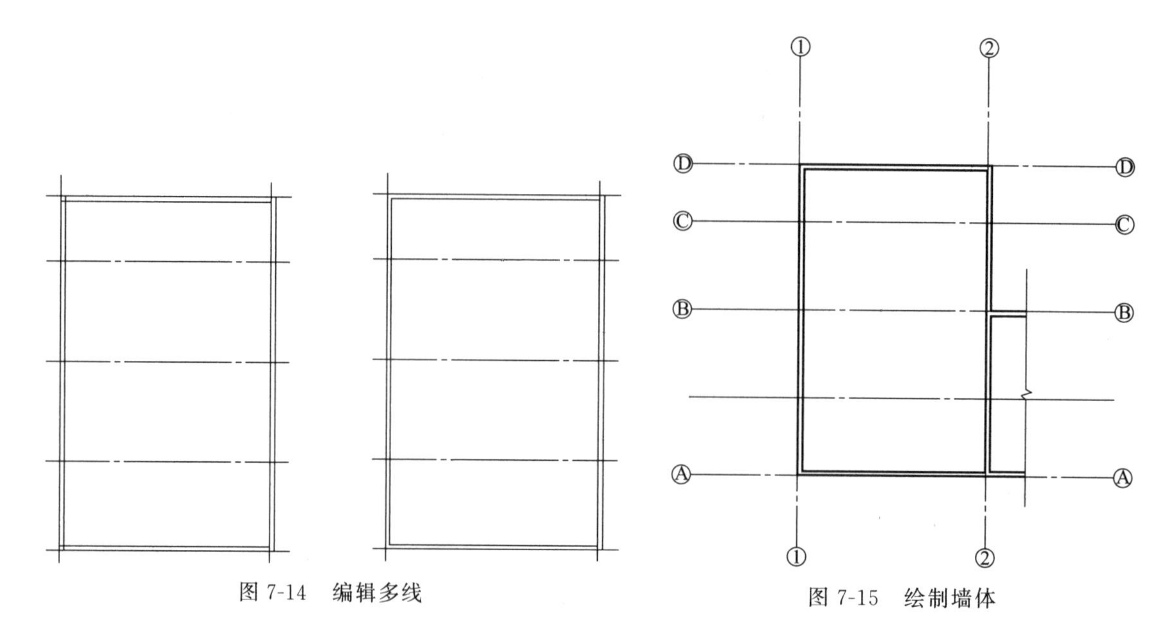

图 7-14 编辑多线

图 7-15 绘制墙体

3. 绘制柱子、门窗、室外散水

在 AutoCAD 中，可利用正方形绘图命令和填充命令绘制柱子。窗户也可利用前述多线命令绘制，门可直接插入外部图块，散水可利用直线命令绘制。

在鼓风机房平面图中，柱子的尺寸为 400mm×400mm；门宽 2700mm；窗户尺寸有两种，C1 为 800mm×250mm，C2 为 2400mm×200mm。室外散水边界距外墙 1200mm。绘制完成后的图形如图 7-16 所示。

4. 绘制鼓风机、空气管道及附件

在 AutoCAD 中，可直接绘制鼓风机、空气管道及附件，如若专业制图过程中已保存有相关的外部图块，可直接利用插入图块的形式完成绘制。

在鼓风机房平面图中，从鼓风机接出的空气支管为 *DN*350mm，干管为 *DN*500mm，放空管为 *DN*150mm，可在定位管道中心线后，利用直线偏移的方式绘制；鼓风机和管道附件直接采用插入外部图块的形式绘制。绘制完成后的内容如图 7-17 所示。

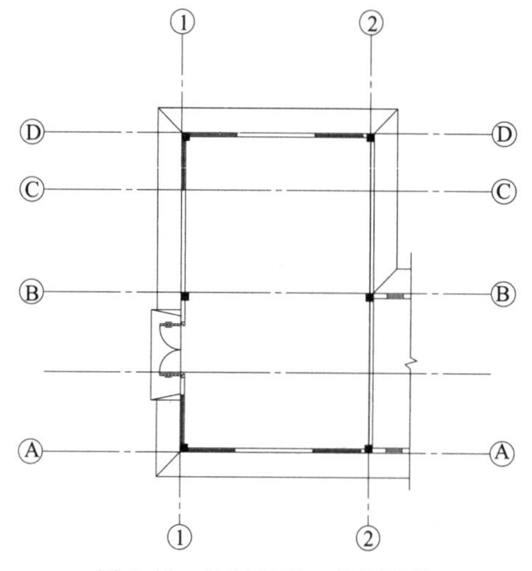

图 7-16 绘制门窗、柱等配件

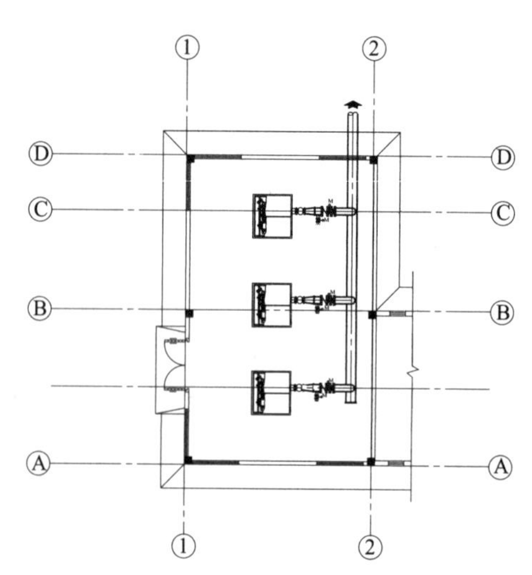

图 7-17 绘制完成后的内容

5. 绘制工字钢轨道

在 AutoCAD 中，可直接利用直线绘制，可根据显示效果调整非连续线型比例因子。在鼓风机房平面图中，两侧工字钢轨道距边墙为 710mm，绘制完成后效果如图 7-18 所示。

6. 绘制剖图符号

剖切符号的绘制应满足《房屋建筑制图统一标准》（GB/T 50001—2010）第 7.1.1 条规定，即剖视的剖切符号应由剖切位置线及剖视方向线组成，均应以粗实线绘制。剖切位置线长度宜为 6～10mm，剖视方向线应垂直于剖切位置线，长度应短于剖切位置线，宜为 4～6mm。绘制时，剖视剖切符号不应与其他图线相接触。

在鼓风机房平面图中，A—A 和 B—B 剖面图是以管道中心线为剖切位置的。可根据上述数据完成剖切符号的绘制，效果如图 7-19 所示。

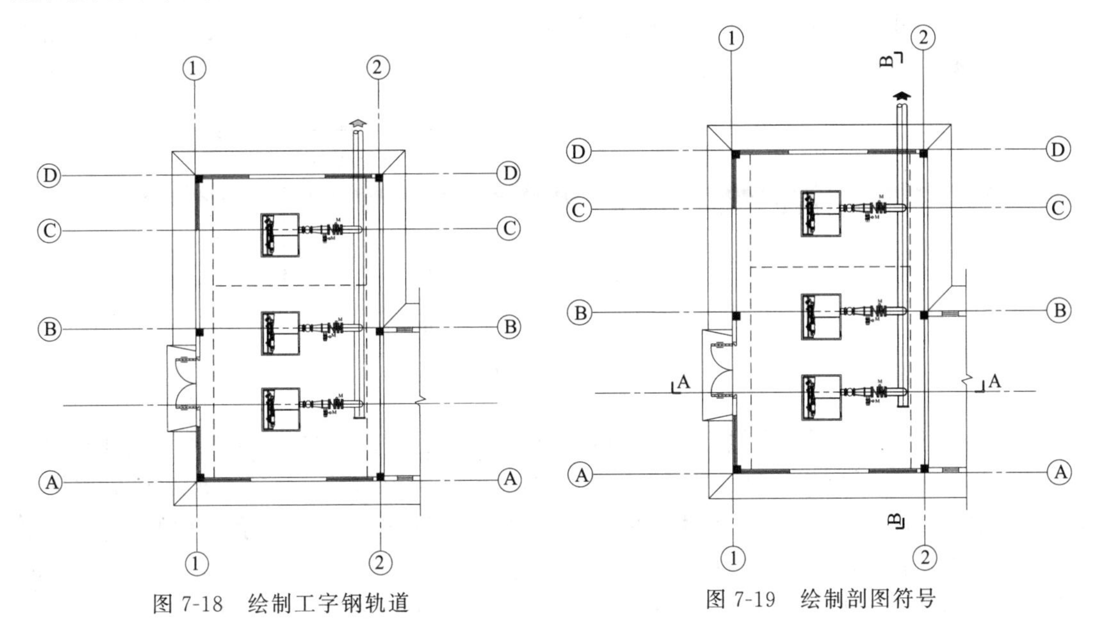

图 7-18　绘制工字钢轨道　　图 7-19　绘制剖图符号

标注鼓风机房平面图

按照实际工程图纸绘制要求完成鼓风机房平面图的标注。

任务目标

1. 掌握标注样式的设置方法及要求。
2. 掌握线性标注、连续标注等命令。

3. 掌握文字样式的设置方法及要求。

4. 掌握单行文字命令。

一、创建国标标注样式

尺寸标注是设计图样中不可缺少的重要组成部分，尺寸标注需按国家制图标准绘制。尺寸标注中各元素的外观由标注样式来控制，所以，在尺寸标注之前应先设置国标尺寸样式。

1. 尺寸标注组成

根据《房屋建筑制图统一标准》规定，图样上的尺寸包括尺寸界线、尺寸线、尺寸起止符号和尺寸数字，如图 7-20 所示。

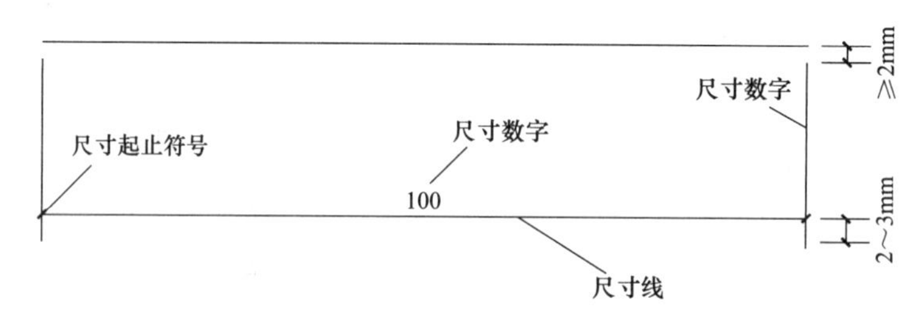

图 7-20 尺寸标注的组成

其中，尺寸界线应用细实线绘制，一般应与被标注长度垂直，其一端应离开图样轮廓线不小于 2mm，另一端宜超出尺寸线 2～3mm。图样轮廓可用作尺寸界线。尺寸线应用细实线绘制，应与被注长度平行。图样本身的任何图线不得用作尺寸线。尺寸起止符号一般用中粗斜短线绘制，其倾斜方向应与尺寸界线成顺时针 45°角，长度宜为 2～3mm。半径、直径、角度与弧长的尺寸起止符号宜用箭头表示。图样上的尺寸应以尺寸数字为准，不得从图上直接量取。图样上的尺寸单位，除标高及总平面以米为单位外，其他必须以毫米为单位。尺寸数字一般应依据其方向注写在靠近尺寸线的上方中部。如果没有足够的注写位置，最外边的尺寸数字可注写在尺寸界线的外侧，中间相邻的尺寸数字可上下错开注写，引出线端部用圆点表示标注尺寸的位置。

2. 设置国标尺寸样式

AutoCAD 提供了一个默认的标注样式 ISO-25，用户可以修改这个样式，或创建新的标注样式。以创建满足国标的标注样式为例，用于标注鼓风机房平面图，该图出图比例为 1∶100。步骤如下。

(1) 通过菜单栏：格式→标注样式或命令行输入“DIMSTYLE”，按【回车】键，启动标注样式管理器。

(2) 弹出“标注样式管理器”对话框，如图 7-21 所示，点击右侧【新建】按钮。

(3) 弹出“创建新标注样式”对话框，如图 7-22 所示，输入新样式名“工程标注”，在“基础样式”下拉列表选择“ISO-25”，则新建工程标注样式包含 ISO-25 所有设置。用户也可选择其他已经设置好的标注样式作为基础样式。在“用于”下拉列表中可以选择此样式控制的尺寸标注类型。设置完成后点击【继续】按钮。

（4）弹出“新建标注样式：工程标注”对话框，如图 7-23 所示。该对话框包括七个选项卡，分别完成如下设置。

（5）进入“线”选项卡，在基线间距、超出尺寸线、起点偏移量中分别输入 8、3 和 2，其余选项维持原样，如图 7-24 所示。

（6）进入“符号和箭头”选项卡，在“箭头”分组框的“第一个”和“第二个”下拉列表中均选择“建筑标记”，“箭头大小”中输入 2，其余选项维持原样，如图 7-25 所示。

（7）进入“文字”选项卡的“文字样式”下拉列表中选择“工程标注文字”，在“文字高度”和“从尺寸线偏移”中分别输入 2.5 和 0.8，其余选项维持原样，如图 7-26 所示。

（8）进入“调整”选项卡，在“调整选项”“文字位置”“标注特征比例”选项下分别选择“文字或箭头（最佳效果）”“尺寸线上方，不带引线”“使用全局比例：100”，如图 7-27 所示。

（9）进入“主单位”选项卡，在“单位格式”“精度”和“小数分隔符”下拉列表中分别选择“小数”“0.00”和“句点”，如图 7-28 所示。

（10）单击【确定】按钮，即可得到新设置完成的工程标注样式，再点击【置为当前】按钮，该样式变为当前样式。

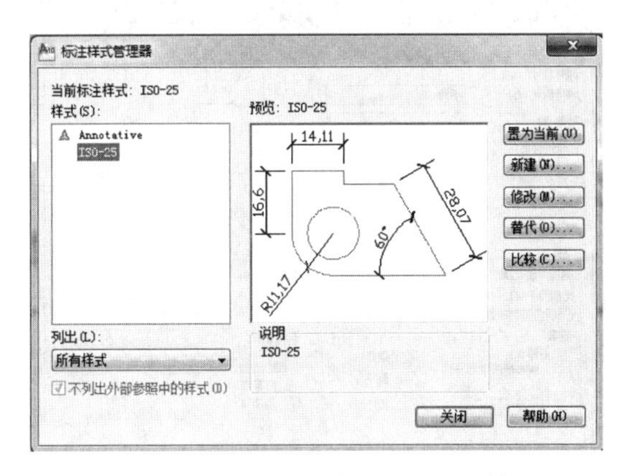

图 7-21 “标注样式管理器”对话框

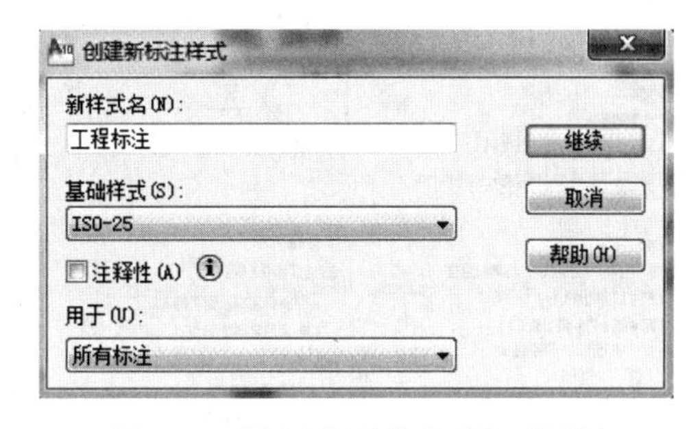

图 7-22 “创建新标注样式”对话框

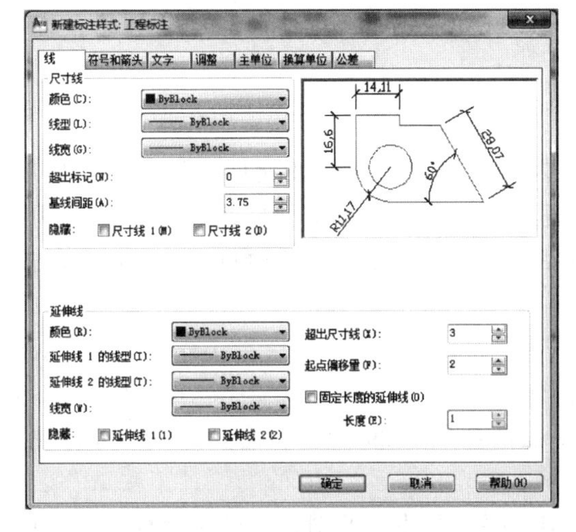

图 7-23 “新建标注样式：工程标注”对话框

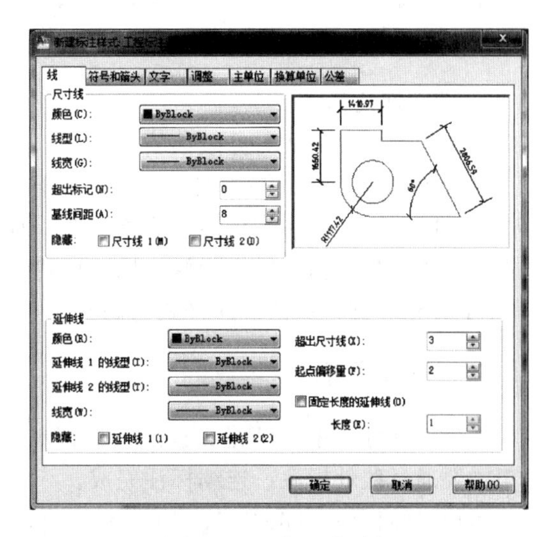

图 7-24 “线”选项卡

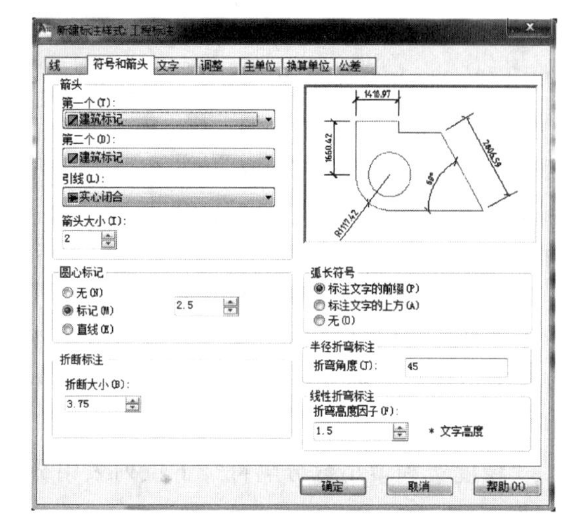

图 7-25 “符号和箭头”选项卡

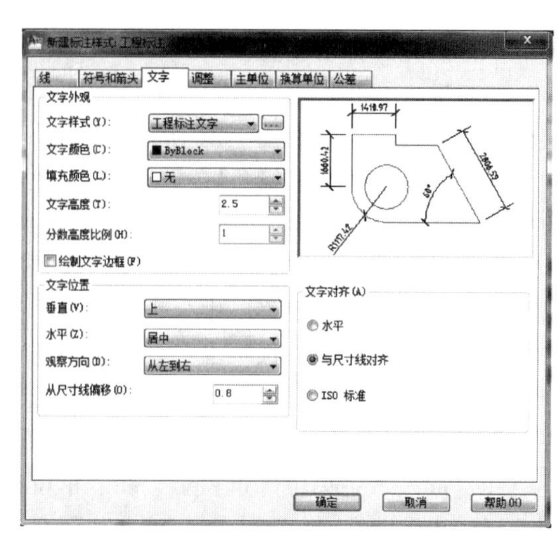

图 7-26 “文字”选项卡

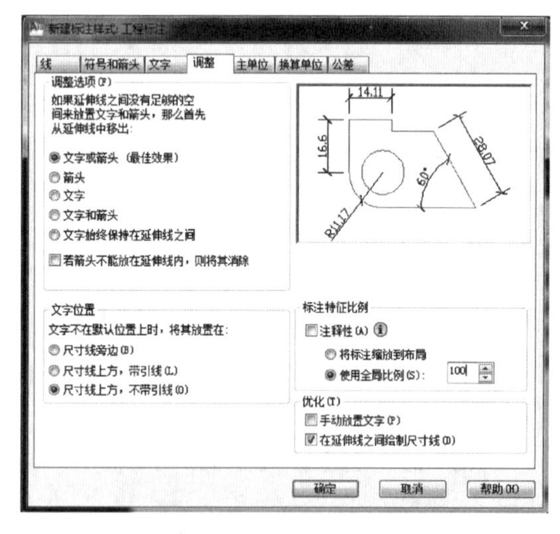

图 7-27 “调整”选项卡

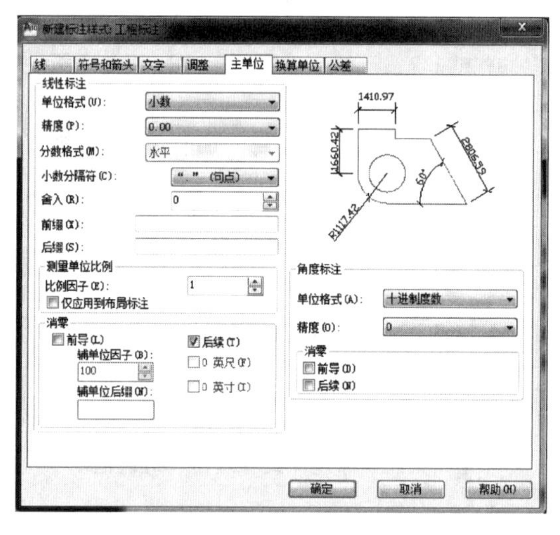

图 7-28 “主单位”选项卡

3. 编辑标注样式

已创建的标注样式可修改编辑。

通过菜单栏：格式→标注样式或 命令行输入：DIMSTYLE，按【回车】按钮，启动“标注样式管理器”；在“标注样式管理器”对话框中，从左侧选择需要修改的标注样式，点击右侧【修改】按钮，弹出“修改标注样式”对话框，在此对话框中设置好各选项后，单击【确定】按钮，即可完成标注样式的修改。

二、标注图形

在上一项任务中，已完成抄绘的鼓风机房平面图如图 7-29 所示，需要完成尺寸标注。这里主要通过线性标注、连续标注完成。

运用线性标注（DIMLINEAR）命令可以完成水平、竖直及倾斜方向的尺寸标注。运用连续标注（DIMBASELINE）可以创建一系列首尾相连的标注。这里以鼓风机房平面图左

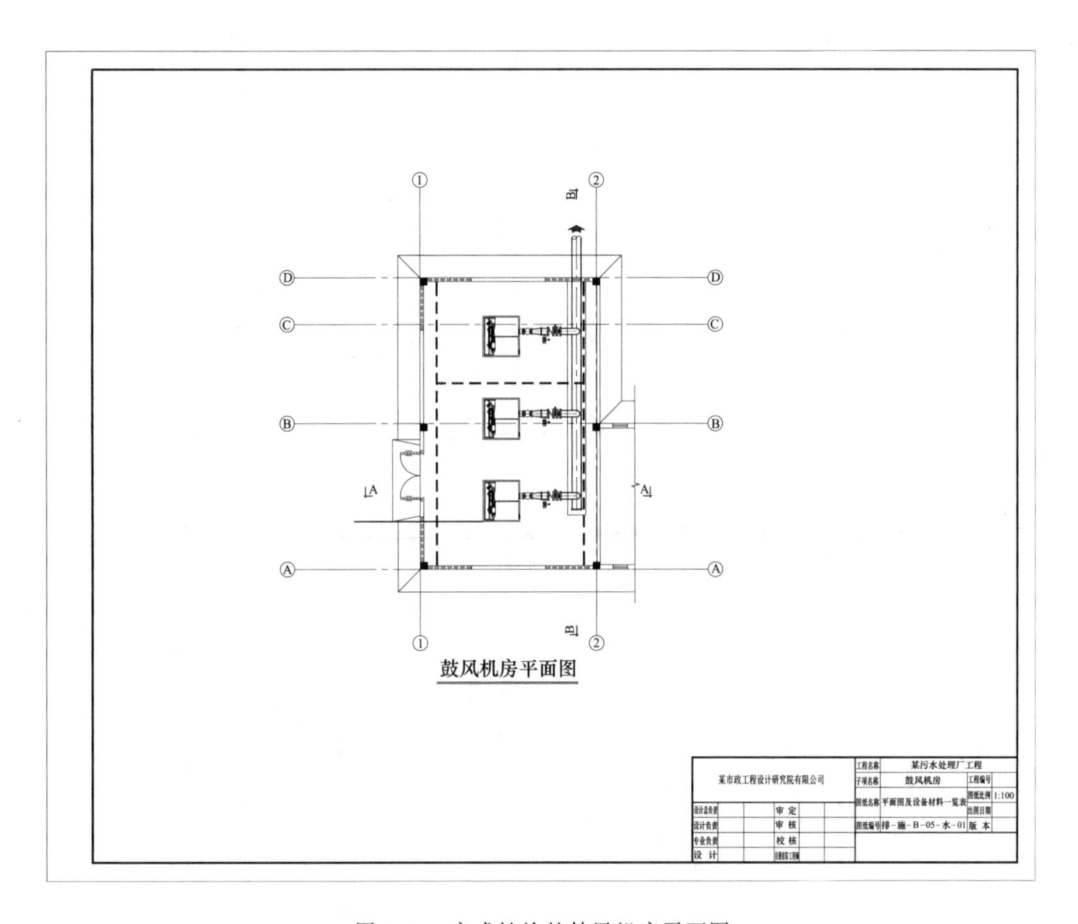

图 7-29　完成抄绘的鼓风机房平面图

侧尺寸标注为例讲解具体方法。

（1）将前述创建完成的“工程标注”样式置为当前标注样式。

（2）启动线性标注命令，完成一个线性标注，如图 7-30 所示。

菜单栏：标注→线性

功能区：【注释】面板：⊢⊣线性

命令行：DIMLINEAR 或 DIMLIN

启动线性标注命令后，需指定第一条尺寸界线原点或＜选择对象＞：基于端点 A 捕捉追踪至外延合适位置，单击鼠标左键。

指定第二条尺寸界线原点：基于端点 B 捕捉至外延与 A 点竖向对齐位置，单击鼠标左键。

指定尺寸线位置或［多行文字(M)/文字(T)/角度(A)/水平(H)/垂直(V)/旋转(R)]：光标移动至合适位置，单击鼠标左键完成操作。

（3）启动连续标注命令，完成其余线性标注，如图 7-31 所示。

菜单栏：标注→连续

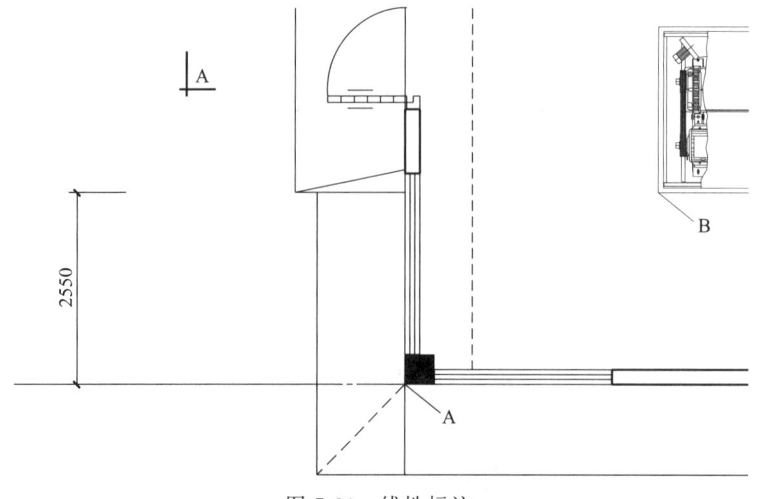

图 7-30 线性标注

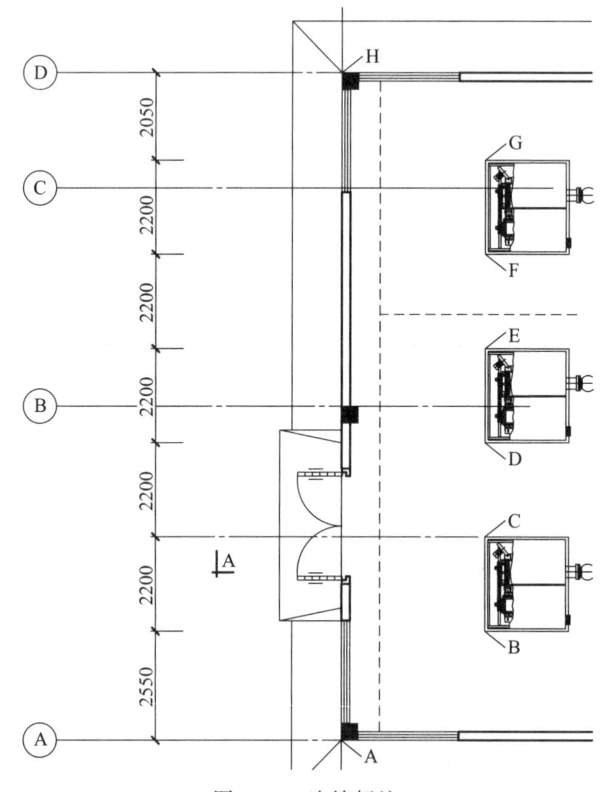

图 7-31 连续标注

I 命令行：DIMBASELINE 或 DIMBASE

启动连续标注命令后，需指定第二条延伸线原点或［放弃(U)/选择(S)］<选择>：基于端点 C 用鼠标左键捕捉合适位置，单击【确定】。

需指定第二条延伸线原点或［放弃(U)/选择(S)］<选择>：基于端点 D 用鼠标左键捕捉合适位置，单击【确定】。

需指定第二条延伸线原点或［放弃(U)/选择(S)］<选择>：基于端点 E 用鼠标左键捕

捉合适位置，单击【确定】。

需指定第二条延伸线原点或［放弃(U)/选择(S)］＜选择＞：基于端点 F 用鼠标左键捕捉合适位置，单击【确定】。

需指定第二条延伸线原点或［放弃(U)/选择(S)］＜选择＞：基于端点 G 用鼠标左键捕捉合适位置，单击【确定】。

需指定第二条延伸线原点或［放弃(U)/选择(S)］＜选择＞：基于端点 H 用鼠标左键捕捉合适位置，单击【确定】。

需指定第二条延伸线原点或［放弃(U)/选择(S)］＜选择＞：【回车】。

选择连续标注：【回车】，结束命令。

在完成上述内容后，再利用线性标注和连续标注命令完成其他位置尺寸标注即可。结果如图 7-32 所示。

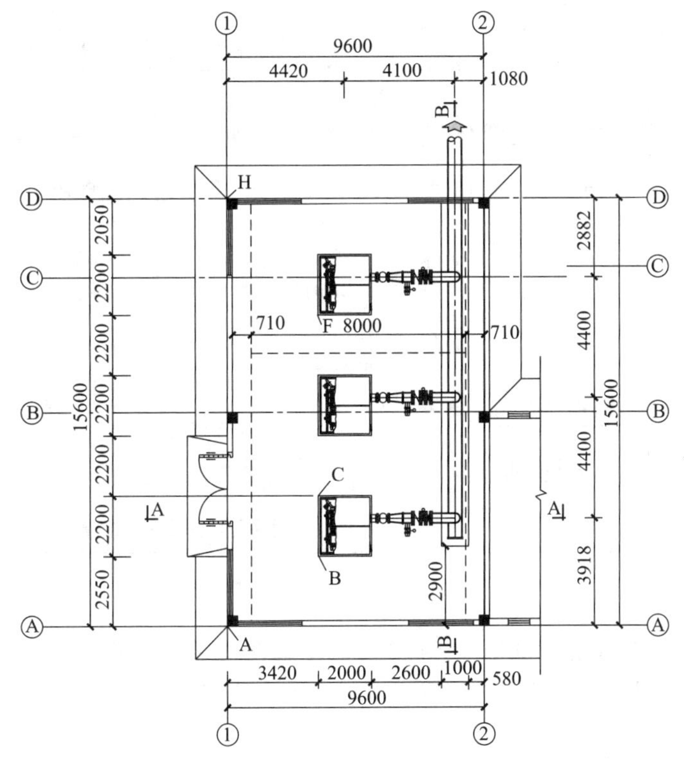

图 7-32　鼓风机房平面图尺寸标注结果

三、设置文字样式

在工程制图中，一般需要使用文字来说明图样中的一些非图形信息，如技术要求、材料说明、施工要求、图名、局部注释等信息。在书写文字之前，应先设置文字样式，包括文字的字体、高度、宽度系数、倾斜角等参数。以创建满足国标的文字样式为例，用于注释鼓风机房平面图，该图出图比例为 1∶100。步骤如下。

(1) 通过菜单栏：格式→文字样式或命令行输入：STYLE，按【回车】键，启动“文字样式”对话框，如图 7-33 所示。系统提供一默认文字样式为“Standard”，下拉菜单中可对“所有样式”和“正在使用的样式”切换。单击【新建】按钮，弹出“新建文字样式”对话框，输入样式名“文字”，单击【确定】。如图7-34所示，进行设置，按照《房屋建筑制图统一标准》规定，图样及说明中的汉字，宜采用长仿宋体或黑体，且长仿宋体宽度因子宜约为0.7。设置完成后，单击【应用】按钮。

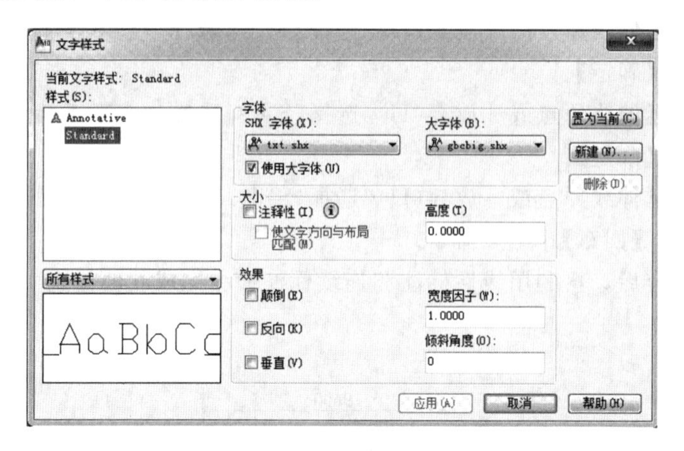

图7-33 “文字样式”对话框

图7-34 “文字样式”设置

（2）单击【新建】按钮，弹出“新建文字样式”对话框，输入样式名“数字”，单击【确定】。如图7-35所示进行设置，设置完成后，单击【应用】按钮。

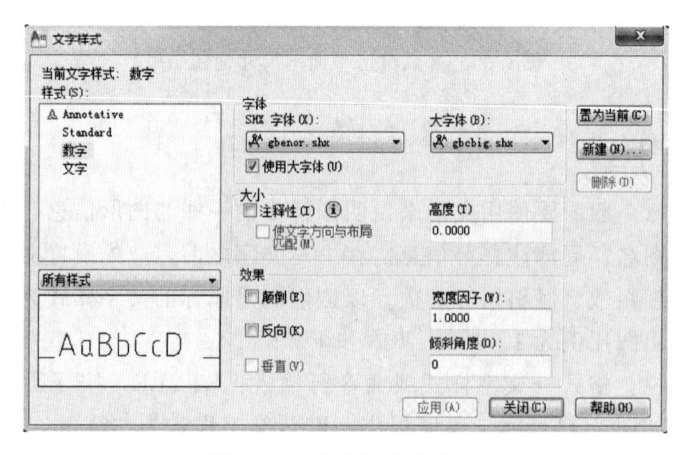

图7-35 “数字”样式设置

提示

工程制图中用到的许多符号都不能通过标准键盘直接输入，当使用单行文字命令创建文字注释时，必须输入特殊的代码来生成特定符号，如文字的上划线代码为%%o；文字的下划线代码为%%u；角度（°）的代码为%%d；正负号（±）的代码为%%p；直径（ϕ）的代码为%%c。

四、文字注释

AutoCAD软件中提供单行文字、多行文字两种命令，单行文字可灵活创建简短注释，多行文字可用于创建段落文字。从鼓风机房平面图可知，图中文字注释有三类：一为门窗标注；二为鼓风机及其管道附件的数字标注；三为图名等文字。前两类可使用“数字”样式，第三类可使用“文字”样式，用单行文字命令完成相关文字注释任务。

单行文字创建方法如下：

菜单栏：绘图→文字→单行文字

功能区：【注释】面板：A 单行文字

命令行：DTEXT或DT

启动单行文字命令，根据提示完成如下操作：

指定文字的起点或［对正(J)/样式(S)］:在合适位置单击一点

指定高度＜2.500＞:300

指定文字选转角度＜0＞:0

输入文字:C2

鼠标移动至下一处文字注释位置，单击鼠标左键，输入文字：C2，如图7-36所示。同理，可完成其他门窗文字注写，可根据文字显示效果调整文字旋转角度。

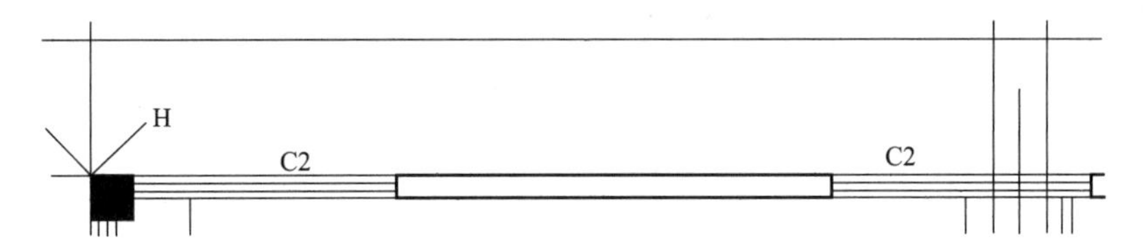

图7-36　文字注写

提示

在执行单行文字命令时，系统提示输入文本插入点，此点和实际文本的位置关系由对正（J）方式决定，系统提供了十几种对正选项，默认情况下，文本是左对齐的，即指定的插入点是文字的坐基线点。用户可根据需要更改对正方式。

鼓风机及其管道附件的数字标注，可先绘制直径为400mm的圆，在圆内部用单行文字，书写字高为300mm的数字。图名字高设为500mm。完成文字注释后的鼓风机房平面图如图7-37所示。

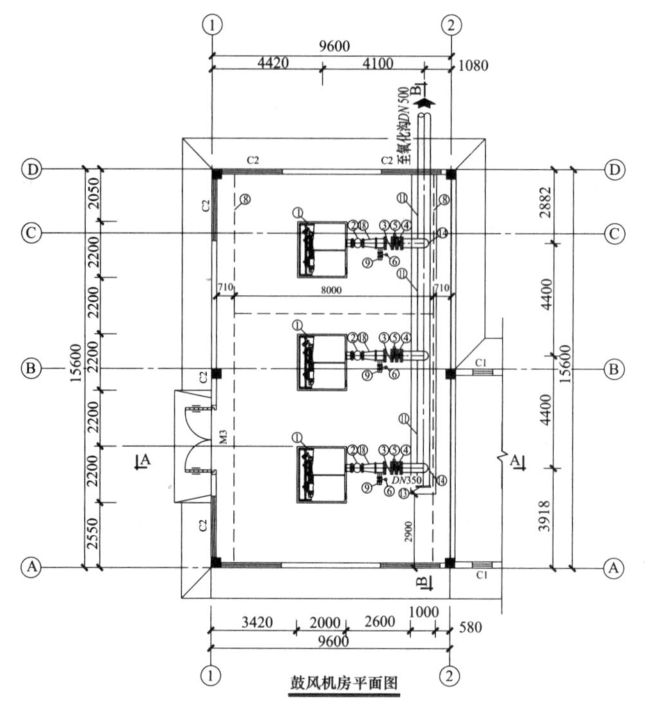

图 7-37 完成文字注释后的鼓风机房平面图

练习与实践

在前述鼓风机房平面图尺寸的基础上，绘制鼓风机房剖面图并完成标注，如图 7-38 所示。

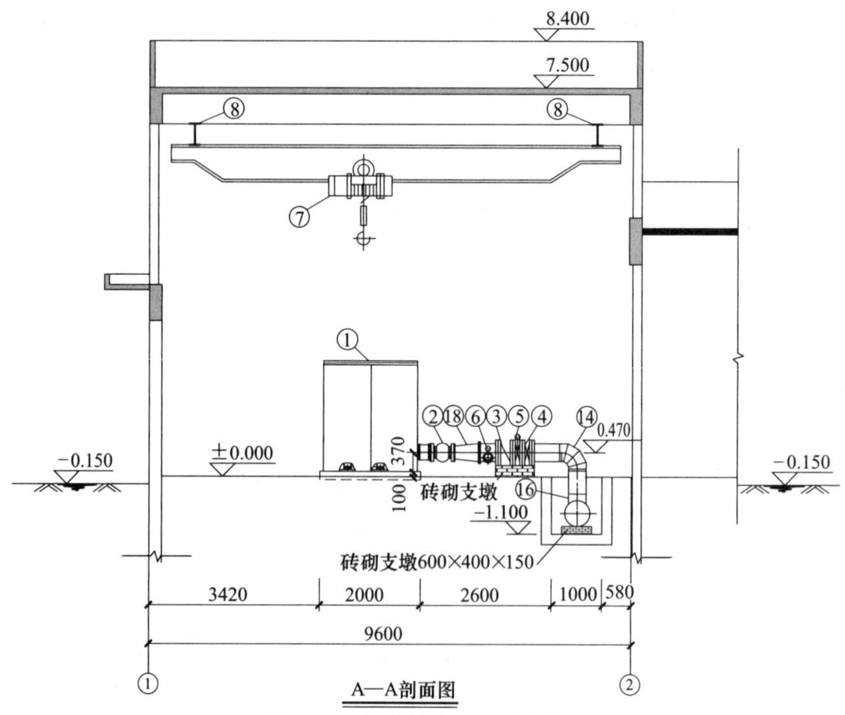

图 7-38 鼓风机房 A-A 剖面图

项目小结

通过对鼓风机房的绘制，综合运用项目五和项目六所学到的绘图和编辑命令，熟练掌握这些命令的应用方法，同时在绘制图纸的同时，对本专业知识有所接触，能够为以后专业图纸的设计和绘制打下基础。

项目八

污水处理厂设计图的绘制

项目目标

通过绘制污水处理厂平面布置图、工艺流程图、污水处理构筑物详图等实践训练，进一步掌握 AutoCAD 绘图技能，此外，对污水处理厂设计图有更深的认识。

内容索引

污水处理厂设计图纸一般包括工艺图、电气图、土建图等，其中工艺图由设计说明、总平面布置图、管线综合图、工艺流程图、设备材料及附属构筑物表、单体构筑物平面图、剖面图及大样图等组成。其中，平面布置图、工艺流程图主要反映污水处理工艺整体内容。单体构筑物的平面图与剖面图则是为了清楚表达构筑物的详细结构。

在本项目中，以平面布置图、工艺流程图、单体污水处理构筑物图三类图的绘制要点及步骤为主要内容，如表 8-1 所示。

表 8-1 项目任务表

学习任务一	绘制污水处理厂平面布置图	平面布置图的绘制要点
		平面布置图的绘制步骤
学习任务二	绘制污水处理厂工艺流程图	工艺流程图的绘制要点
		工艺流程图的绘制步骤
学习任务三	绘制单体污水处理构筑物图	单体污水处理构筑物图的绘制要点
		单体污水处理构筑物图的绘制步骤

匠心筑梦

中共十八届二中全会第二次全体会议强调，“地方和部门工作也一样，要真正做到一张好的蓝图一干到底，切实干出成效来。我们要有钉钉子的精神，钉钉子往往不是一锤子就能钉好的，而是要一锤一锤接着敲，直到把钉子钉实钉牢，钉牢一颗再钉下一颗，不断钉下去，必然大有成效”。

什么是“一张蓝图绘到底”呢？一张蓝图绘到底，万事从来贵有恒。山西右玉地处毛乌素沙漠的天然风口地带，曾是一片风沙成患、山川贫瘠的不毛之地。新中国成立70年来，右玉县的20任领导班子咬定青山不放松，一张蓝图绘到底，发扬钉钉子精神，一任接着一任干，团结带领干部群众坚持不懈植树造林，防风治沙，改善生态环境，硬是把曾经的“不毛之地”变成如今的“塞上绿洲”。塞罕坝三代人一张蓝图绘到底，55年造绿护林，在“黄沙遮天日、飞鸟无栖树”的荒漠沙地上艰苦奋斗、甘于奉献，书写了从黄沙漫天到林海万亩的绿色传奇，生动彰显了迎难而上、艰苦奋斗，久久为功、利在长远的创业精神。

可见，一张蓝图绘到底，既要多谋长远之事，有“功成不必在我，功成必定有我”的大气魄、大担当，也要有“咬定青山不放松”的坚持和坚韧，更要有绵绵用力、久久为功、脚踏实地的实干、苦干、加油干来实现之，在徐徐打开的蓝图中善始善终、善作善成。在建设美丽中国的新征程上，作为环境工程专业的学生，我们要发扬“一张蓝图绘到底”的精神，一茬接着一茬干，绵绵用力，久久为功，为建设美丽中国贡献青春力量。

习近平总书记关于“一张蓝图绘到底”的重要论述为我们学习绘制污水处理构筑图提供了世界观和方法论指导。污水处理厂设计图的绘制与人民对美好生活的向往息息相关。如何绘制出既实用又科学，既能带来经济效益又能增强社会效益的“污水处理厂设计图”呢？这就需要未来的环境工程设计师需要保持历史耐心和战略定力，一张蓝图绘到底。

发扬“一张蓝图绘到底”的精神，要有“功成不必在我，功成必定有我”的担当精神。随着我国经济快速发展，环境问题也日益凸显，为解决水污染、大气污染、土壤污染等环境污染问题，以治理环境问题为主体的环境工程专业在我国应运而生。CAD制图在环境工程领域的水、气、固体废物三大方面的处理设施的设计、施工、运行、维护等方面都起着重要的辅助作用，尤其是信息化时代，CAD制图的作用更是不可替代。面对新时代赋予我们的新使命，作为环境工程专业的学生要增强使命感与责任感，践行“功成不必在我，功成必定有我”的担当精神，为建设天更蓝、山更绿、水更清的美丽中国献出自己的一份力量，为实现中华民族永续发展作出应有的贡献。

发扬“一张蓝图绘到底”的精神，要有“咬定青山不放松”的坚持和韧劲。八步沙林场位于河西走廊东端、腾格里沙漠南缘的甘肃省武威市古浪县。20世纪80年代，这里狂沙肆虐、寸草不生，生态环境极度恶化。为保护家园，郭朝明、贺发林、石满、罗元奎、程海、张润元“六老汉”，主动请缨向沙漠进军，带头打响了治理荒漠、守护家园的攻坚战。当初，“六老汉”立下约定，无论多苦多累，每家必须出一个后人，把八步沙治下去。三代人将这个庄重誓言融入传世家风，将绿色梦想铸成坚定信念，咬定青山不放松，一代接着一代干，苦干38年，用生命和汗水创造了令人震撼的绿色奇迹。昔日寸草不生的沙漠，变成了当地群众增收致富的“金山银山”。这个故事也启迪着人们：在绘制美丽中国蓝图的道路上也不会是一帆风顺的，往往会遭遇波澜和坎坷，需要我们有战胜各种艰难险阻的信念和坚忍不拔的毅力，只有咬定青山不放松，全力以赴地去实现目标，才能一张蓝图绘到底。

发扬“一张蓝图绘到底”的精神，要有撸起袖子加油干的冲劲和闯劲。建设美丽中国的宏伟蓝图绝不会是轻轻松松、敲锣打鼓就能实现的，需要每一个投身环保事业的环保人撸起袖子，扑下身子，为祖国的环保事业贡献自己的力量。作为环境工程专业的学生应如何提升在未来工作岗位解决实际环境工程问题的能力，适应社会对环境类人才的专业素质要求呢？“征程漫漫，惟有奋斗”。一切伟大的成就都是接续奋斗的结果，一切伟大的事业都需要在继往开来中推进。我们要刻苦学习专业知识，学习最新的环境类行业标准以及大量的环境类工艺及设备设计图例，把CAD理论基础与环境行业应用融会贯通，以人民为中心，撸起袖子加油干，把美丽中国的蓝图绘制好。

发扬“一张蓝图绘到底”的精神，要有钉钉子精神。干事业好比钉钉子。钉钉子是要一锤一锤接着敲，才能把钉子钉实钉牢。钉牢一颗再钉下一颗，不断钉下去，必然大有成效。一张好的蓝图，只要是科学的、切合实际的、符合人民愿望，我们就要一茬接着一茬干，钉牢一颗钉子再钉下一颗。作为环保相关专业的学生，我们的初心和使命就是为中国的环保事业做贡献，为了实现这个目标，我们就要有钉钉子的精神，努力夯实专业的绘图与识图能力，培养工程思维，熟练地绘制和识读工程图纸，学会应用CAD软件来开展环境工程专业图纸设计、绘制以及成套出图等一系列工作，一步一步把基础打牢，才能将美丽中国的蓝图一绘到底。

学习方法

这个课题里所学的内容主要通过实践训练来掌握，建议学习者从视频学起，通过视频了解污水处理厂整体工艺流程，包括哪些图纸及图纸要素，然后详细了解绘图的相关命令的操作和使用技巧，然后按照要求，逐项完成学习任务。要快速准确地使用CAD绘图，必须要经过大量的上机训练。一般情况下，上课与上机的比例为1∶2，在完成必须学习任务的基础上，建议结合“练习与实践”中的题目进行上机练习，并规定相应的时间完成。

本项目图纸文件可登录化学工业出版社教学资源网（www.cipedu.com.cn），注册后免费获取。

任务一 绘制污水处理厂平面布置图

任务描述

下载图纸8-1，根据任务要求绘制污水处理厂平面布置图。

任务目标

1. 了解平面布置图的绘制要点。
2. 掌握平面布置图的绘制步骤。

污水处理厂平面布置图一般应包含如下内容：厂区用地红线、厂区内各污水处理构筑物，污泥处理构筑物，办公、化验、控制及其他附属构筑物，各类管（渠）道、电缆、厂区道路及绿化等。污水处理厂的平面布置关系到占地面积大小，运行管理是否安全可靠、方便，以及厂区环境卫生状况等多项问题。根据污水处理厂规模的大小，一般采用（1∶200）～（1∶500）比例绘制。绘制平面布置图时，可分图分项制图，管道图可单独绘制，可单独一种管线绘制，也可多种管线绘制在一幅图中。

一、污水处理厂平面布置的一般原则

（1）平面布置应考虑近期、远期结合，污水处理厂的厂区面积应按远期规划总规模控制，分期建设，合理确定近期规模，近期工程投入运行一年内水量应达到近期设计规模的60%。同时，在布置上应考虑分期建设内容的合理衔接。

（2）污水处理厂的总体布置应根据常见建筑物和构筑物的功能和流程要求，结合厂址地形、气候和地质条件，做到厂区功能分区明确，一般分为厂前区、污水处理区、污泥处理区、辅助性生产建筑物区。其中，厂前区应布置在城镇常年主导风向的上风向，各区之间相对独立并考虑污水进出处理厂方便、快捷、工艺流程顺畅等因素。污水和污泥的处理构筑物宜根据情况尽可能分别集中布置。

（3）厂区建筑物风格宜统一，布置做到美观、协调、有特色，并要处理好平面与空间的关系，使之与周围的环境相适应。

（4）处理构筑物布置应紧凑，生活设施和生产管理建筑物能组合的应尽量组合在一起，其位置和朝向应力求适用、合理，做到节约用地。构筑物之间的连接管渠要便捷、直通，避免迂回曲折，尽量减少水头损失；处理构筑物之间应保持一定距离，以便敷设连接管渠。

（5）各处理构筑物与附属建筑应根据安全、运行管理方便与节能的原则布置，如鼓风机房应位于曝气池附近，总变电站宜设在耗电量大的构筑物附近，办公楼宜位于夏季主导风向的上风向，距离处理构筑物有一定距离，同时远离设备间，并应设隔离带等。

（6）交通方便，宜分设人流及货流大门，保持厂区清洁。

（7）将主要构筑物布置在厂区内工程地质相对较好的区域，节省工程造价。

（8）厂区平面布置应充分利用地形，减少能耗，平衡土方。

（9）应充分考虑绿化面积，各区之间宜设有较宽的绿化隔离带，以创造良好的工作环境，厂区绿化面积不得小于30%。

（10）厂区的消化池、储气罐、污泥气压缩机房、污泥气发电机房、污泥气燃烧装置、污泥气管道、污泥干化装置、污泥焚烧装置及其他危险品仓库等的位置和设计，应符合国家现行有关消防规范的要求。

（11）污水处理厂内应合理布置道路。既要考虑方便运输，又有分隔不同区域的功能。其设计应符合下列要求。

① 主要车行道的宽度：单车道为3.5～4.0m，双车道为6.0～7.0m，支道和车间引道不小于3m，并应有回车道。

② 车行道的转弯半径宜为6.0～10.0m。

③ 人行道的宽度宜为1.5～2.0m。

④ 通向高架构筑物的扶梯倾角一般宜采用30°，不宜大于45°。

⑤ 天桥宽度不宜小于1.0m。

⑥ 车道、通道的布置应符合现行的消防规范要求，并应符合当地有关部门的规定。

总之，污水处理厂的平面布置应以节约用地为原则，根据污水处理各构筑物的功能和工艺要求，结合厂址地形、气象和地质条件等因素，使平面布置合理、经济、节约能源，并应便于施工、维护和管理。除了上述需要考虑的一般原则之外，还建议学习者坚持系统观念思想方法和工作方法。“系统观念是具有基础性的思想和工作方法。”正所谓“不谋万世者，不足谋一时；不谋全局者，不足谋一域。”污水处理厂平面图包含多项内容，构筑物之间、构筑物与管道之间、不同功能分区之间，都是相互依赖、相互影响的。只有整体布局安排合理，才能保证不同组成部分发挥其最大功能。要坚持目标导向、问题导向、效果导向来分析污水厂平面布置中出现的问题，才能很好地解决现实需要。当然，污水厂平面布置还应注重前瞻性思考与全局性谋划，将当下行业新趋势、新要求，当地经济状况、成本控制、气候、地理环境，厂区环境景观等综合考虑进去。

二、平面布置图绘制步骤

1. 建立图层

一般需要建立轴线层、构筑物轮廓实线部分、构筑物轮廓虚线部分、标注图层、文字图层等，可根据需要在绘制过程中增加。

2. 构筑物定位

绘制轴线后，根据构筑物的形状，定位构筑物特征点，圆形构筑物定位圆心，方型构筑物定位角点。

3. 绘制各单体构筑物

污水处理厂平面布置图一般表现厂区内各单体构筑物之间的相对位置及相互关系，对单体构筑物不做详细处理。可先确定单体尺寸，画出单体的主要轮廓图。如生物处理反应池一般为矩形或其他形状，初沉池、二沉池、沉砂池等一般为圆形或矩形。

4. 绘制其余图形对象

绘制除单体构筑物外的其余图形对象，如道路、草坪、办公生活建筑物、变配电室、机修间、加药间等，也可按其尺寸绘制主要外形轮廓。

5. 尺寸标注

先设定标注样式，后利用各类标注命令完成尺寸标注。平面布置图中主要标注构（建）筑物的坐标标注、构（建）筑物之间距离标注、道路宽度及转弯半径标注等，以明确构（建）筑物在图中的定位和之间的相互距离。

6. 完成文字表格

先设定文字样式、表格样式，后利用单行文字、多行文字、表格命令完成相关文字注释、表格绘制任务。平面布置图中构（建）筑物需编号，每个编号对应一个构（建）筑物名称，此内容应列表表示。

7. 其他内容

绘制指北针、图名、图框等内容。

绘制污水处理厂工艺流程图

下载图纸 8-2，根据任务要求绘制污水处理厂工艺流程图。

任务目标

1. 了解工艺流程图的绘制要点。
2. 掌握工艺流程图的绘制步骤。

污水处理厂工艺流程图主要反映处理构（建）筑物间的工艺衔接关系，水头损失及相对液位关系，对图中的单体及管道尺寸无确切的要求。但各单体的示意必须能够准确表达所采用的处理工艺、设备形式等。工艺流程图中主要标注三类标高：每个处理构筑物中的液面标高、构筑物顶标高和底标高（或建筑物的室内地坪标高）。主要表示的管道有污水处理工艺管道、污泥管道、加药管道、空气管道、超越管、放空管、厂区污水管、雨水管、给水管等。

工艺流程图绘制步骤如下。

1. 建立图层

工艺流程图中一般需要建立的图层有构（建）筑物图层、各类管道图层、设备图层、标高标注图层等，建立图层方法可参考前述任务。

2. 绘制单体处理构筑物示意图

根据单体的工艺形式绘制示意图（不做比例要求）。

3. 绘制流程图

根据污水处理顺序在图纸中布置各单体示意图，布置完成后，绘制各构筑物之间的连接工艺管道、污泥管道、空气管道、加药管道等，并用管道将相互之间有关系的构筑物连接起来，然后在各构筑物内标示液面，并标注液面标高、池顶标高、池底标高及各种管道管径。

任务三 绘制单体污水处理构筑物图

任务描述

下载图纸 8-3，根据任务要求绘制单体污水处理构筑物图。

任务目标

1. 了解单体污水处理构筑物图的绘制要点。
2. 掌握单体污水处理构筑物图的绘制步骤。

工作过程

城市污水处理厂中处理构筑物较多，主要有污水提升泵站、格栅池、沉砂池、初沉池、生物反应池、二沉池、消毒池、污泥处理构筑物等，甚至有前端厌氧消化池、深度处理构筑物等。对于绘制单体构筑物设计图来说，具备的相同特点是，一般应绘制平面图与剖面图，才能清楚地表达构筑物的细部结构。平面图和剖面图相互配合，不可缺一。除此之外，还要有局部详图、设备材料统计表、设计说明等内容。平面图是用一假想水平面剖切构筑物，移去剖切平面以上部分，将下面部分作正投影所得到的水平剖面图。剖面图是用假想的铅锤切面将构筑物剖开后所得的立面视图，主要表达垂直方向高程和高度设计内容，此外还表达构筑物在垂直方向上的各部分的形状和组合关系、构筑物剖面位置的结构形式和构造方法。

单体污水处理构筑物绘制步骤如下：

1. 建立图层

可根据绘制内容建立所需图层，也可在绘制过程中逐步增加。

2. 绘制主体

绘图应按先平面图、后剖面图；先主体，后细部的原则进行。可综合利用前述所学绘图、修改等命令按照 1∶1 比例绘制。绘制平面图和剖面图可参考前述项目七相关内容。

3. 绘制其他

绘制除平面图和剖面图之外的局部大样图、设计说明、设备材料表等内容。

练习与实践

根据污水处理厂设计图纸的绘制方法，绘制电弧炉废气处理工艺流程图，下载图纸 8-4。

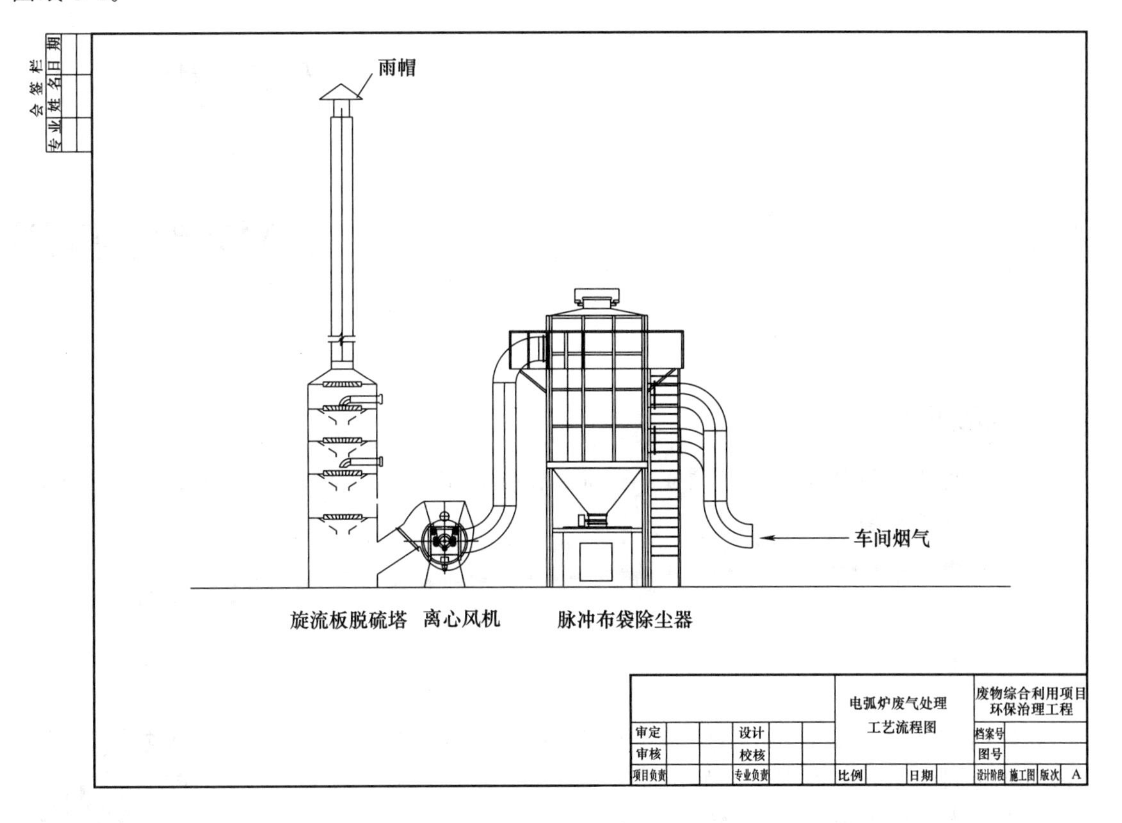

图 8-4　电弧炉废气处理工艺流程图

项目小结

通过对污水处理厂设计图纸的绘制，综合运用项目五至项目七所学到的绘图和编辑命令，使学习者在识图的基础上掌握污水处理厂平面布置图、工艺流程图和构筑物图纸的绘制要点，通过练习与实践掌握废气处理工艺图纸的绘制，为以后专业图纸的设计和绘制打下基础。

项目九

CAD绘图技巧

项目目标

通过一些命令，能够完成 AutoCAD 2010 的基本操作外，掌握更快捷、更高效的绘图方法。

内容索引

CAD 软件是工程设计中用的最多的一款软件，如何使用好这款软件，以及如何通过绘图技巧提高绘图的速度至关重要，本项目通过收集一些设计人员的经验总结形成以下绘图技巧，如表 9-1 所列。

二维码 9.1 CAD 快捷键的介绍

表 9-1 绘图技巧汇总表

一	清理图形(PURGE)命令	七	设置 AutoCAD 自动保存时间
二	自定义修改快捷键命令	八	右键自定义设置
三	块命令的应用	九	图框的插入技巧
四	图层转换器命令	十	查找和替换功能
五	0 图层和 Defpoints 图层	十一	去教育版打印
六	图层的锁定、关闭和冻结	十二	单行文字和多行文字

学习方法

这个项目里所学的内容主要通过实践训练来掌握，建议学习者在学习书本介绍的绘图技巧时用 CAD 反复练习与实践，提高绘图速度。

匠心筑梦

“学而不思则罔，思而不学则殆”这句话为孔子所提倡的一种读书及学习方法。指的是一味读书而不思考，就会因为不能深刻理解书本的意义而不能合理有效利用书本的知识，甚至会陷入迷茫。而如果一味空想而不去进行实实在在地学习和钻研，则终究是沙上建塔，一无所得。孔子在《论语·卫灵公》中还说过：“吾尝终日不食，终夜不寝，以思，无益，不如学也。”子夏曰：“博学而笃志，切问而近思，仁在其中矣。”这些都是强调学习与思考相结合的重要性。告诫人们只有把学习和思考结合起来，才能学到切实有用的知识，否则就会收效甚微。即善于理论联系实际，归纳总结，理解性记忆。

上海城投污水处理有限公司白龙港污水处理厂污泥处理车间主任杨戌雷，长期扎根一线，从一名普通工人逐渐成长为一名活跃在治污一线的环保先锋。其挂帅的污泥处理车间无论在规模还是技术含量在国内都是首屈一指，开创了全国范围内污泥处理工艺、设备、设施最齐全的示范性基地。杨戌雷曾先后被授予全国劳动模范、全国住房城乡建设系统劳动模范、上海工匠、上海市五一劳动奖章等称号。

2011 年，总在迎难而上的杨戌雷被委以了一项史无前例的挑战。白龙港污水处理厂完成升级改扩建工程，他调任污泥处理车间主任，担负起 8 套消化系统、3 套干化系统、26 套深度脱水系统的接管运行任务。“我自己完全是一张白纸，然后我们整个团队也是零基础。”既无专业背景，也无工作经验，当时的污泥处理车间团队甚至都不符合外籍调试方对操作人员的要求。杨戌雷喜欢不懂就问，老外被问烦了就说了一句“yang is a boy”（杨是个男孩）。半开玩笑的话深深刺痛了他，“当时我就暗下决心，一定要争这口气。”

那两年里，杨戌雷几乎一大半的时间都是在单位里度过的。白天在各个“阵地”上，他爬上爬下、钻进钻出，摸管道、研究设备。晚上挑灯夜战，翻图纸、学习原理、思考解决办法，与“赤膊兄弟们”一起吃盒饭、打地铺。杨戌雷说，他们这支不被看好的“土八路”，仅用了一年就实现全面接管污泥三大系统。在后面的几年里，杨戌雷和团队又根据实际的运行经验，对设备、设施、工艺上存在的问题，着手技术改进一系列的技改，取得非常好的实用效果，还荣获了多项专利，以及上海市优秀发明选拔赛金银铜奖等各项奖项，更为企业直接或间接累积产生约 4200 多万元经济效益。杨戌雷的成功除了努力刻苦，更离不开勤于思考，勇于创新的精神。

CAD 已经广泛应用于建筑、电子、机械等相关行业。有很多 CAD 使用者并没有掌握好一些基本技巧，经常出现作图效率低下、精确度不够等问题。在学习过程中需要勤于思考，及时总结经验和技巧，能达到事半功倍的目的。

1. 经常存盘

在 CAD 中，点击“工具→选项”，出现“选项”对话框，进入“文件”选项卡，设置“自动保存路径”，然后在“打开和保存”选项卡里设置“自动保存”及保存时间间隔，一般设 10 分钟就可以了。避免因为电脑及软件问题丢失图纸。

2. 良好习惯

养成良好的作图习惯，作品的可移植性和可读性会大大提高。笔者指的良好习惯有：①能用多段线（PLINE）作图就不要用直线（LINE），因为多段线是一个对象，在以后选择或二次加工时会很方便。②用好图层（LAYER）功能，把不同类型的对象分配到不同的图层中，以便以后分类加工。③灵活运用分组（GROUP）及块定义（BLOCK）功能，力求把同一组对象一次性选中，以防编辑时漏掉其中某一部分。④常用的作图界限、尺寸、标注样式、文字样式等要做好模板，以便快速调用。⑤不要轻易炸开（EXPLODE）系统生成的填充样式、标注等，这对你以后编辑有帮助。⑥尽量不要使用系统默认字体以外的字体，以防传输至其他电脑里时产生乱码。⑦模型空间只用来作图，图纸空间只用来放置图框。

3. 精确作图

精确作图对以后进行标注、打印输出、图像调入调出和与他人分享都非常重要。要注意以下几点：①作图时严格按 1∶1 比例，在最后打印输出时再调整比例；②灵活运用点捕捉功能，不要以为自己眼力过人，随便一点就能点中直线的端点，那是不可能的；③该闭合的线一定要用命令闭合（CLOSE）；④灵活运用正交模式、栅格与捕捉。

提示和技巧

一、清理图形（PURGE）命令

PURGE 命令，简写为 PU。图绘制完成以后，图中可能有很多多余的东西，如图层、线形、标注样式、文字样式、块等占用存储空间，使 DWG 文件偏大所以要进行清理。下面以布袋除尘器图纸为例讲解 PURGE 命令的操作。

第一步，打开布袋除尘器图纸，打开图层管理器，看到如图 9-1 显示的图层，共显示了 42 个图层。

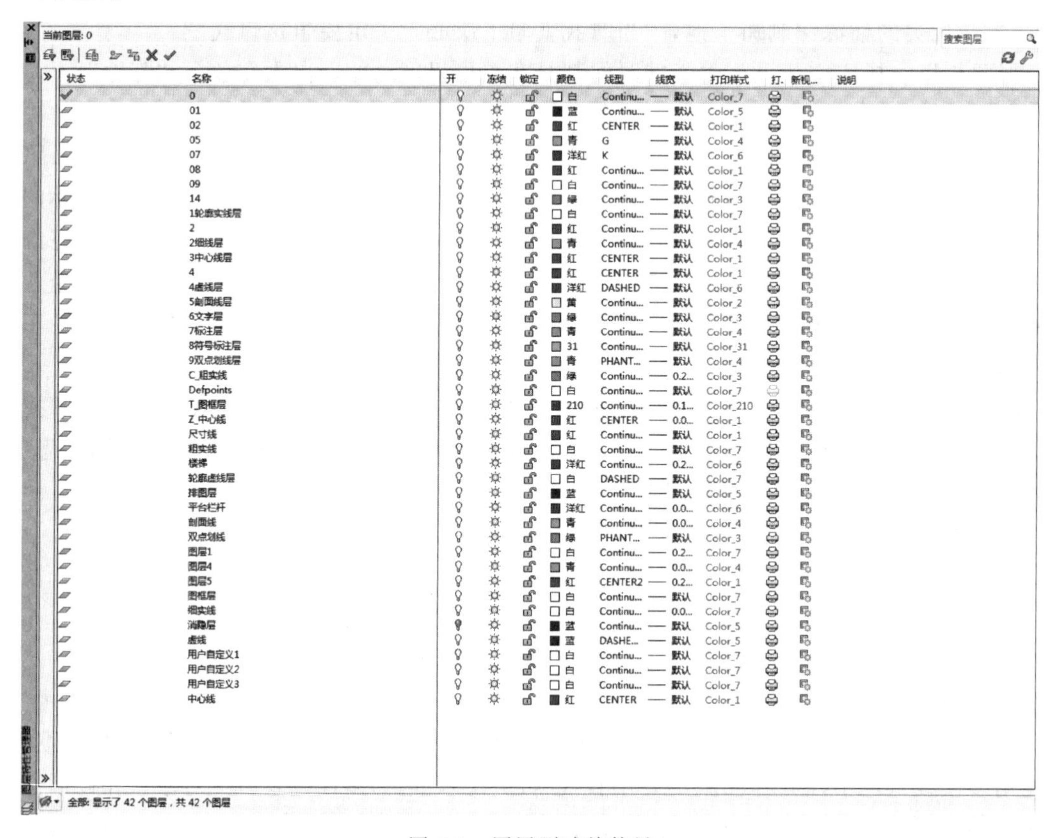

图 9-1 图层删减前数量

第二步，在命令行输入 PU，弹出 PU 对话框，如图 9-2 所示。

点击【全部清理】按钮，弹出“清理-确认清理”对话框，如图 9-3 所示。

第三步，再点击图层管理器，看到的图层如图 9-4 所示。

经过清理后，无用的图层和块等都被删除了，显示的图层为 22 个。

二、自定义修改快捷键命令

在使用 CAD 过程中，为了提高绘图速度，经常会用到快捷键。在项目六中，已经详细

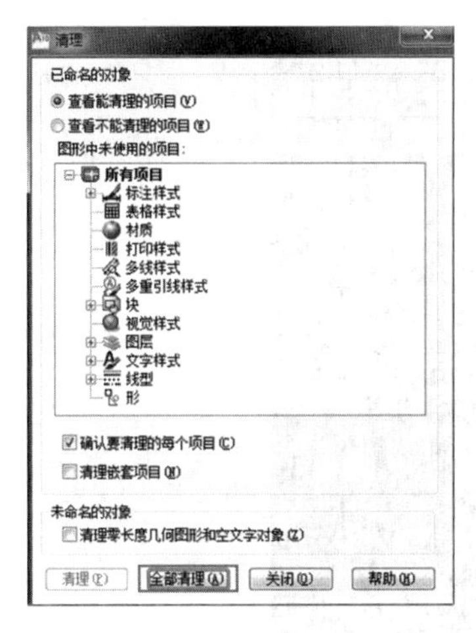

图 9-2　PU 对话框

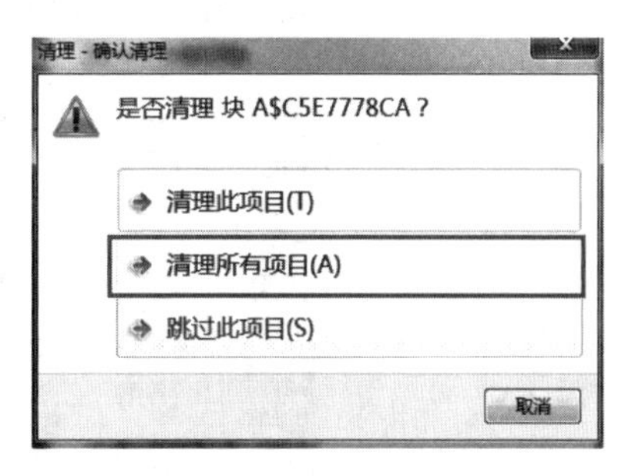

图 9-3　“清理-确认清理”对话框

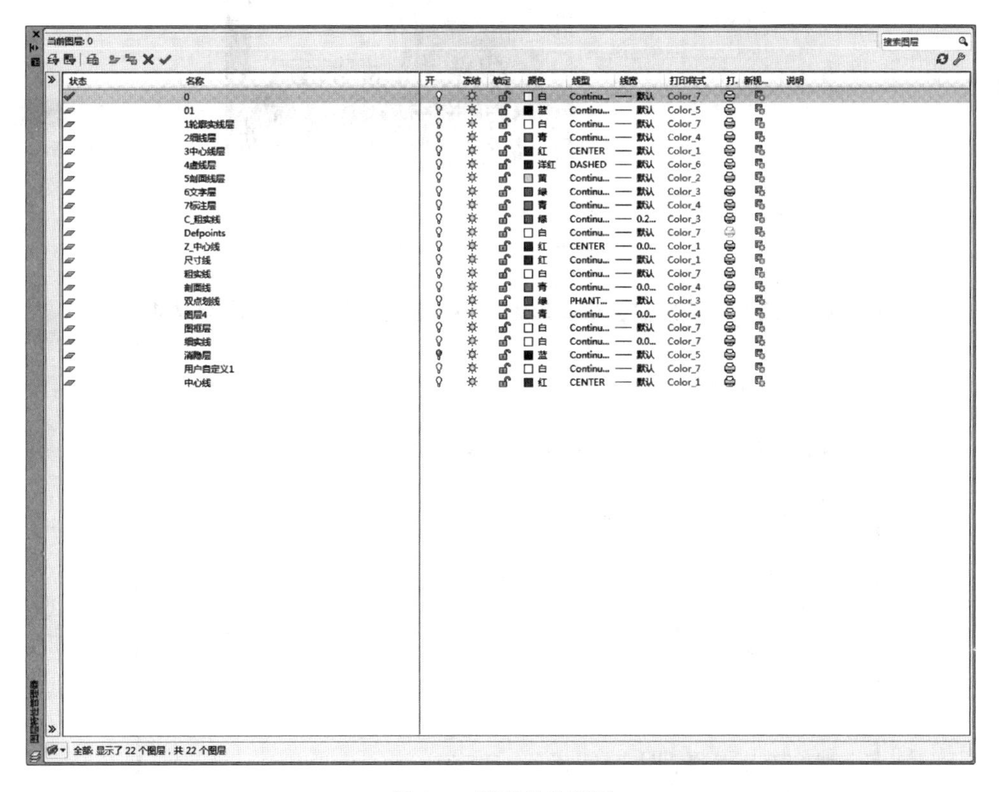

图 9-4　清理后的图层

介绍了常用命令的通用快捷键，如“复制命令”的快捷键通常默认为“CO”或“CP”。在画图过程中，更希望采用一个字母来完成“复制命令”的功能。

CAD 软件提供了强大的自定义修改快捷键，可以实现这个功能。

第一步，点“工具”→“自定义”→“编辑程序参数（acad.pgp）”（图 9-5）。

点击后，弹出如图 9-6 所示的对话框。

按右侧滑动键往下拉，能看到 CAD 的默认快捷键和命令。如图 9-7 所示。

左侧红色框为 CAD 系统默认的快捷键，蓝色的框为红色框对应的命令全名。

以复制命令为例来设置快捷键，将“复制命令”的快捷键命令设置为“C”。

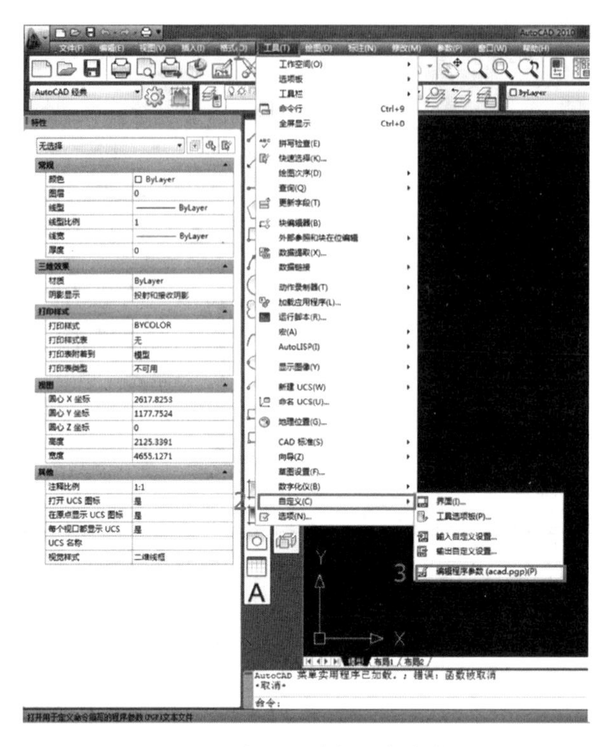

图 9-5 启用“编辑程序参数”

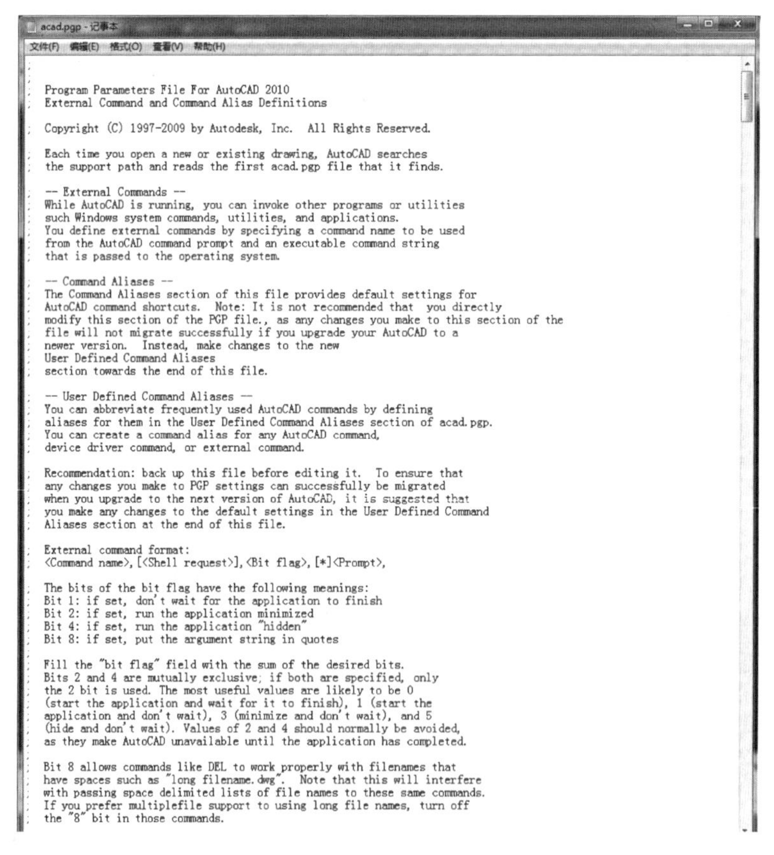

```
;
;  Program Parameters File For AutoCAD 2010
;  External Command and Command Alias Definitions
;
;  Copyright (C) 1997-2009 by Autodesk, Inc.  All Rights Reserved.
;
;  Each time you open a new or existing drawing, AutoCAD searches
;  the support path and reads the first acad.pgp file that it finds.
;
;  -- External Commands --
;  While AutoCAD is running, you can invoke other programs or utilities
;  such Windows system commands, utilities, and applications.
;  You define external commands by specifying a command name to be used
;  from the AutoCAD command prompt and an executable command string
;  that is passed to the operating system.
;
;  -- Command Aliases --
;  The Command Aliases section of this file provides default settings for
;  AutoCAD command shortcuts.  Note: It is not recommended that  you directly
;  modify this section of the PGP file., as any changes you make to this section of the
;  file will not migrate successfully if you upgrade your AutoCAD to a
;  newer version.  Instead, make changes to the new
;  User Defined Command Aliases
;  section towards the end of this file.
;
;  -- User Defined Command Aliases --
;  You can abbreviate frequently used AutoCAD commands by defining
;  aliases for them in the User Defined Command Aliases section of acad.pgp.
;  You can create a command alias for any AutoCAD command,
;  device driver command, or external command.
;
;  Recommendation: back up this file before editing it.  To ensure that
;  any changes you make to PGP settings can successfully be migrated
;  when you upgrade to the next version of AutoCAD, it is suggested that
;  you make any changes to the default settings in the User Defined Command
;  Aliases section at the end of this file.
;
;  External command format:
;  <Command name>,[<Shell request>],<Bit flag>,[*]<Prompt>,
;
;  The bits of the bit flag have the following meanings:
;  Bit 1: if set, don't wait for the application to finish
;  Bit 2: if set, run the application minimized
;  Bit 4: if set, run the application "hidden"
;  Bit 8: if set, put the argument string in quotes
;
;  Fill the "bit flag" field with the sum of the desired bits.
;  Bits 2 and 4 are mutually exclusive; if both are specified, only
;  the 2 bit is used. The most useful values are likely to be 0
;  (start the application and wait for it to finish), 1 (start the
;  application and don't wait), 3 (minimize and don't wait), and 5
;  (hide and don't wait). Values of 2 and 4 should normally be avoided,
;  as they make AutoCAD unavailable until the application has completed.
;
;  Bit 8 allows commands like DEL to work properly with filenames that
;  have spaces such as "long filename.dwg".  Note that this will interfere
;  with passing space delimited lists of file names to these same commands.
;  If you prefer multiplefile support to using long file names, turn off
;  the "8" bit in those commands.
```

图 9-6 启用“编辑程序参数”对话框

找到复制命令的快捷键默认设置为："CO" 和 "CP"（如图 9-8 所示下部框），而圆快捷键命令为 "C"（如图 9-8 所示上部框）。

第二步，增加自定义复制命令的快捷键，增加一行，将复制命令的快捷键对应 C，如图 9-9 所示框内部分。

点击关闭编辑键，弹出如图 9-10 所示对话框，点击【保存】。

此时，输入 C 命令，仍然对应的是圆命令，如图 9-11 所示。

```
;
; Exceptions to the rules includ
;
;  -- Sample aliases for AutoCAD
;  These examples include most f
;  that you not make any changes
;  proper migration of your cust
;  AutoCAD.  The aliases listed
;  Settings section at the end o
;  ensuring your changes will su

3A,            *3DARRAY
3DMIRROR,      *MIRROR3D
3DNavigate     *3DWALK
3DO,           *3DORBIT
3DP,           *3DPRINT
3DPLOT,        *3DPRINT
3DW,           *3DWALK
3F,            *3DFACE
3M,            *3DMOVE
3P,            *3DPOLY
3R,            *3DROTATE
3S,            *3DSCALE
A,             *ARC
AC,            *BACTION
ADC,           *ADCENTER
AECTOACAD,     *-ExportToAutoCAD
AA,            *AREA
```

图 9-7 启用编辑程序参数命令行

```
C,        *CIRCLE
CAM,      *CAMERA
CBAR,     *CONSTRAINTBAR
CH,       *PROPERTIES
-CH,      *CHANGE
CHA,      *CHAMFER
CHK,      *CHECKSTANDARDS
CLI,      *COMMANDLINE
COL,      *COLOR
COLOUR,   *COLOR
CO,       *COPY
CP,       *COPY
```

图 9-8 复制命令参数行

```
C,        *CIRCLE
CAM,      *CAMERA
CBAR,     *CONSTRAINTBAR
CH,       *PROPERTIES
-CH,      *CHANGE
CHA,      *CHAMFER
CHK,      *CHECKSTANDARDS
CLI,      *COMMANDLINE
COL,      *COLOR
COLOUR,   *COLOR
CO,       *COPY
CP,       *COPY
C,        *COPY
```

图 9-9 复制命令参数行更改完成

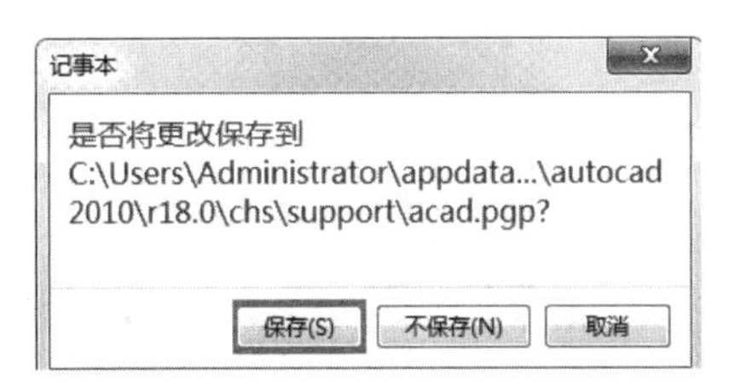

图 9-10 参数更改完成保存对话框

```
命令:
命令: c
CIRCLE 指定圆的圆心或 [三点(3P)/两点(2P)/切点、切点、半径(T)]:
```

图 9-11 圆命令行显示

修改快捷键命令必须重新启动 CAD 软件才会生效，关闭 CAD 软件。重新启动 CAD 软件，输入 C 命令，看到此时对应的是复制命令，自定义修改快捷键完成。如图 9-12 所示。

在 CAD 软件中，虽然圆的系统默认快捷命令为 C，而复制的快捷命令用户自定义为 C，CAD 软件会优先识别用户的自定义设置。

```
命令: c
COPY
选择对象:
```

图 9-12 修改成功后显示的命令行

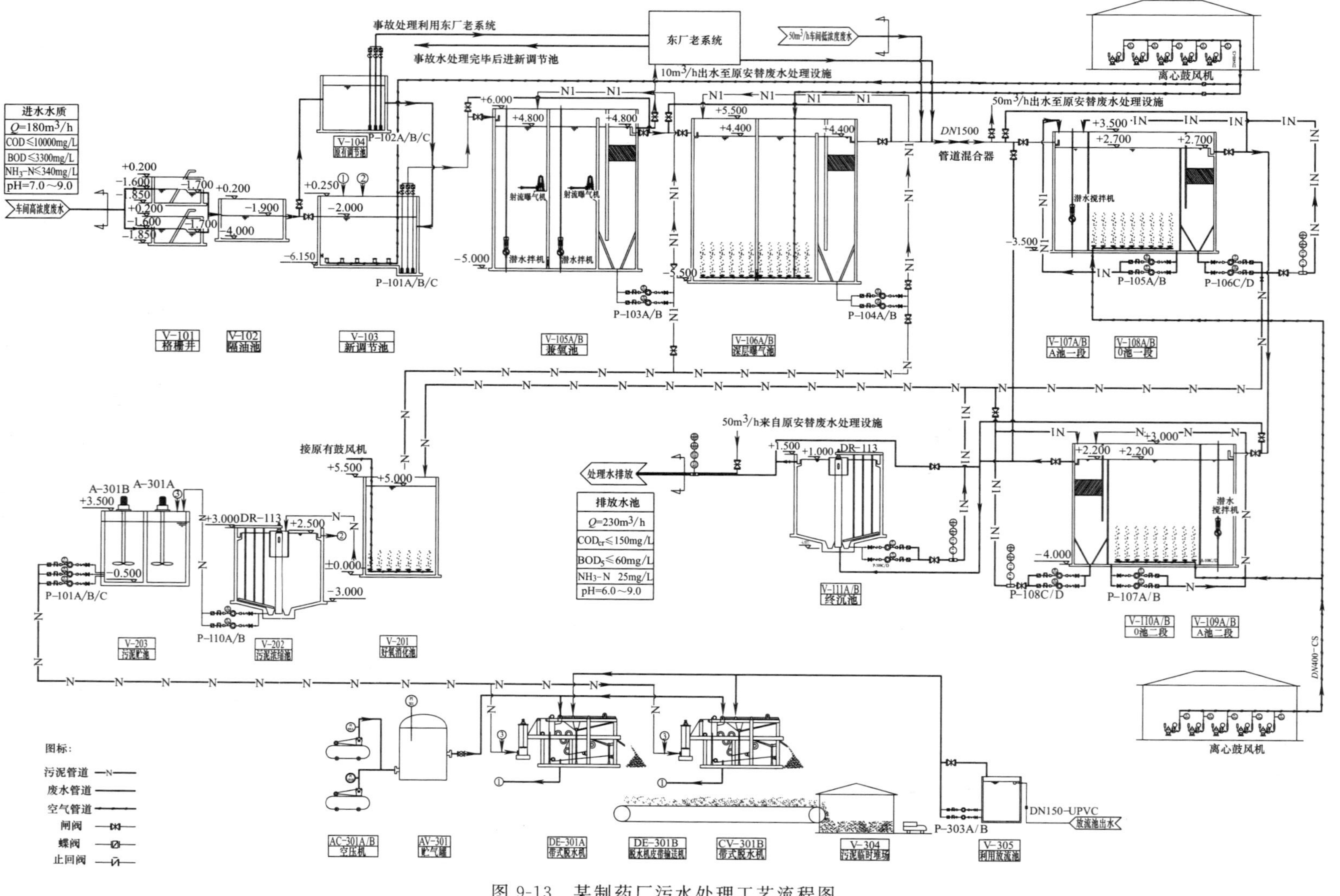

图 9-13 某制药厂污水处理工艺流程图

三、块命令的应用

块命令在环境工程制图中应用十分广泛，在绘图过程中将一些多次重复使用的图形可设为块。块命令有内部块命令、外部块命令、动态块命令等。下面通过一个实例分别介绍它们的用途。

如图 9-13 所示是某制药厂污水处理工艺流程图。在此图中分别用到了内部块、外部块和动态块命令。

1. 内部块命令

BLOCK 命令，简写成 B。只能在创建的文件中使用。在图 9-13 中，闸阀、泵组都采用了内部块命令（图 9-14）。

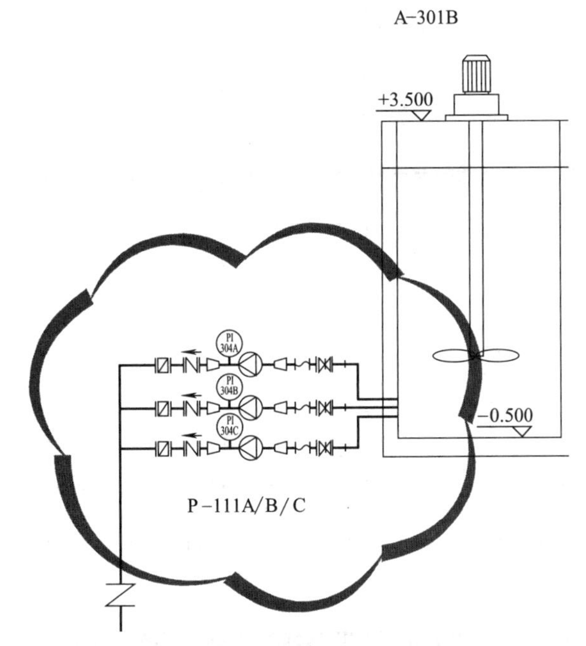

图 9-14　流程图 9-13 中修订云线圈出部分均为内部块命令绘制

在命令行输入 B，弹出内部块命令一览表，如图 9-15 所示，看到有泵组件、闸阀、蝶

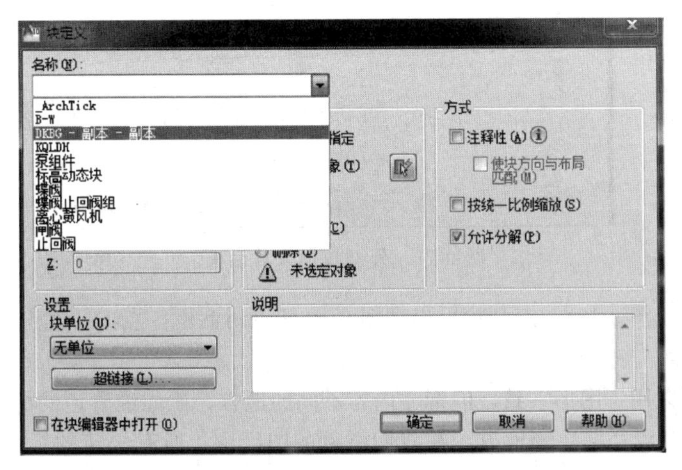

图 9-15　内部块列表

阀等内部块命令，在使用时可直接插入或使用复制命令。

使用内部块命令不仅可提高对象复制效率，同时，还能达到同时缩放大小的效果，如想要缩小闸阀图块，就双击该块，直接在块里面修改，达到“一改全改”的效果。

2. 外部块命令

WBLOCK 命令。外部块命令以独立的文件形式保存，能被所有的文件使用。在工艺流程图中，经常会插入一些外部的常用标准件，如鼓风机、水泵、污水脱水机等，使用时一般将它们放入一个文件夹内，需要调用时插入即可（图 9-16）。

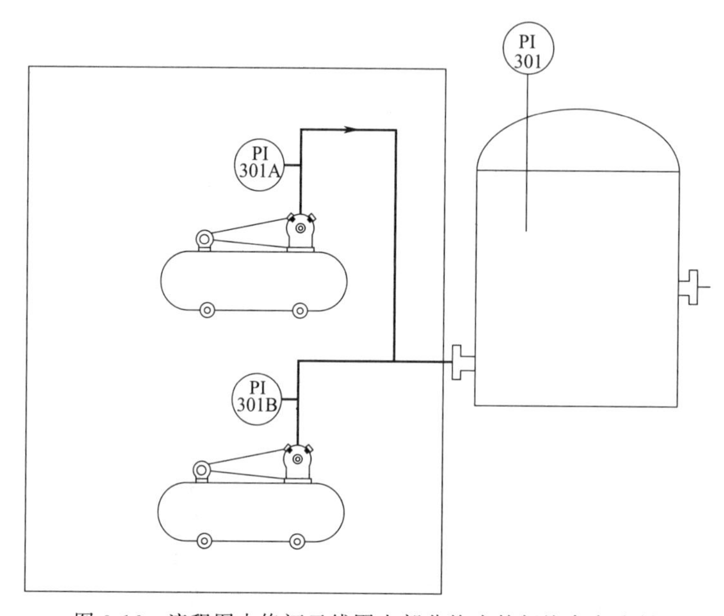

图 9-16 流程图中修订云线圈出部分均为外部块命令绘制

在命令行输入 I 或 INSERT 命令，弹出图块插入对话框，如图 9-17 所示，选择外部图块“离心鼓风机”插入。

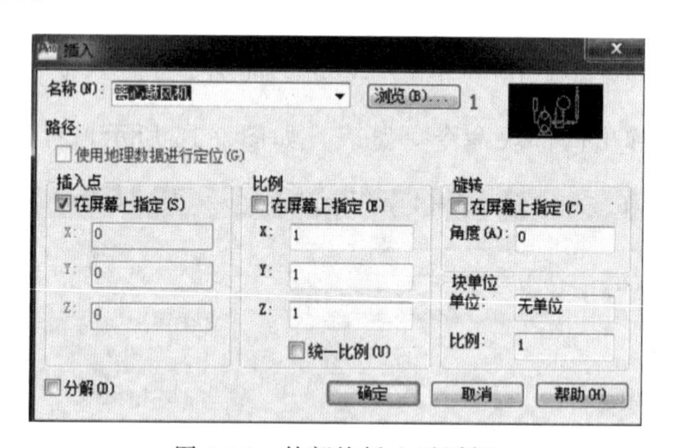

图 9-17 外部块插入对话框

选中脱水机后（图 9-18），点开然后出现图 9-19 所示对话框，点击“确定”插入该外部块。

3. 动态块命令

动态块命令可以用于图形一致，但标注内容不同的地方，比如说管道的标高、设备标高、室内外标高标注、管道管径标注等地方。在我们举例的图纸中，所有构筑的标高均为动态块标注，动态块有整体移动、复制方便，标注快捷的优点。动态块命令绘制部分如图 9-20 所示。

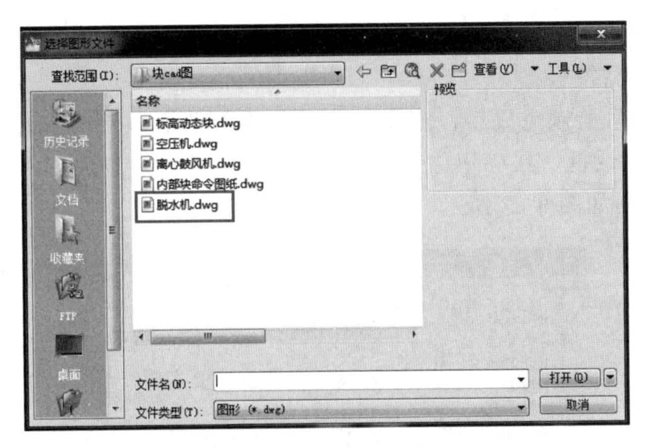

图 9-18　外部块插入浏览文件夹

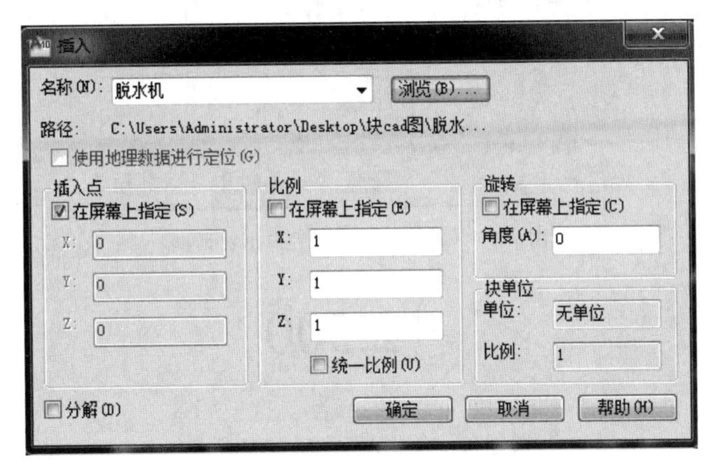

图 9-19　外部块插入对话框

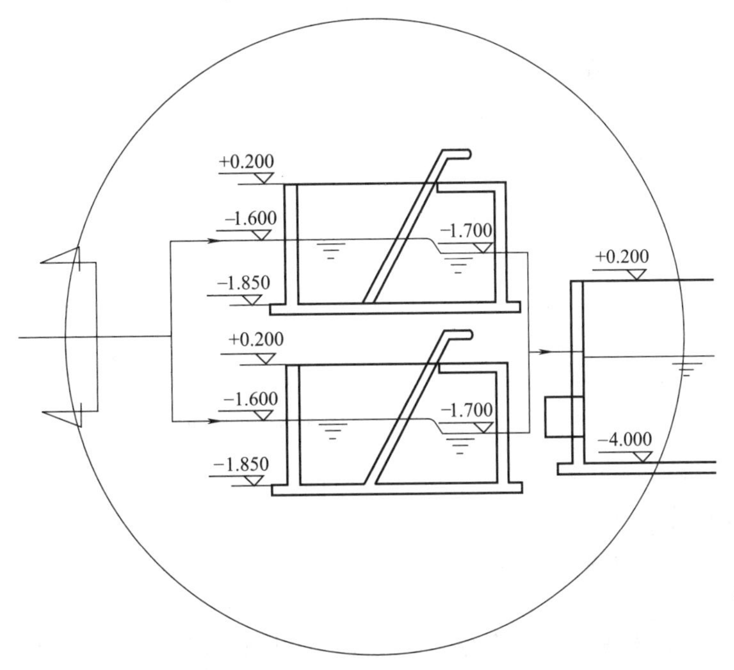

图 9-20　动态块命令绘制部分

动态块的设置方法如下。

第一步，绘制标高符号；

第二步，标高符号绘制完成后，定义标高的文字属性；在命令行输入“ATT”后，弹出如图 9-21 所示的对话框，在标记位置输入“BG”，默认值设置成“+2.500”。

看到的 CAD 界面如图 9-22 所示。

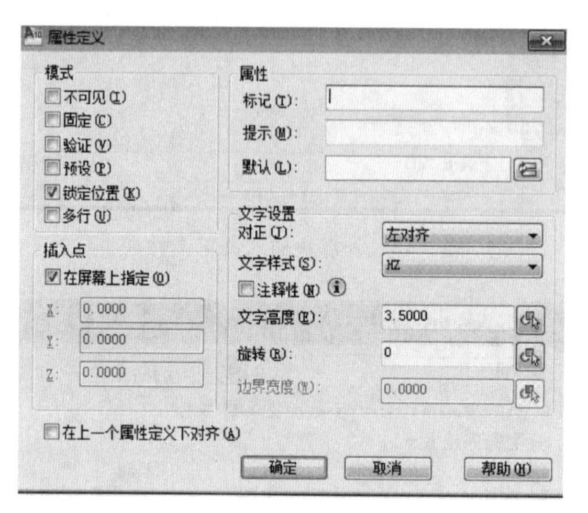

图 9-21 输入“ATT”后弹出对话框

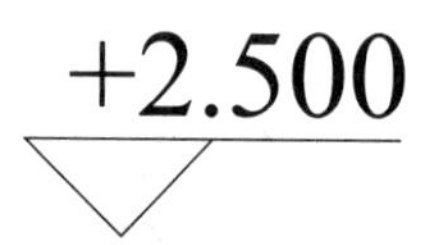

图 9-22 输入标高后的 CAD 界面

鼠标左键双击“+2.500”，会弹出如图 9-23 所示的对话框。

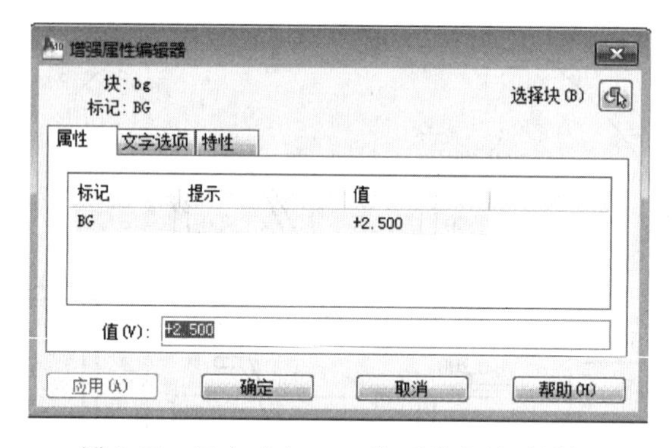

图 9-23 双击“+2.500”后弹出的对话框

输入 B 命令，弹出图 9-24。

① 在屏幕上指定标高三角的顶点；

② 在屏幕上选择标高符号及标注的数字；

③ 命名该块的名称为“bg”。

完成上述步骤后，标高动态块命令制作完成。点击保存关闭 CAD 文件。

动态块设置完成后，需要在其他 CAD 图中调用该动态块。打开一个需要动态块标注的

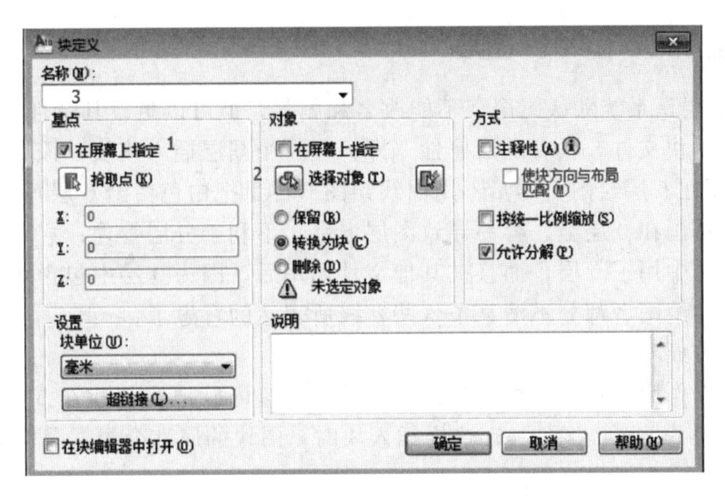

图 9-24　输入 B 命令后弹出的对话框

CAD 文件。

点“插入”→“浏览”，这个时候可以看到刚刚命名的“bg”动态块（如果打开后没看到块的名字，先插入动态块文件的 CAD，再打开插入就会看到动态块的名字），如图 9-25 所示。

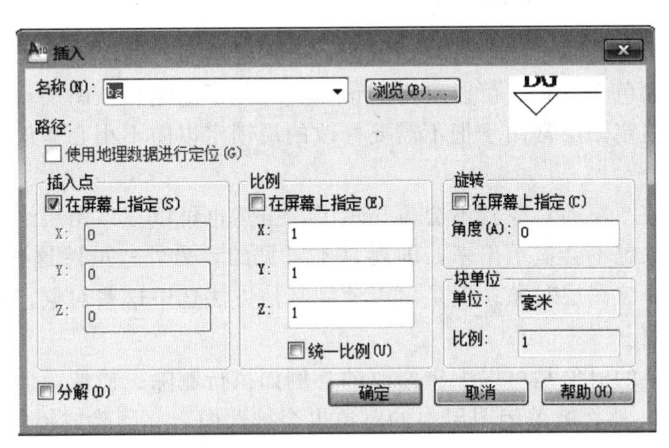

图 9-25　插入块对话框

指定插入位置和标高值，完成动态块的插入。当动态块插入完成后，可以在 CAD 内进行使用“复制和移动”命令，双击该动态块可以设置不同的标高值。

四、图层转换器命令

LAYTRANS 命令，具有指定当前图形中的图层转换到新的图层功能，主要用于当前图层较多，需要将部分图层转换到一个新的图层当中。举个例子，如常见的地形图中会有几十个甚至几百个图层，每个图层都有不同的颜色和线型，地形图只是作图的一个背景图层，并不需要突出显示，如果每一个图层重新调线型、调颜色也会浪费很多时间，最重要的是，当一个 CAD 文件图层很多时，运算起来就会很慢，还会造成电脑死机，大大减慢了绘图速度和制图效率。因此，LAYTRANS 命令和 PU 命令都是为 CAD 文件瘦身的命令。LAYTRANS 命令也可针对 PU 命令删不掉的一些无用图层做一个转换。

五、0图层和Defpoints图层

CAD中的0层是系统默认图层，不能改名和删除，但可以更改其特性。

在0层创建的块文件，具有随层属性（即：在哪个图层插入该块，该块就具有插入层的属性）。尽量不要在0层绘图，尽量不用白线绘图（尽量把白色留给0层）。

（1）若将图都画在0层上，容易导致图层混乱，不利于分层管理；

（2）若在绘图中用了0层，而且被其他文件调用后，因为0层中包含线条，会导致0层混乱。最后可能连绘图者都分不清某条（些）线所表达的意思了。

因此，建议养成不在0层绘图的习惯。

那0层有什么作用呢？0层虽然不能绘制图形，但可以把块创建在0层中，并将颜色、线型和线宽设置为bylayer（随层），这样插入块时，图块的属性会根据我们插入的图层属性的改变而改变。

Defpoints图层是系统默认生成的，只要有标注尺寸，系统马上就会自动生成Defpoints图层。Defpoints图层中系统自动放置了各种标注的基准点。在平常是看不出来的，把标注炸开就能发现，关闭其他图层后，然后选择所有对象，就会发现里面是一些点对象。所以设置成不需要打印。所以在绘制图形时，一般也不要在Defpoints层绘制。

六、图层的锁定、关闭和冻结

1. 锁定图层

图层锁定后，颜色会变暗，可以看得到该图层，但不能编辑该图层。也就是相当于将其编辑功能锁定了。锁定图层常用于把不需要修改的层锁定以防不小心错误改动。

2. 关闭图层

将图层关闭后该图层的对象就不会再显示了，虽然也可以在该图层绘制新的图形对象但是新绘制的图形对象也不会显示出来，即还是不可见的。另外，虽然这些图像对象不可见，也无法通过鼠标选择该图层对象；但是可以使用其他方法选中这些对象，例如右键在快速选择中选中该图层对象。

被关闭的图层中的对象是可以编辑修改的，例如执行删除、镜像等命令，选择对象时输入all或者Ctrl＋A，那么被关闭图层中的对象也会被选中，并删除或镜像。

3. 冻结图层

图层冻结后，不仅该图层不可见，而且在选择时忽略该层中所有的实体，另外，在对复杂的图作重生成时，AutoCAD也忽略被冻结层中的实体，从而节约时间。简言之，图层冻结后，就不能在该图层上绘制新的图形，也不能编辑和修改。

七、设置AutoCAD自动保存时间

在实际操作绘图过程中，经常会遇到电脑死机、断电等情况，为避免丢失已绘制的图形，AutoCAD提供了自动保存功能，可以自定义AutoCAD的自动保存时间。

“工具”→“选项”→“打开和保存”，在自动保存处点“√”，然后设置保存的间隔分钟数就可以了，如图9-26所示。

八、右键自定义设置

绘图时，单机鼠标右键也会弹出快捷菜单，如图9-27所示。

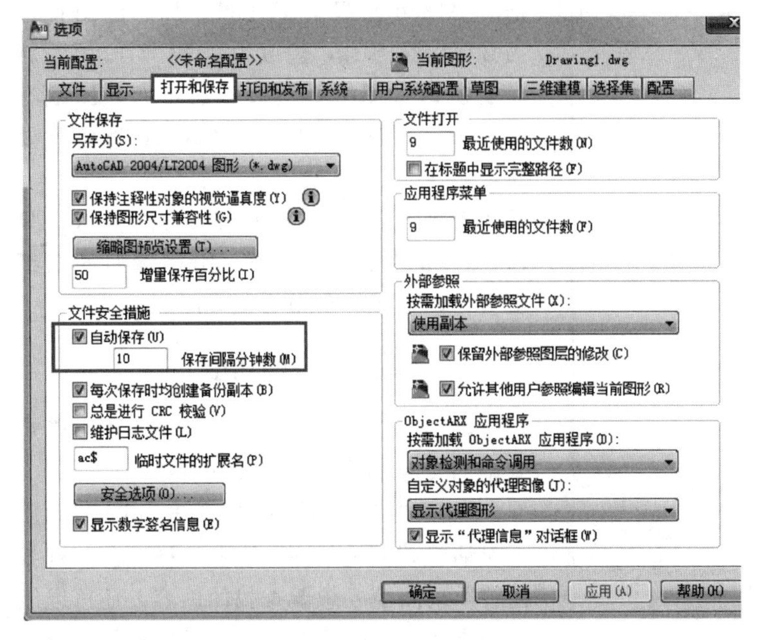

图 9-26　自动保存时间设置对话框

图 9-27　单击鼠标右键弹出的快捷菜单

“工具”→“选项”→“用户系统配置”，弹出如图 9-28 所示对话框，点击【自定义右键单机（I）…】，弹出如图 9-29 所示对话框，按图 9-29 设置完成后，单机鼠标右键默认为重复上一个命令。

图 9-28　用户系统配置对话框

九、图框的插入技巧

在实际绘制过程中，通常将图框以外部参照的形式插入。采用外部参照的方式在修改图框时可以节省很多工作量。如，出图日期为 2017 年 10 月，想改为 2017 年 12 月，就需要在每张图纸上更改一次，如果图纸有几十张，就需要每打开一个 CAD 图纸就要更改一次。

若把图框以外部参照的形式插入，只需在外部参照中修改好，引用参照的图纸就会自动更改，可节省很多时间。

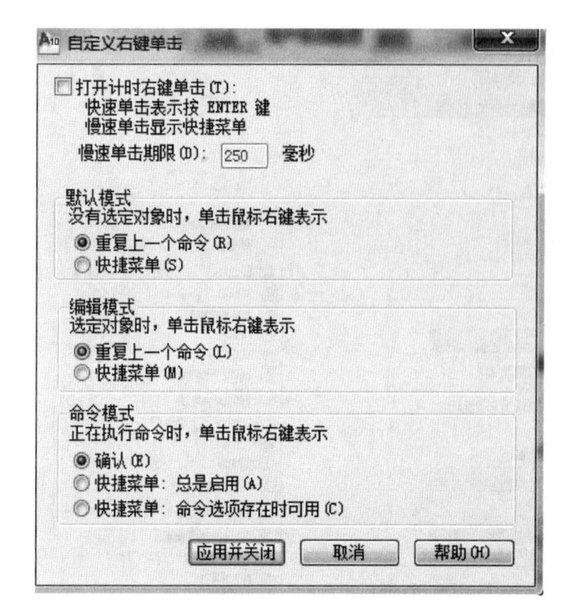

图 9-29 “自定义右键单击”对话框

十、查找和替换功能

在 AutoCAD 中，可以像 Word 一样对其中的文字部分进行查找和替换。

“编辑”→“查找（F）”，弹出如图 9-30 所示对话框，其他和 Word 中一样，在“查找内容”里面填入想要查找的内容，还可以缩放到查找内容的位置。若想要将查找的内容替换，就在“替换为”内输入想要替换的内容，完成替换，无需在图纸上一个一个更改。

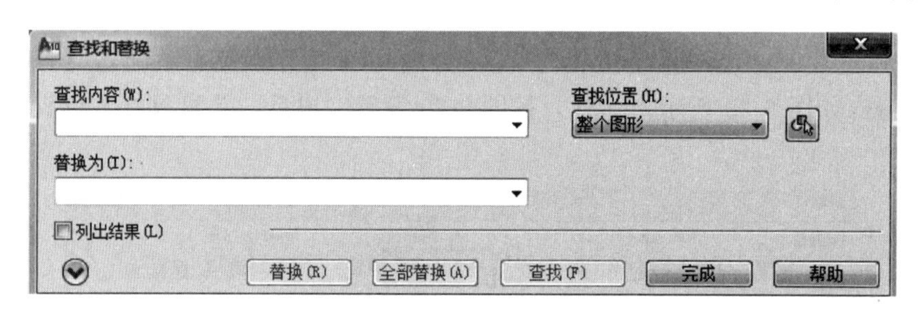

图 9-30 “查找和替换”对话框

十一、去教育版打印

在打印图纸时，教育版 CAD 会带教育版的印戳，有些不便。去教育版有很多方法，如下载一些去教育版的插件，在打印时可以自动屏蔽教育版印戳。下面讲述一个不需要插件就能去教育版的方法。

打开图纸后，将文件另存为 .dxf 格式。然后将 CAD 程序关闭，打开新生成的 .dxf 的文件，在 .dxf 文件存成新的 .dwg 格式的文件后，教育版印戳就去掉了。

十二、单行文字和多行文字

在 AutoCAD 中，文字的录入形式有单行文字和多行文字两种，顾名思义，单行文字不能换行，一个单行文字只能输入一行，多行文字可以输入多行并且对行的长度进行手工的调整。

那么单行文字和多行文字能否相互转化呢，在 AutoCAD 中是可以进行相互转化的。

多行文字转化成单行文字，可选中多行文字，使用炸开命令，就把多行文字转化成单行文字。

单行文字转化成多行文字，首先需要复制单行文字内容，然后点击多行文字命令，在命令框内点击粘贴，就完成了单行文字向多行文字的转化。

项目十

环境工程图形输出

项目目标

通过计算机操作训练，能够熟练掌握 AutoCAD 2010 的出图打印样式、比例大小的设定，打印电子文件的保存及出图的流程。

内容索引

在图纸绘制完成后，在实际工程图纸中常用的是蓝图和白图（在工程图纸中基本很少有彩色的线条），而在图纸绘制过程中，通常采用多种颜色线条、线型来绘制不同的对象，因此如何设定打印样式（线条颜色、线条宽度、线条样式）、设置出图比例成为图形输出的重要环节。在本项目主要介绍污水处理厂平面总图包含的内容及图纸的打印。

主要内容如表 10-1 所列项目任务。

表 10-1 项目任务表

学习任务一	布局设置	放置图框
		插入视口
		设置出图比例
学习任务二	图纸打印	打印样式的设定
		图纸尺寸、方向选择
		虚拟打印机的使用
		打印预览及保存

匠心筑梦

一个工程项目的完成，离不开各岗位间的协作与交流，就像打篮球一样，个人英雄主义是行不通的。团队的速度有多快，不是取决于最快的那个人，而是最慢的那个人。输出与打印是制图的最后一个环节，有很多同学认为我已经画出来图了，打印的事交给打印店就好了，但实际上 CAD 的输出打印是一件专业度很高的操作，需要设计师在作图时就进行相应的设置，这样才能打印准确。一套图纸可能有多个人共同完成，但是要保证打印输出的效果统一，要在作图时就统一设置，在打印时也要统一打印的形式，并且设计师应该对图纸的尺寸、比例心中有数，对于打印出来的图纸应该仔细校对，才能付诸施工，这里的每一个步骤设计师都应该亲力亲为，具备团队合作的意识和认真负责的专业态度。

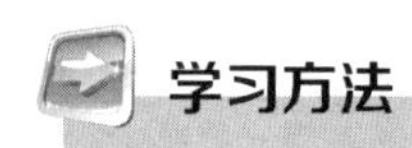

学习方法

本项目内容主要通过实践训练来掌握，详细了解 CAD 相关命令的操作和使用技巧，然后按照任务书和引导课文的要求，逐项完成学习任务。

要快速准确地使用 CAD 绘图，必须要经过大量的上机训练。一般情况下，上课与上机的时间比例为 1∶2，在完成必需的学习任务的基础上，建议结合“练习与实践”中的题目进行上机练习，并规定在相应的时间内完成。

知识准备

一、比例尺的概念

比例尺是表示图上一条线段的长度与地面相应线段的实际长度之比。

公式为：比例尺＝图上距离与实际距离的比。

二、图纸表达内容

图纸要表达的内容分为两个方面：一方面是图纸要突出表达的部分，是设计的主要内容，需要重点表达；另一方面是图纸辅助部分，例如地形图等要素，可以用淡些的线条表示。

任务一 布局设置

任务描述

将已经画好的污水处理厂平面图（图 10-1）在布局里加设图框，调整好打印比例。

任务目标

掌握视口的设置。

工作过程

一、测量污水处理厂的距离

首先测量污水处理厂的最长距离和最宽距离，测量辅助线见图 10-2，长度约为 265m，

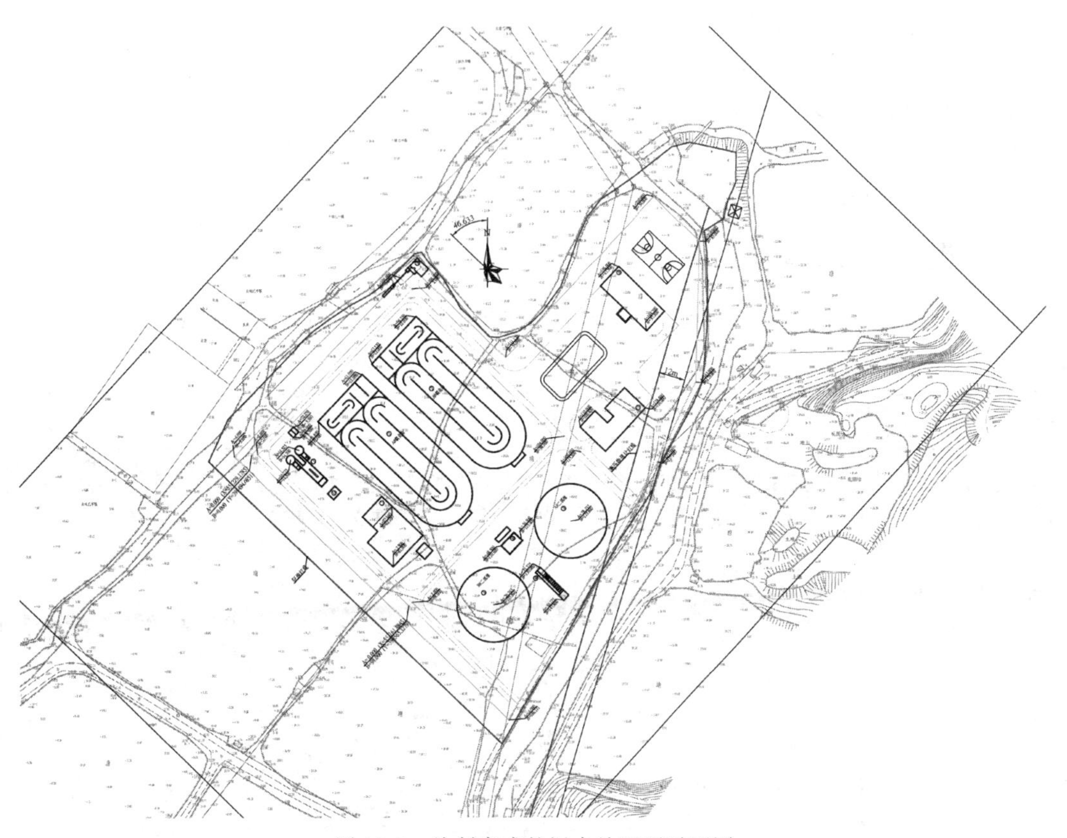

图 10-1　绘制完成的污水处理厂平面图

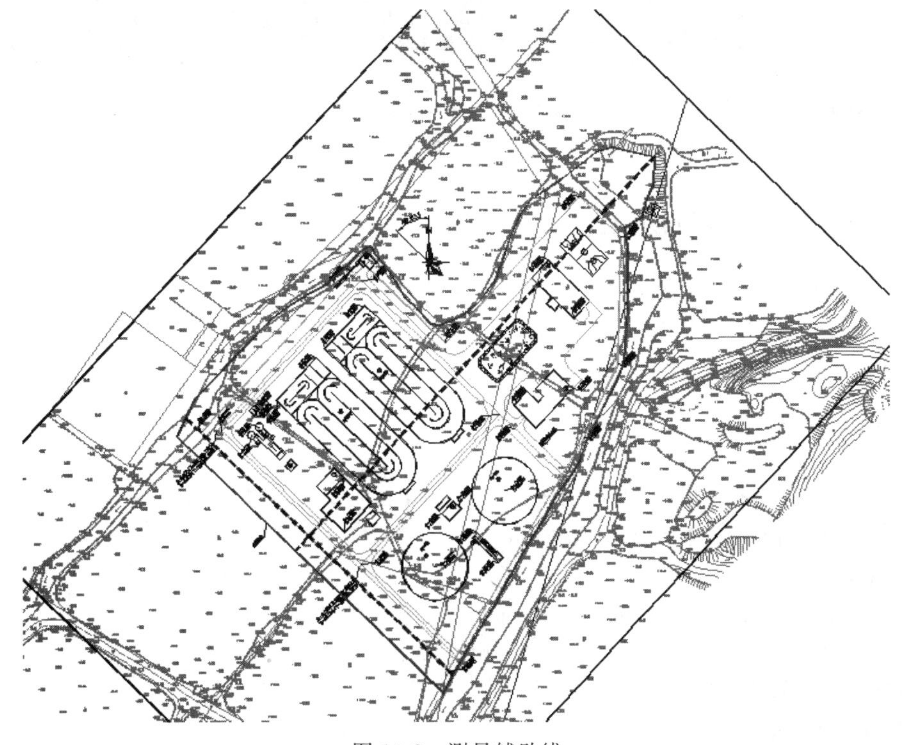

图 10-2　测量辅助线

宽度约为 185m，模型中字高为 1.5mm。

当采用 1∶1000 比例时，采用的 A3 图框为 420mm×297mm，输出后字高仍为 1.5mm，打印出图后文字偏小。

当采用 1∶500 比例时，采用 A1 图框为 841mm×297mm，输出后字高仍为 3mm，打印出图后文字大小合适。因此采用 A1 图框。

二、模型、布局模式切换

从模型切换到布局模式，如图 10-3 所示。在布局中插入 A1 图框，将 A1 图框复制到布局中。

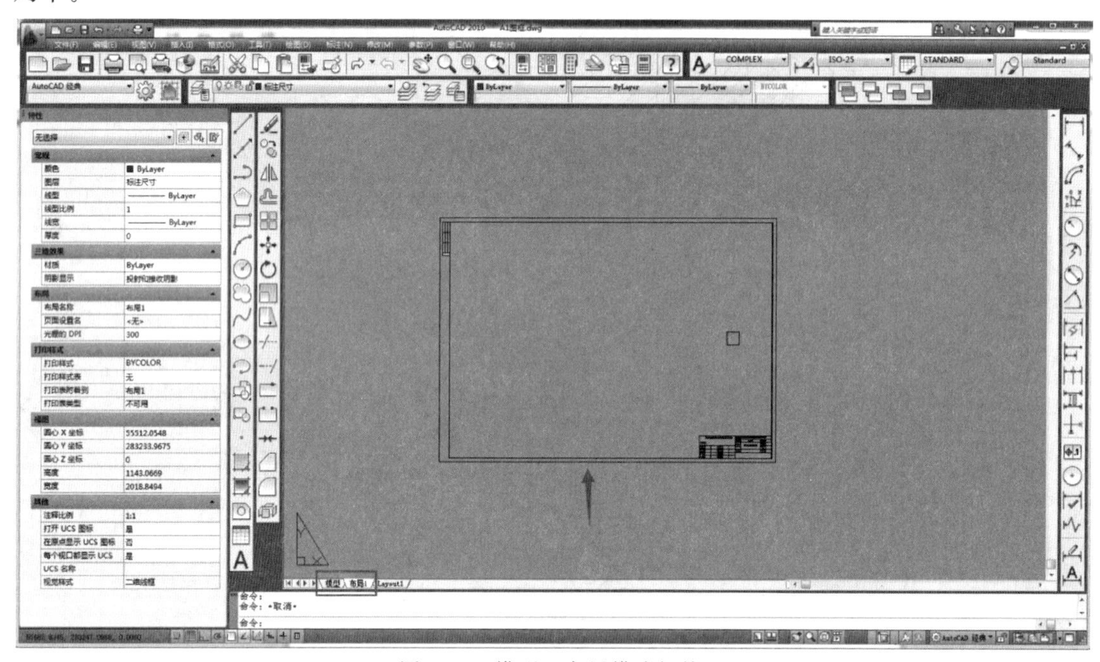

图 10-3 模型、布局模式切换

三、创建视口并修改视口比例

点击“视图”命令中的“视口”，选择“新建视口”（图 10-4）。弹出视口对话框，选择新建“单个”视口命令，点击确认（图 10-5），完成视口创建，结果如图 10-6 所示。修改视口比例，如图 10-7 所示，视口比例修改结果如图 10-8 所示。

四、更改视口角度

此时污水处理厂平面图中的字是倾斜的，与图框成一定角度，接下来要更改视口角度，让看图人看图更舒服。效果如图 10-9 所示。

命令：mvsetup

输入选项[对齐(A)/创建(C)/缩放视口(S)/选项(O)/标题栏(T)/放弃(U)]：a

输入选项 [角度(A)/水平(H)/垂直对齐(V)/旋转视图(R)/放弃(U)]：r

指定视口中要旋转视图的基点：

指定相对基点的角度：－47

输入选项 [角度(A)/水平(H)/垂直对齐(V)/旋转视图(R)/放弃(U)]：*取消*

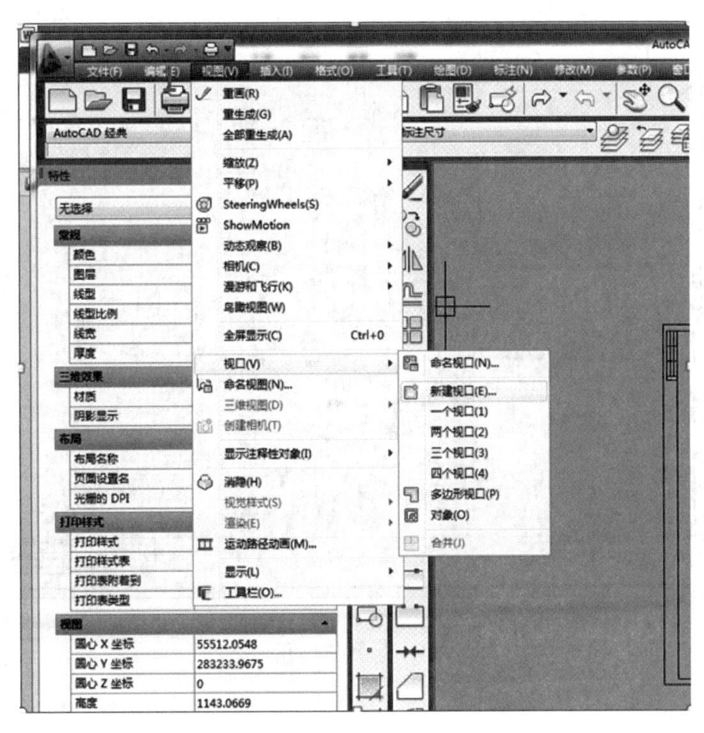

图 10-4　选择“新建视口”命令操作步骤

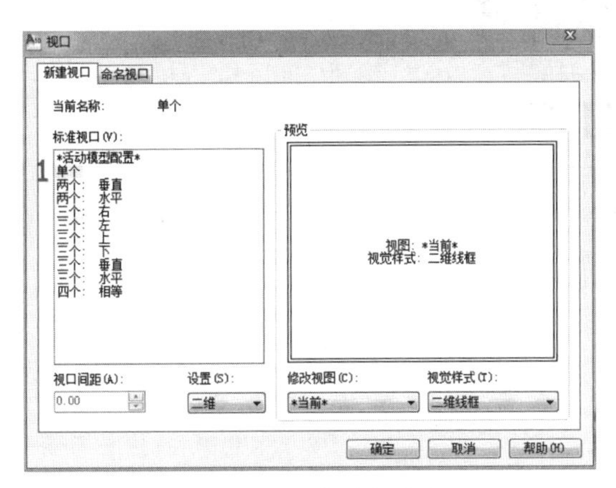

图 10-5　视口菜单操作步骤

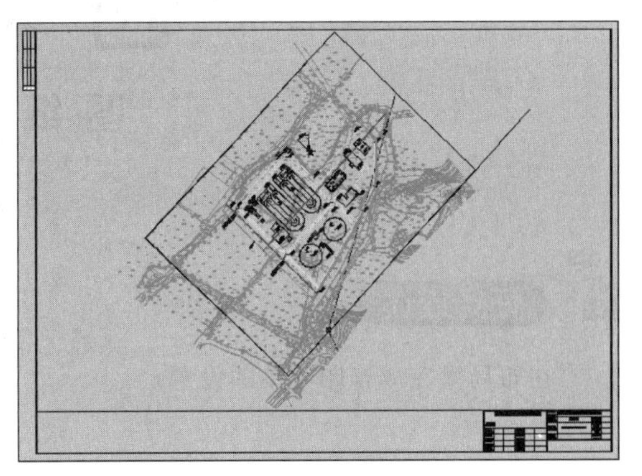

图 10-6　视口建立完成

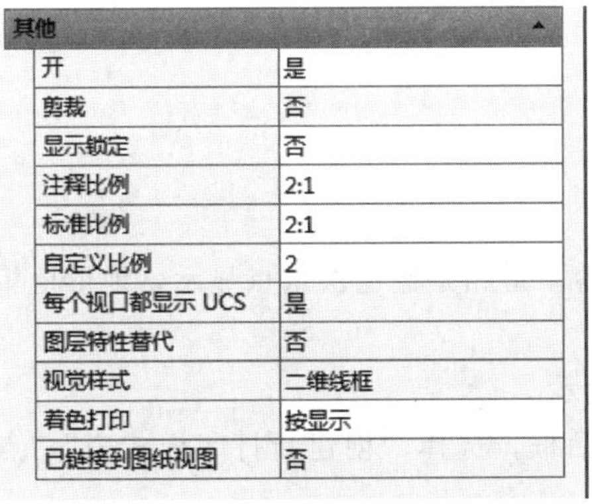

其他	
开	是
剪裁	否
显示锁定	否
注释比例	2:1
标准比例	2:1
自定义比例	2
每个视口都显示 UCS	是
图层特性替代	否
视觉样式	二维线框
着色打印	按显示
已链接到图纸视图	否

图 10-7　视口比例修改

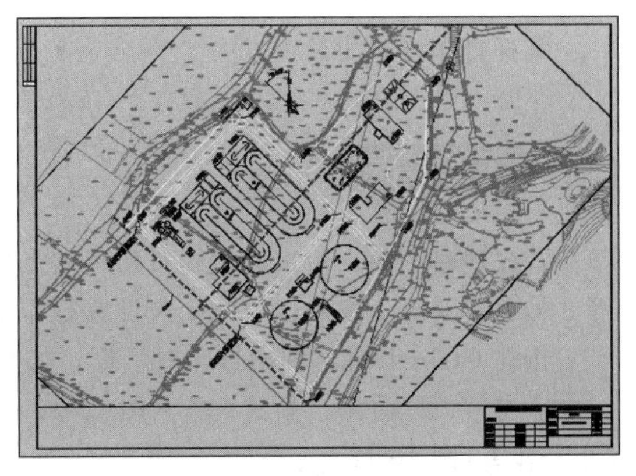

图 10-8　视口比例修改结果

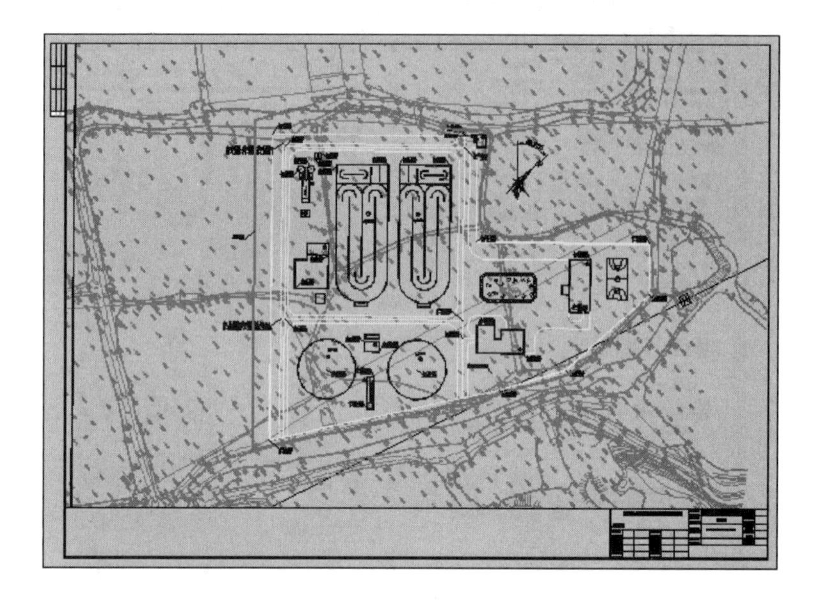

图 10-9 旋转后的布局图

图纸打印

在布局里完成打印菜单的设置。

掌握打印样式的设置方法。

工作过程

首先观察图面，污水处理构筑物是重点显示的内容，道路是蓝色次重点显示，地形地貌等 8 号色要淡显，按照这个原则来设置打印样式。

按住 Ctrl+P 键，弹出打印对话框，如图 10-10 所示。

点击“无”看到“新建…”（图 10-11），弹出对话框，选择“创建新打印样式表”，点【下一步】（图 10-12）。

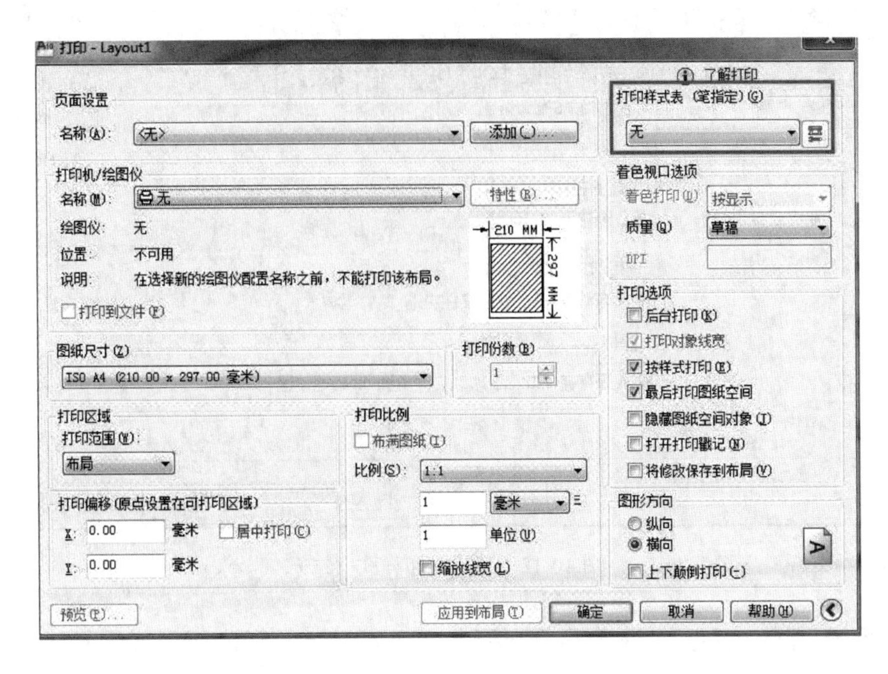

图 10-10　打印对话框

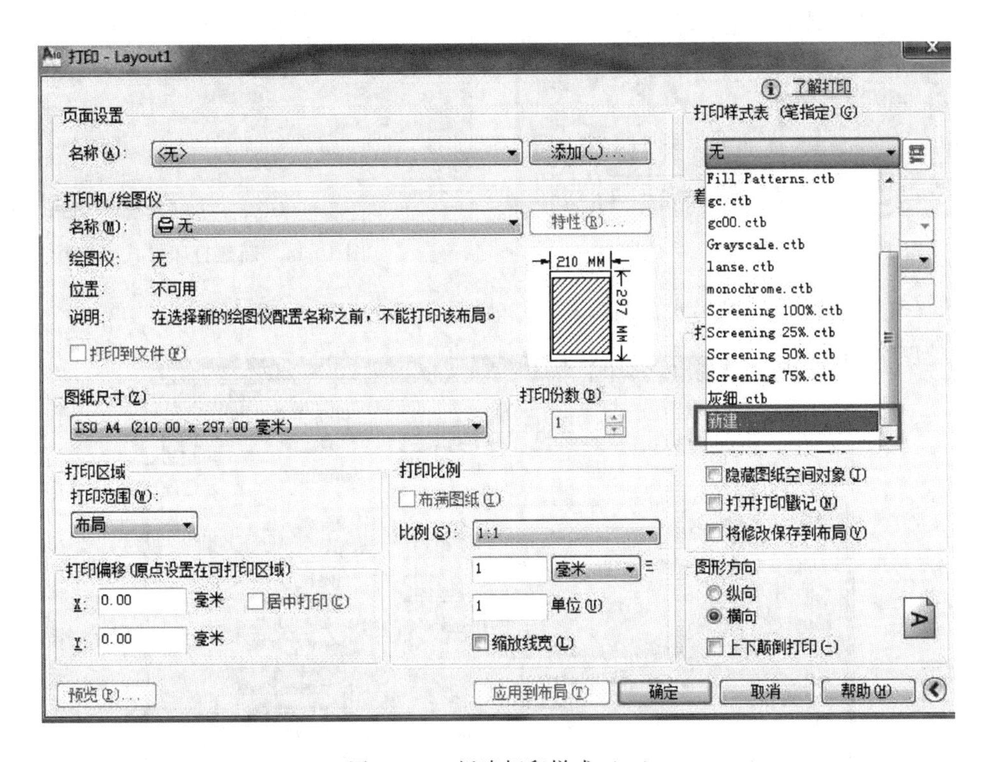

图 10-11　新建打印样式（一）

在文件名输入“污水厂”，点【下一步】（图 10-13），弹出完成对话框，点击【完成】即可（图 10-14）。

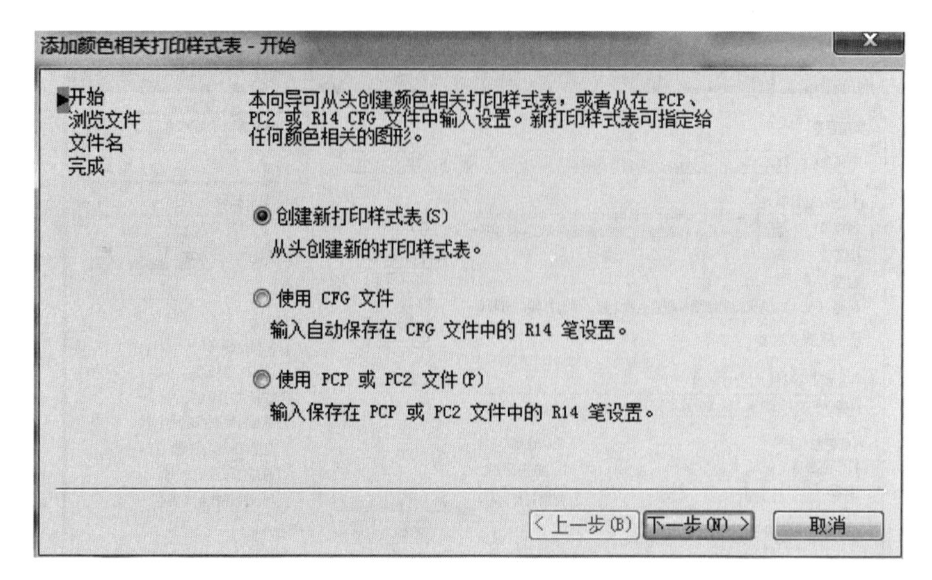

图 10-12 新建打印样式（二）

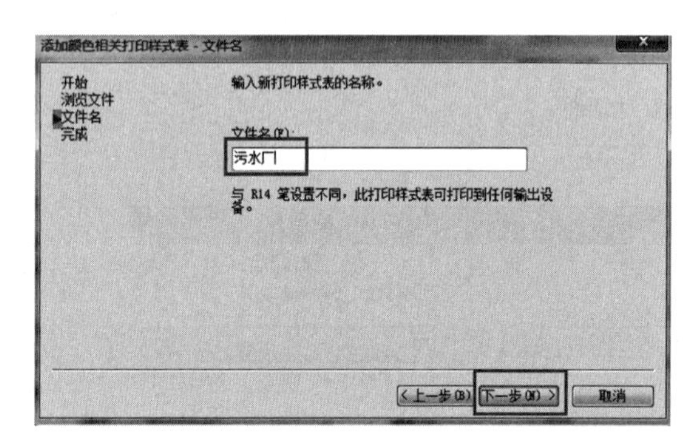

图 10-13 新建打印样式（三）

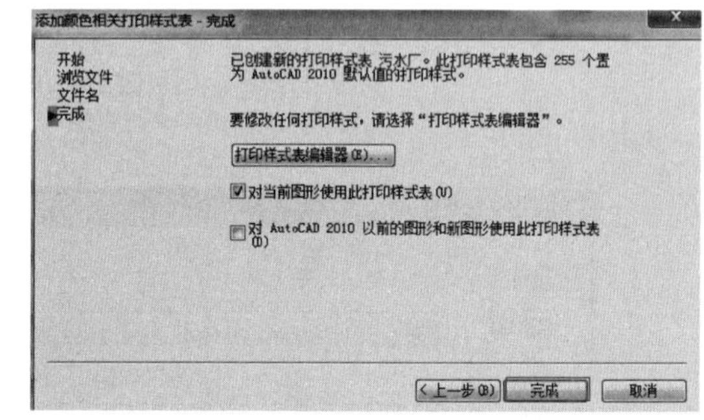

图 10-14 新建打印样式（四）

按住 Ctrl+P 键，设置污水厂打印样式。如图 10-15～图 10-19 所示。

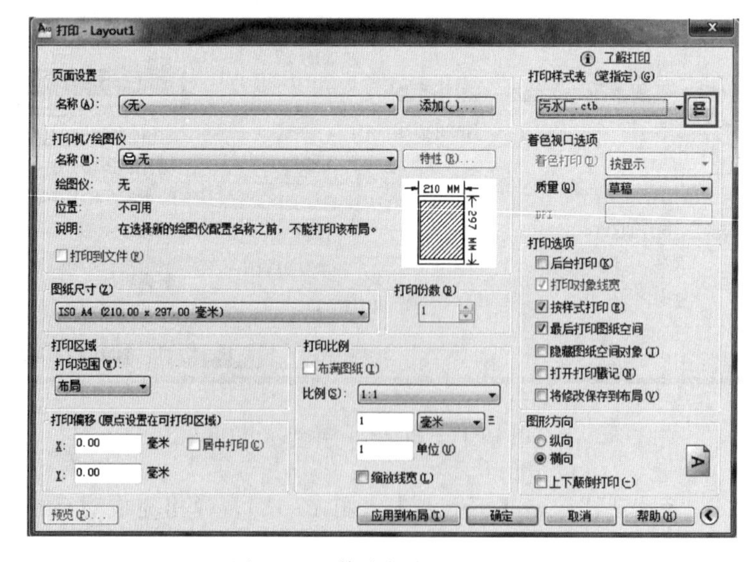

图 10-15 修改打印样式（一）

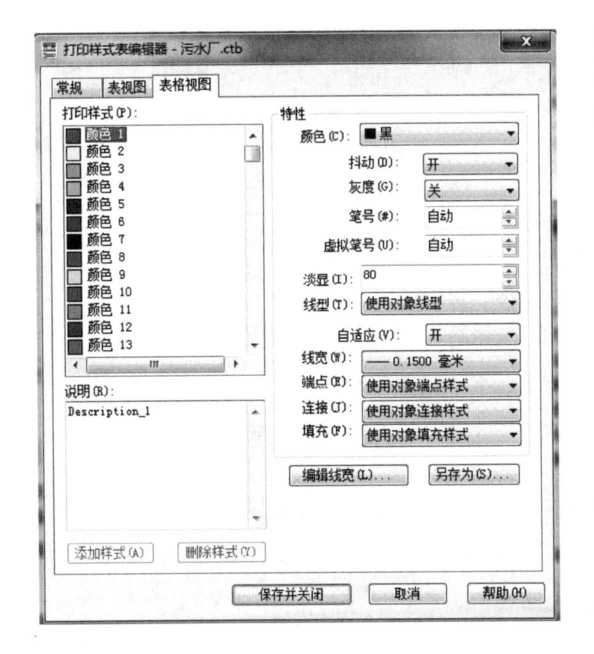

图 10-16　修改打印样式（二）

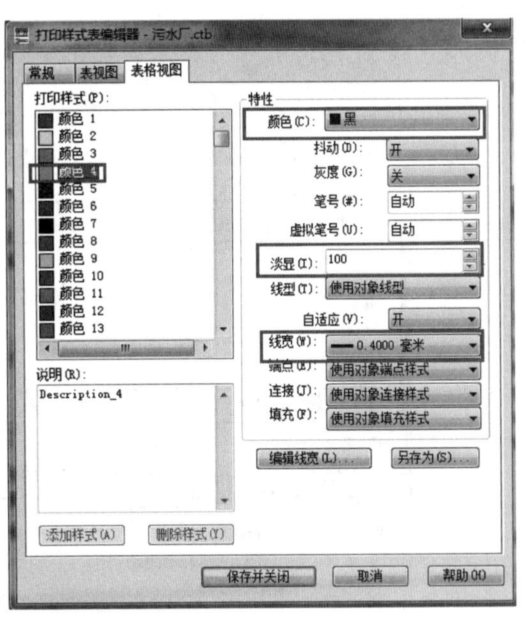

图 10-17　修改打印样式（三）

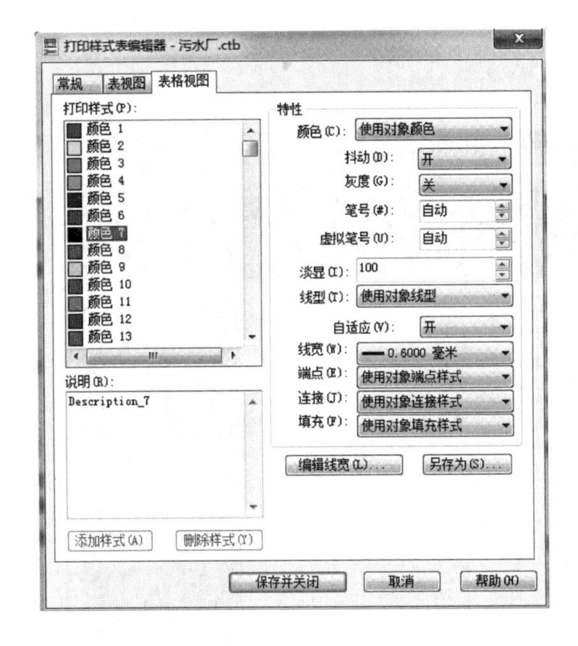

图 10-18　修改打印样式（四）

图 10-19　修改打印样式（五）

分别对色号 4、7、8 进行设置后点击保存并关闭（图 10-19）。

按住“Ctrl＋P”键，开始选择打印机、图纸尺寸、打印样式表、图形方向和打印范围（图 10-20）。

打印机选择“DWG To PDF. pc3”。

点击【预览】，看打印出来的图纸是否满意，满意的话点击【打印】按钮（图 10-21），图纸会以 PDF 格式保存（图 10-22），不满意的话重新调整打印样式到满意为止。

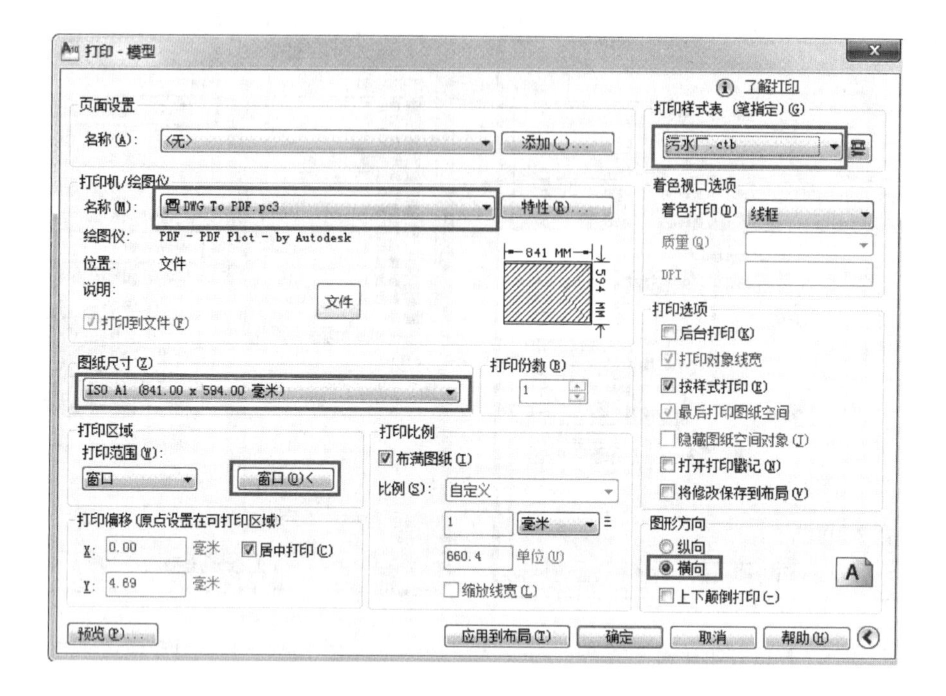

图 10-20 打印页面设置

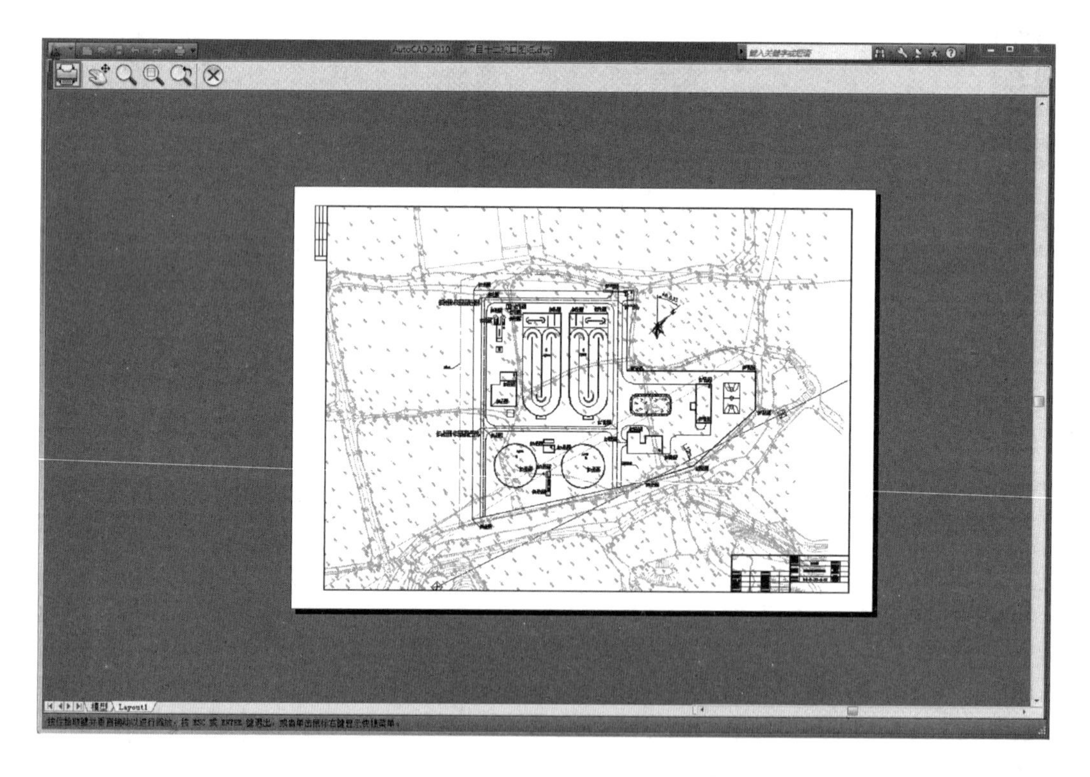

图 10-21 打印预览状态图

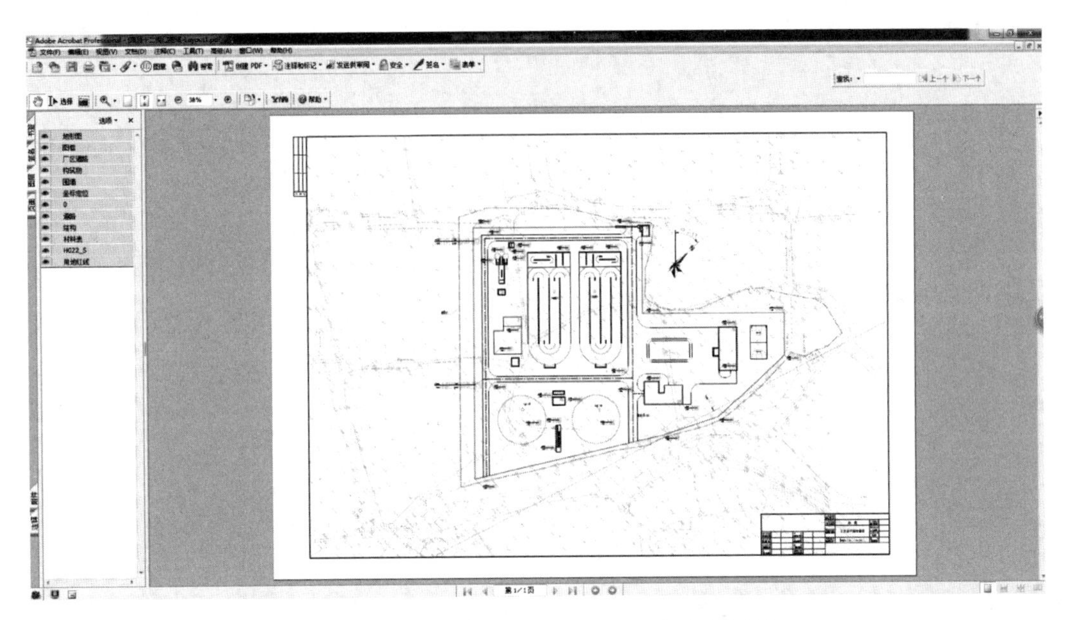

图 10-22 打印完成后以 PDF 格式保存的图纸

练习与实践

1. 打印厂区排水管平面图，突出打印管线（颜色黑色，线宽 0.6mm，不淡显），淡显地形图（8 号色，线宽 0.15，淡显 60%）。

2. 打印管线综合图，突出打印管线（颜色黑色，线宽 0.6mm，不淡显），淡显地形图（8 号色，线宽 0.15，淡显 60%）。

项目小结

图纸打印是图纸输出的很重要的一部分，需要根据需要显示内容的不同，设置不同的打印样式，需要通过多次的练习熟练掌握，更需要对打印图纸有预期，哪些要素需要突出显示，哪些要素是作为背景显示都要打印前想好。同时，在绘制图时，使用的颜色要尽量少，这样在彩色打印时，设置起来也方便。

第四部分

CAD绘图员技能鉴定

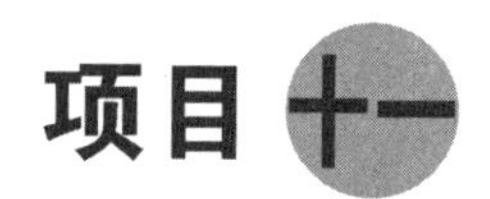

项目十一

CAD绘图员技能鉴定及评分标准

项目目标

通过学习广东省CAD绘图员（建筑类）三级、四级技能考评大纲，了解CAD绘图员考证内容及评分标准。

内容索引

CAD绘图员由广东省工程图学学会发证，参加全省统一考核者，取得合格成绩，颁发CAD绘图员三级或四级技能等级证书，属于行业证书，有建筑、机械、电子几类考证方向，环境工程专业工程图纸涉及的方向较广，有建筑、机械、给排水等方面，本专业学生考证方向偏向于建筑，所以本项目着重介绍建筑方向的技能鉴定及评分标准。

匠心筑梦

1997年出生的曾璐锋毕业于江西环境工程职业学院，现任该学院教师。他在学习技能的道路上脚踏实地、勤学肯干，获得第45届世界技能大赛水处理技术项目冠军、“一带一路”国际技能大赛水处理技术项目冠军，以及全国技术能手、第20届全国青年岗位能手、江西省“双千计划”高技能领军人才、江西省赣鄱工匠等荣誉称号。

生于农村家庭的曾璐锋，对生态文明建设有着特殊感情，成长在乡村的曾璐锋始终记得童年时光里的夏日，那时他总会约上几个小伙伴，光着脚丫子蹚进小溪里，清澈的水花溅起，吓得小鱼小虾成群从他腿边游过。不知何时，湛蓝的天空和洁净的河水变成了“奢侈品”，充满童年美好记忆的小河不再清澈，“我想通过自己的努力，使环境变得好起来。”像一颗种子埋在他的心田，随着时间逐渐生根发芽、枝繁叶茂。

2015年，时年18岁的少年开始向梦想迈出第一步，高考结束的曾璐锋放弃了家人建议的医学院校和专业，选择了江西环境工程职业学院环境工程技术专业，“我就想通过学习环境保护相关的知识，为保护生态环境、建设美丽家乡贡献自己的力量。”

曾璐锋在大学时不曾放松一时一刻，他课余时间大部分都埋头在实训室。有时参加竞赛，还需要停课去训练备赛，为了不影响专业课的正常学习，曾璐锋经常在休息时间找老师“开小灶”。在持续不断的努力下，曾璐锋大学期间的专业课成绩排名一直稳居专业前三，大量的实训也为他打下了能够晋级水处理技术项目全国选拔赛的基础。

水处理技术作为第 45 届世界技能大赛的新项目，涉及多个工种，要求选手掌握机械、化学、生物、电气、自动化和环境保护方面的知识和专业技能。曾璐锋努力克服各种困难，一路突破省赛、全国选拔赛的层层挑选。2019 年 3 月，曾璐锋成为国家队选手，他感觉到肩上的责任更沉了。2019 年 6 月，曾璐锋代表中国参加“一带一路”国际技能大赛获水处理技术项目金牌；2019 年 8 月，代表中国参加俄罗斯喀山第 45 届世界技能大赛，获得水处理技术项目金牌，实现了江西省世界技能大赛金牌零的突破。

“希望越来越多的青年人，用技能点亮人生。”毕业后，曾璐锋选择留在母校任教，作为江西省水处理技能大师工作室的领办人，他这两年培养的学生，在各类比赛中屡获佳绩。

一、广东省 CAD 绘图员（建筑类）四级技能考评大纲（广东省工程图学学会绘图员考试委员会制订）

（一）知识要求

1. 掌握微机绘图系统的基本组成及操作系统的一般使用知识。

2. 掌握基本图形的生成及编辑的基本方法和知识。

3. 掌握复杂图形（如块的定义与插入、图案填充等）、尺寸、复杂文本等的生成及编辑的方法和知识。

4. 掌握图形的输出及相关设备的使用方法和知识。

（二）技能要求

1. 具有基本的操作系统使用能力。

2. 具有基本图形的生成及编辑能力。

3. 具有复杂图形（如块的定义与插入、图案填充等）、尺寸、复杂文本等的生成及编辑能力。

4. 具有图形的输出及相关设备的使用能力。

（三）实际能力要求

能使用计算机辅助设计绘图与设计软件（AutoCAD）及相关设备以交互方式独立、熟练地绘制产品的二维工程图。

（四）鉴定内容

1. 文件操作

（1）调用已存在图形文件。

（2）将当前图形存盘。

（3）用绘图机或打印机输出图形。

2. 绘制、编辑二维图形

（1）绘制点、线、圆、圆弧、多段线等基本图素；绘制字符、符号等图素；绘制复杂图形，如块的定义与插入、图案填充、复杂文本输入。

（2）编辑点、线、圆、圆弧、多段线等基本图素，如删除、恢复、复制、变比等；编辑字符、符号等图素；编辑复杂图形，如插入的块、填充的图案、输入的复杂文本等。

（3）设置图素的颜色、线型、图层等基本属性。

（4）设置绘图界限、单位制、栅格、捕捉、正交等。

（5）标注长度型、角度型、直径型、半径型、旁注型、连续型、基线型尺寸；修改以上各种类型的尺寸；标注尺寸公差。

二、 广东省CAD绘图员（建筑类）三级技能考评大纲（广东省图学学会绘图员考试委员会制订）

（一）知识要求

1. 掌握建筑工程制图国家标准的基本规定，如图纸幅面（图框尺寸、标题栏等）、图线、字体、绘图比例、尺寸标注等。

2. 掌握几何作图的方法和步骤。

3. 掌握投影的基本概念、基本规律，物体三面投影之间的投影关系。

4. 掌握基本立体的投影特性及立体表面的截交线、相贯线的基本性质及其作图方法。

5. 掌握形体分析法和线面分析法，根据建筑形体的三面投影图进行三维实体造型。

6. 掌握建筑形体的表达方法，如视图、剖面图、断面图的概念和作图方法。

7. 掌握建筑施工图的表达方法、表达内容和尺寸标注等。

8. 掌握建筑施工图中的平面图、立面图、剖面图和详图的阅读与画图方法，包括根据有关建筑施工图求作剖切到楼梯的剖面图的方法。

9. 掌握计算机绘图系统的基本组成及操作系统的一般使用知识。

10. 掌握基本图形的生成及编辑的知识和基本方法。

11. 掌握复杂图形（如块的定义与插入、图案填充等）、尺寸、复杂文本等的生成及编辑的知识和方法。

12. 掌握图形的输出、打印及相关设备的知识和使用方法。

13. 掌握三维图形的生成及编辑的知识和使用方法。

14. 掌握三维图形转换为二维投影图的知识和方法。

15. 掌握图纸空间浮动视窗图形显示的知识和方法。

16. 掌握 AutoCAD 软件的安装与系统配置知识和方法。

（二）技能要求

1. 具有基本的计算机操作系统使用能力。

2. 具有基本图形的生成及编辑能力。

3. 具有复杂图形（如带属性的图形块的定义与插入、图案填充等）、尺寸、复杂文本等的生成及编辑能力。

4. 具有通过给定形体的两个投影求其第三个投影的能力。

5. 具有绘制建筑形体的视图、剖面图和断面图的能力。

6. 具有阅读和绘制建筑平面图、立面图、剖面图和详图的能力，包括根据有关建筑施工图求作剖切到楼梯的剖面图的能力。

7. 具有图形的输出及相关设备的使用能力。

8. 具有三维图形的生成及编辑的能力。

9. 具有三维图形转换为二维投影图的能力。

10. 具有在图纸空间浮动视窗内调整图形显示的能力。

11. 具有 AutoCAD 软件的安装与系统配置的能力。

（三）鉴定内容

1. 文件操作

（1）调用已存在图形文件。

（2）将当前图形存盘及输出为其他格式文件。

（3）用绘图机或打印机打印图纸及输出为其他格式文件。

2. 绘图环境的设置

根据建筑工程制图国家标准，以及试题要求，做以下设置：

（1）设置绘图界限。

（2）设置图层、线型、颜色、线宽。

（3）设置中文、阿拉伯数字、罗马字母等文字样式。

（4）绘制图纸边框、图框、标题栏等。

3. 绘图工具

（1）设置单位制、栅格、正交等。

（2）数据的输入，如绝对坐标输入法、相对坐标输入法、相对极坐标输入法。

（3）图像对象的常用查询方法（如查询点坐标、距离等）。

（4）目标点的跟踪、捕捉方法。

4. 二维图形的绘制与编辑

（1）绘制点、线、圆、圆弧、矩形、多段线等基本图素。

（2）绘制字符、符号等图素。

（3）绘制平面几何图形。

（4）通过形体的两个投影求其第三个投影。

（5）绘制复杂图形，如块的定义与插入、图案填充、复杂文本输入等。

（6）编辑点、线、圆、圆弧、矩形、多段线等基本图素，如删除、恢复、复制、变比等。

（7）编辑字符、符号等图素。

（8）编辑复杂图形，如插入的块、填充的图案、输入的复杂文本等。

（9）将形体的视图改画成剖面图，补画断面图。

（10）阅读和绘制建筑平面图、立面图、剖面图和详图，包括根据有关建筑施工图求作剖切到楼梯的剖面图的能力。

5. 标注尺寸

（1）根据建筑工程制图国家标准，设置尺寸标注样式。

（2）标注长度型、角度型、直径型、半径型、旁注型、连续型、基线型尺寸。

（3）修改已标注的尺寸。

6. 三维图形的绘制与编辑

（1）三维图形的绘制，包括绘制三维点、三维直线、三维平面、三维曲面、三维立体表面、二维半网格面等。

（2）三维图形的编辑，包括三维旋转、三维镜射、三维阵列、三维对齐等。

7. 三维实体造型与编辑

（1）创建长方体、球体、圆柱体、圆锥体、楔体、圆环体等三维基本体，将二维对象转换为三维实体。

（2）三维实体的编辑，包括三维实体的布尔运算、倒角、倒圆、截切、放样、实体面编辑等。

8. 用户坐标与视区管理

(1) 用户坐标的显示控制、UCS命令、利用UCS进行三维实体造型的方法。

(2) 多视区设置与管理，包括设置平铺视区、浮动视区、定义独立的用户坐标等。

(3) 由三维实体生成各种表达方法，包括生成三视图、轴测图、剖面图以及透视图等。

9. 三维实体的渲染

(1) 三维实体的消隐和着色。

(2) 三维实体的渲染，包括三维实体的材质赋予和光源设置等。

(3) 三维实体造图形的输出。

三、 AutoCAD (建筑)鉴定评分表

(一) 检查A3图形文件并核对标题栏内容（20分）

准考证号码		出生日期核对		性别核对		文件名与 姓名核对	

1. 漏填考生本人姓名、准考证号码等扣10分。

2. 按图层、图幅和标题栏等三项要求评分，每项3～4分。　扣分：

(二) 绘画房屋建筑施工图（60分）

1. 绘画平面图　　配分：30分　　扣分：

① 图线（包括线型颜色、粗细、漏画和多画等）占10分。

② 轴线符号、标高符号、门窗代号、图名与文字注写等占10分。

③ 尺寸标注占10分。

2. 绘画立面图　　配分：15分　　扣分：

① 投影关系占3分。

② 图线（包括线型颜色、粗细、漏画和多画等）占6分。

③ 轴线符号、标高符号与图名占6分。

3. 绘画剖面图（或详图）　　配分：15分　　扣分：

① 投影关系（或绘图比例）占3分。

② 图线（包括线型颜色、粗细、漏画和多画等）占6分。

③ 轴线符号（或尺寸标注）、标高符号与图名占6分。

(三) 几何作图（10分）　　扣分：

1. 根据未完成部分占整个图形的比例扣分。

例如，所画图形还有1/2未完成则扣5分。

2. 图面质量不好扣2～4分。

(四) 三面投影图（10分）　　扣分：

1. 已知的两个投影与第三投影各占5分。

根据未完成部分占整个图形的比例扣分。

2. 图面质量不好扣2～4分。

项目十二

CAD绘图员技能鉴定样题解析

项目目标

通过学习广东省CAD绘图员（建筑类）三级、四级技能考评大纲，了解CAD绘图员考证内容及评分标准。

一、CAD绘图员（建筑类）四级技能鉴定样题

考试说明：

1. 本试卷共4题。

2. 考生须在考评员指定的硬盘驱动器下建立一个以自己准考证后8位命名的文件夹。

3. 考生在考评员指定的目录，查找“绘图员考试资源02”文件，并据考场主考官提供的密码解压到考生已建立的考生文件夹中。

4. 然后依次打开相应的4个图形文件，按题目要求在其上作图，完成后仍然以原来图形文件名保存作图结果，确保文件保存在考生已建立的文件夹中，否则不得分。

5. 考试时间为180分钟。

（一）基本设置（20分）

打开图形文件“第一题.dwg”，在其中完成下列工作：

1. 按表12-1规定设置图层及线型，并设定线型比例。

表12-1 图层的设置

图层名称	颜色(颜色号)	线型	线宽
00	白色(7)	实线 CONTINUOUS	0.60mm(粗实线用)
01	红色(1)	实线 CONTINUOUS	0.15mm(细实线,尺寸标注及文字用)
02	青色(4)	实线 CONTINUOUS	0.30mm(中实线用)
03	绿色(3)	点画线 ISO04W100	0.15mm
04	黄色(2)	虚线 ISO02W100	0.15mm

2. 按1∶1的比例设置A3图幅（横装）一张，留装订边，画出图框线。

3. 按国家标准规定设置有关的文字样式，然后画出并填写如图12-1所示的标题栏，不标注尺寸。

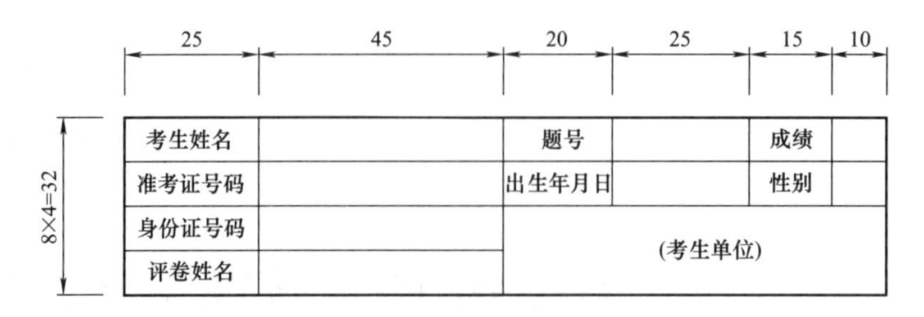

25
45
20
25
15
10
8×4=32
考生姓名
题号
成绩
准考证号码
出生年月日
性别
身份证号码
(考生单位)
评卷姓名

图 12-1 标题栏

4. 完成以上各项后，仍然以原文件名“第一题 .dwg”保存。

(二) 抄画房屋建筑图（60 分）

1. 取出“第二题 .dwg”图形文件。
2. 在已有的 1∶100 比例图框中绘画第二页中的建筑施工图（图 12-2）。
3. 不必绘画图幅线、图框线、标题栏和文字说明。
4. 绘画平面图中的门线，要求与水平成 45°的中实线。
5. 填充图例画在细实线层。
6. 绘画完成后存盘，仍然以原文件名“第二题 .dwg”保存。

(三) 几何作图（10 分）

1. 取出“第三题 .dwg”图形文件。
2. 绘画第三页中图 12-3 的几何图形，应按图示尺寸及比例绘出，不注尺寸（图 12-4）。
3. 绘画完成后存盘，仍然以原文件名“第三题 .dwg”保存。

(四) 投影图（10 分）

1. 取出“第四题 .dwg”图形文件。
2. 绘画第四页中图 12-4，按图示尺寸及比例绘出其两面投影，并求出第三投影，不注尺寸。
3. 绘画完成后存盘，仍然以原文件名“第四题 .dwg”保存。

二维码 12.1 绘制图框制作标题栏

二、 CAD 绘图员（建筑类）四级技能鉴定样题解析

(一) 基本设置（20 分）

打开图形文件“第一题 .dwg”（AutoCAD 格式文件），在其中完成下列工作。

1. 设置图层和线型，绘制图框参照本书“项目五”中的“任务五”，得到图 12-5 所示图框。

2. 按照国家标准规定设置有关的文字样式，然后画出并填写如图 12-6 所示的标题栏，不标注尺寸。

(国家标准规定的文字样式为：isocp. shx。选用大字体，样式为：gbcbig. shx。)

方法：菜单栏格式→文字样式，选择相应文字。如图 12-7 所示。

标题栏的外边框要求采用粗线画出，文字和内部图线用细线画出，如图 12-8、图 12-9 所示。画时注意先将相应图层选为当前。

3. 完成以上各项之后，仍然以原文件名“第一题 .dwg”保存。

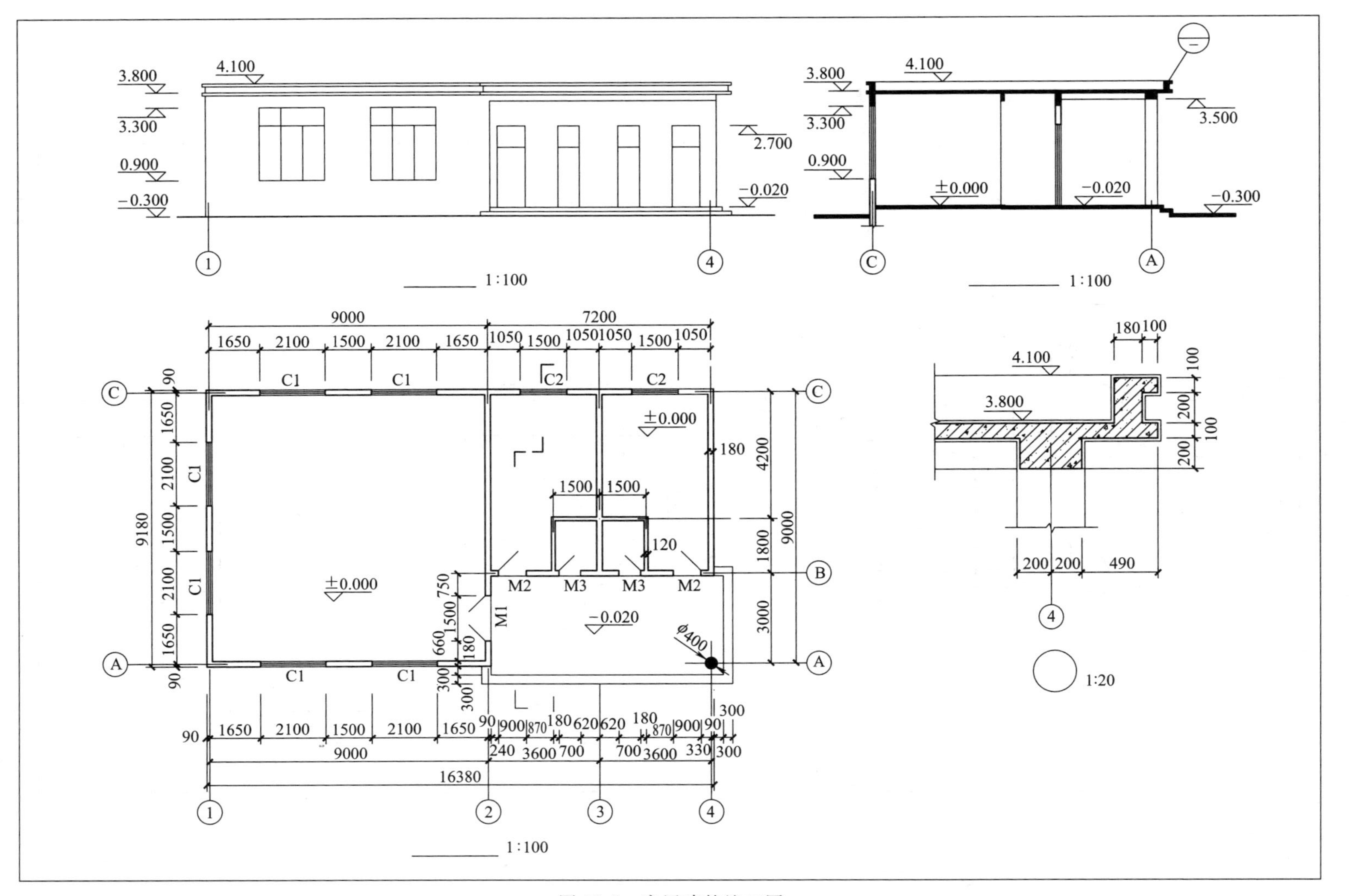

图 12-2 房屋建筑施工图

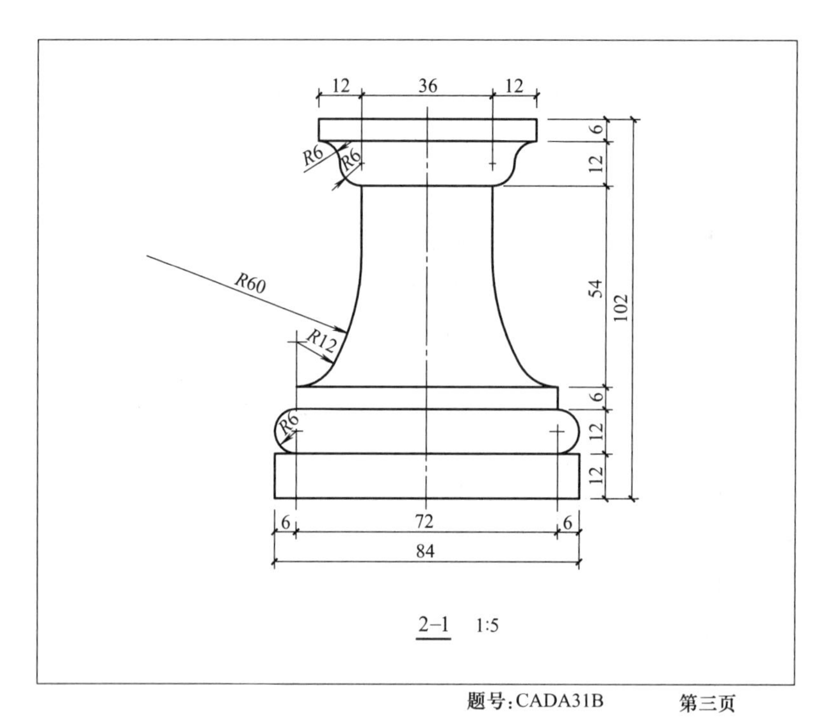

图 12-3 几何图形

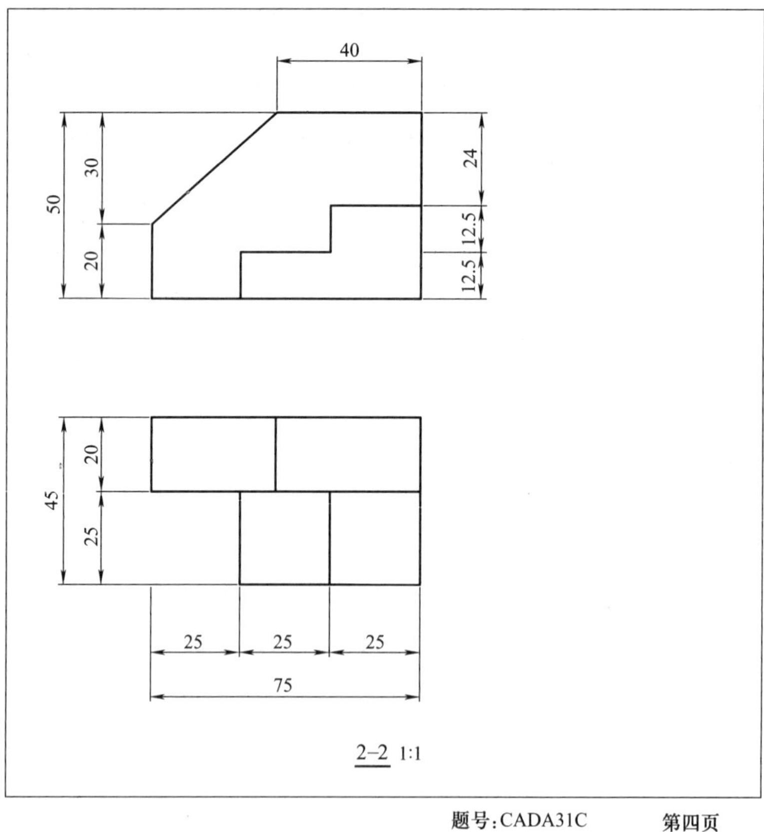

图 12-4 几何作图

图 12-5　A3 图幅

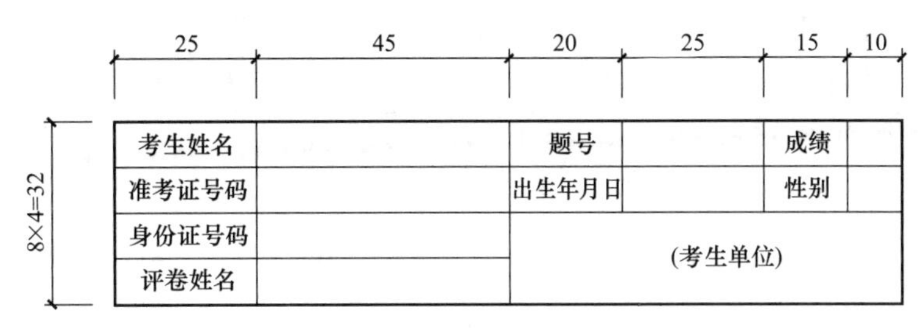

考生姓名		题号		成绩	
准考证号码		出生年月日		性别	
身份证号码		(考生单位)			
评卷姓名					

图 12-6　标题栏（一）

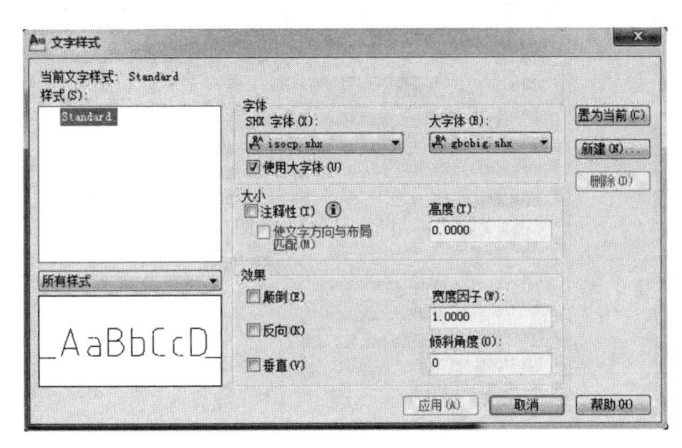

图 12-7　文字样式设置对话框

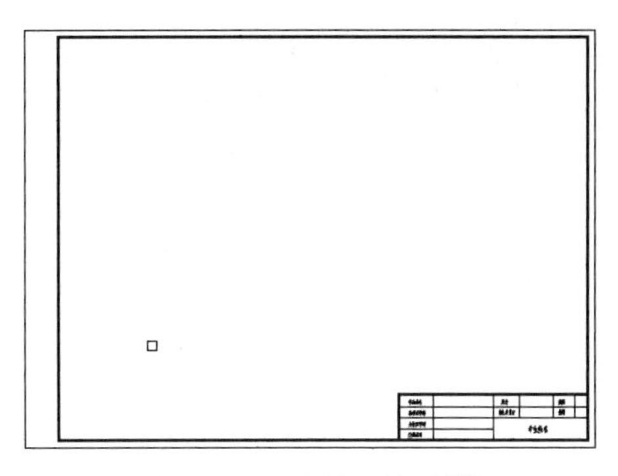

图 12-8　A3 图幅及标题栏

考生姓名		题号		成绩	
准考证号码		出生年月日		性别	
身份证号码	□	考生姓名			
评卷姓名					

图 12-9　标题栏（二）

(二）抄绘房屋建筑图（60 分）

第二题为抄绘一张建筑施工图，这就需要建立图层，设置文字样式、标注样式等。（第二题文件中图层已经设置好，不需要另行设置。）

二维码 12.2 房屋平面图的绘制

1. 设置标注样式

在格式→标注样式中，出现一个对话框，如图 12-10 所示。

点击【修改（M)…】，出现如图 12-11 所示的对话框。

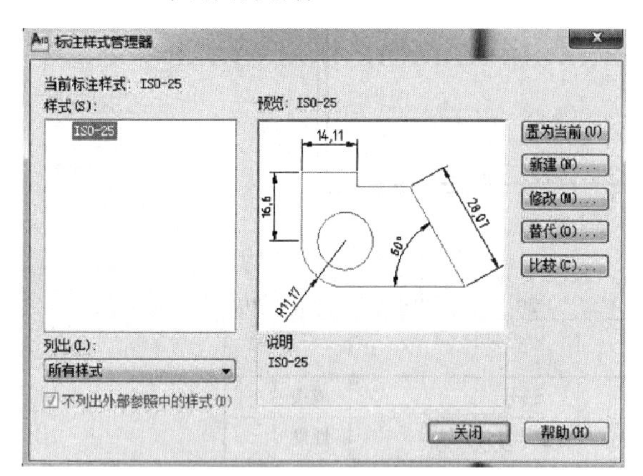

图 12-10 标注样式设置对话框

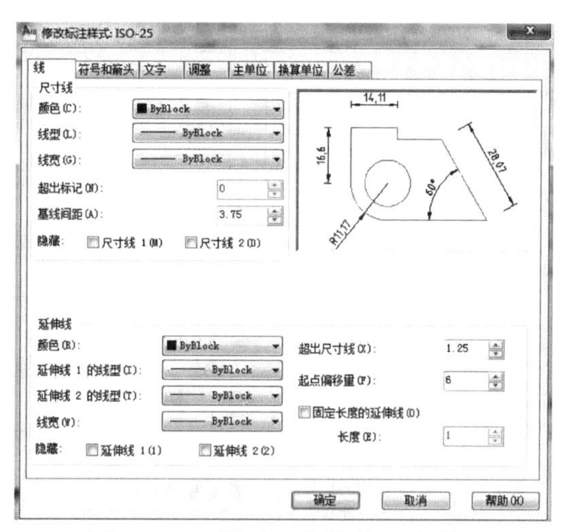

图 12-11 “修改标注样式”对话框

按照如图 12-12、图 12-13 所示修改原先的默认内容。

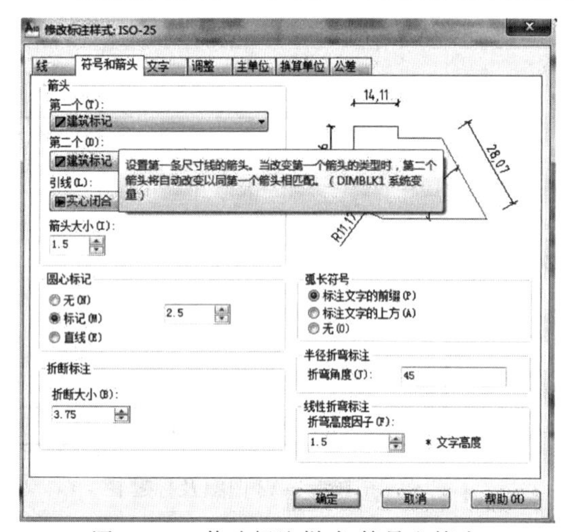

图 12-12 修改标注样式-符号和箭头

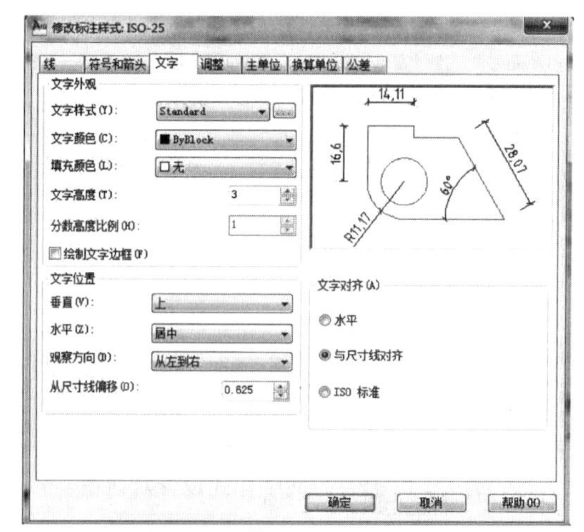

图 12-13 修改标注样式-文字

点文字样式后的“…”，新建一种文字样式，定义为 isocp，如图 12-14 所示。

确定之后，标注文字选用这种文字样式。

建筑图纸绘制时，不管比例为多少，都按照建筑的实际尺寸画，是一般规定。比例 1∶100，是指打印比例，按照实际尺寸画出的建筑物，不可能在相应的纸张上按照 1∶1 的比例打印，所以要缩小为实际

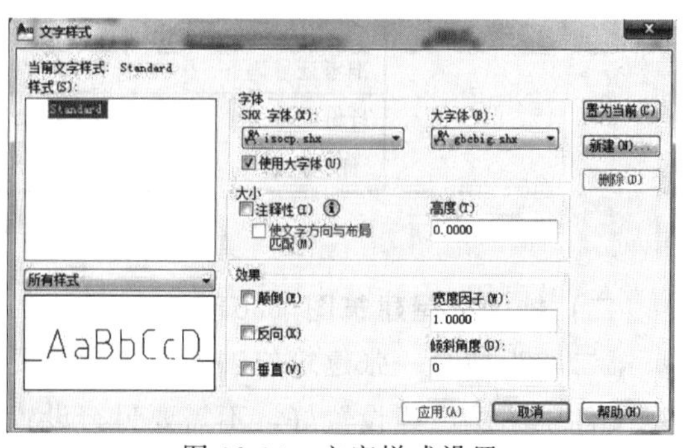

图 12-14 文字样式设置

尺寸的 1/100 打印出图，但文字，轴线圆圈等非建筑物也相应地缩小，所以在绘制时需要根据比例进行预先放大，比如，要求文字打印出来的高度为 3mm，则在 CAD 里要将文字高度设置成 300，同时标注也要相应放大，所以在标注样式调整选项卡中把全局比例 1 改为 100，如图 12-15、图 12-16 所示。

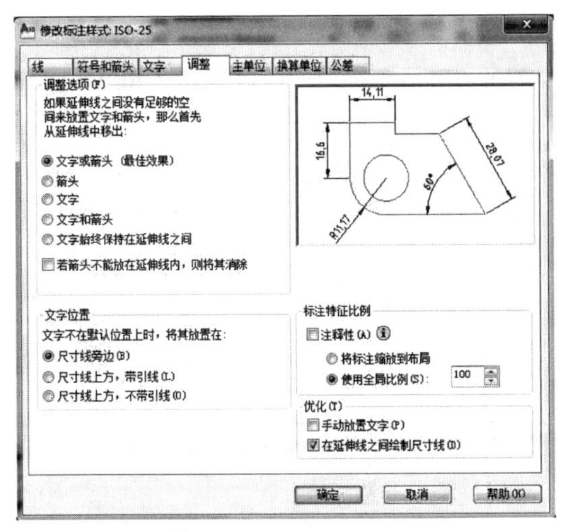

图 12-15　修改标注样式-调整

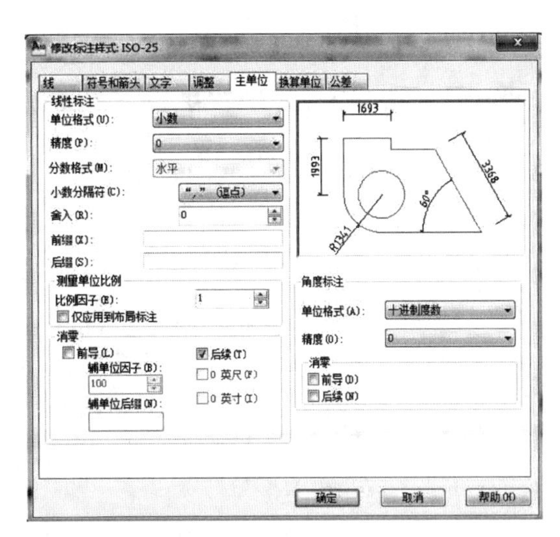

图 12-16　修改标注样式-主单位

2. 绘制轴线

绘制图形，按照先绘制轴线，后绘制墙、门窗、标注、图名比例、标高等的顺序绘制。

绘制注意事项：

(1) 轴线为点划线（图 12-17），要求在格式→线型→显示细节→全局比例因子中将 1 调为 100，才能够正常显示，如图 12-18 所示。

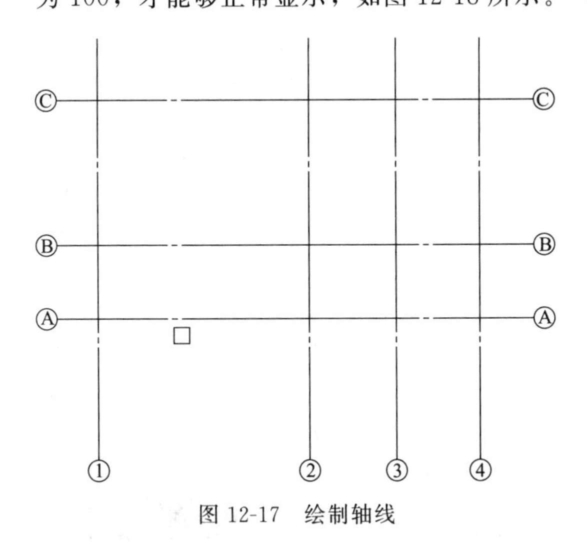

图 12-17　绘制轴线

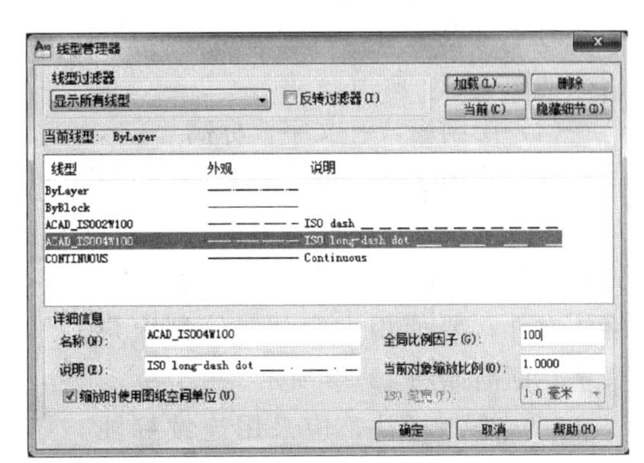

图 12-18　“线型管理器”对话框

(2) 轴线的圆直径为打印出图 10mm，根据绘图比例，在绘制时圆的直径为 1000mm，如果是半径画圆，则输入 500 即可。

(3) 文字采用第一题的默认设置，图示字体为标准字体，样式不一样要扣分。

(4) 文字的高度可以自由选择，但不可太小，建议高度为 700。

（5）绘制轴线号时，尽量采用复制方法，先绘制一个，写上文字，再用复制命令（用多次复制），利用对象捕捉，将圆和线精确对齐。

3. 绘制墙线及门窗

（1）绘制墙线和窗线，采用多线命令，先在格式→多线样式对话框设置墙线和窗线的样式如图 12-19、图 12-20 所示。

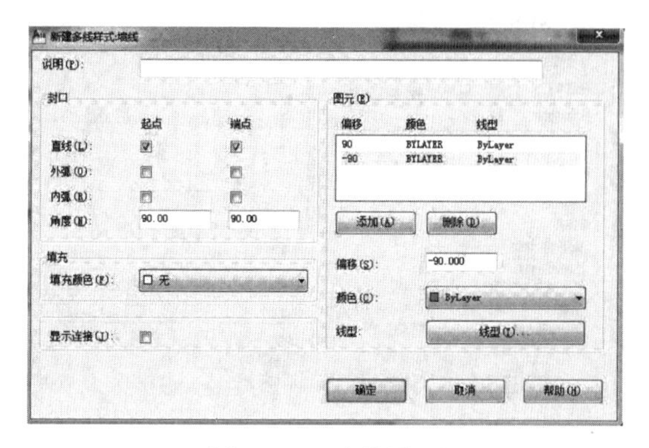

图 12-19 墙线设置

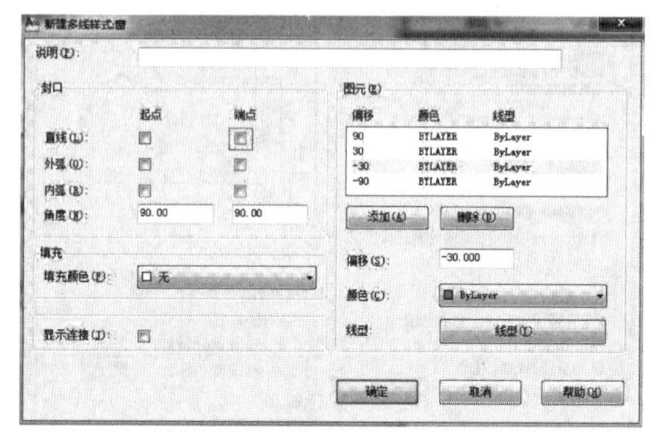

图 12-20 窗线设置

（2）使用多线命令绘制墙线时，对正方式选择无（Z），比例设为 1。绘制墙线时把门、窗的位置预留出来，如图 12-21 所示。

绘制时如果需要删除一些多余的线条，需要将多线段分解后再删除，否则多线段是一个整体存在。

（3）绘制门。

注意用到复制和镜像命令。绘制 45°线的方法，点起点之后，输入@900<45。@符号不可以没有，否则会出错。绘制门线如图 12-22 所示。

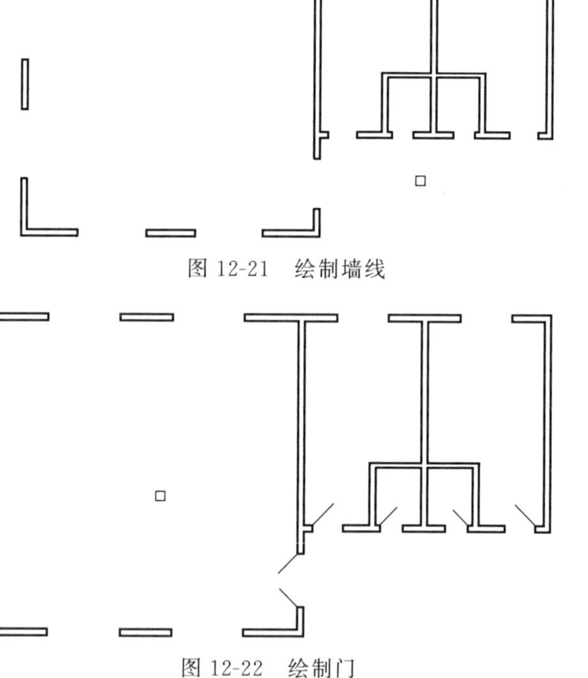

图 12-21 绘制墙线

图 12-22 绘制门

（4）绘制窗户、文字、标高等。

窗户采用多线绘制，标高符号高度为 3mm，为等腰直角三角形。文字样式选择为 standard，就是一开始修改的字体文件，要使用大字体。绘制窗户、文字、标高如图 12-23 所示。

（5）绘制标注，应采用连续标注，这样绘制既快捷又迅速。

绘制时根据情况关闭图层会使图形更加清晰，绘制更加迅速。房屋平面图如图 12-24 所示。

二维码 12.3 房屋立面图的绘制

4. 绘制立面图

绘制立面图的主要过程如下：

（1）从平面图绘制建筑物轮廓的竖直投影线，再绘制地平线、屋顶线等，这些线条构成了立面图的主要布周线。绘制立面图地平线、屋顶线如图 12-25 所示。

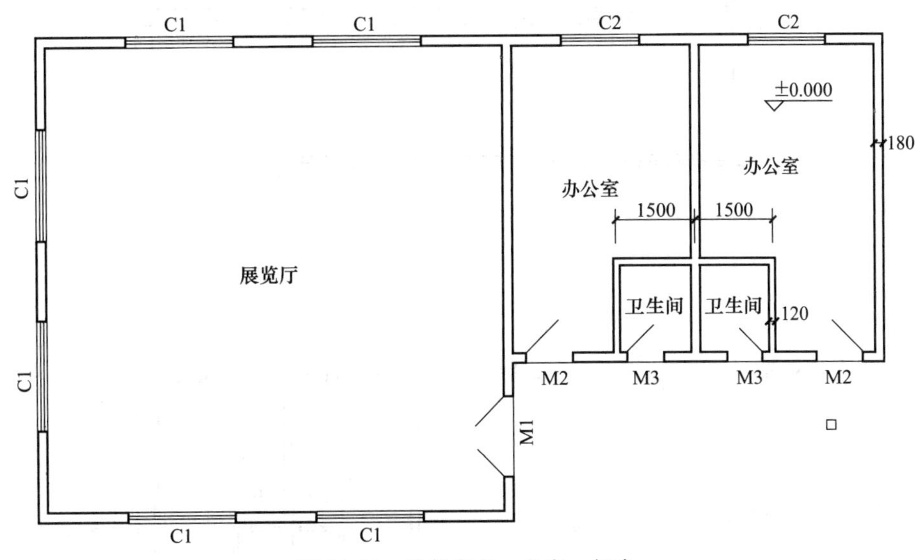

图 12-23　绘制窗户、文字、标高

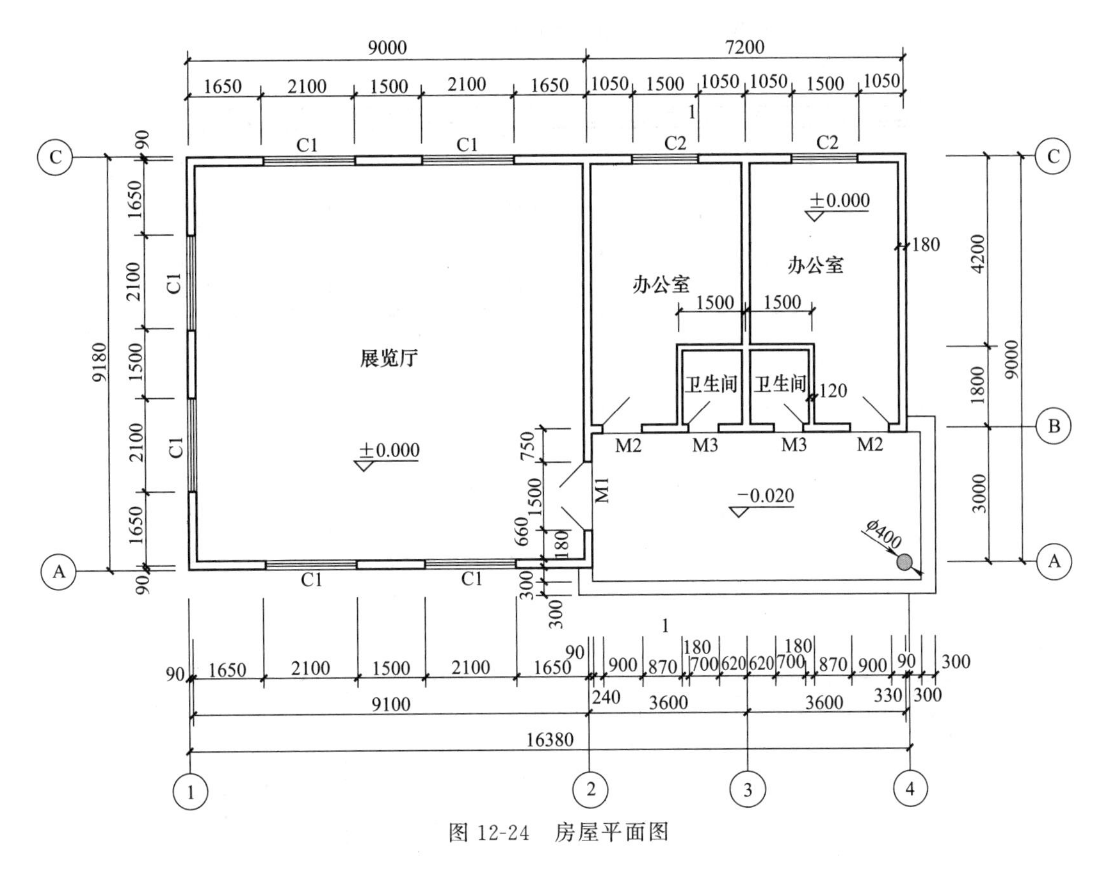

图 12-24　房屋平面图

（2）利用投影线形成各层门窗洞口线。绘制立面图门窗洞口线如图 12-26 所示。

（3）以布局线为作图基准线，绘制墙面细节，如阳台、窗台及壁柱等。完善立面图细节如图 12-27 所示。

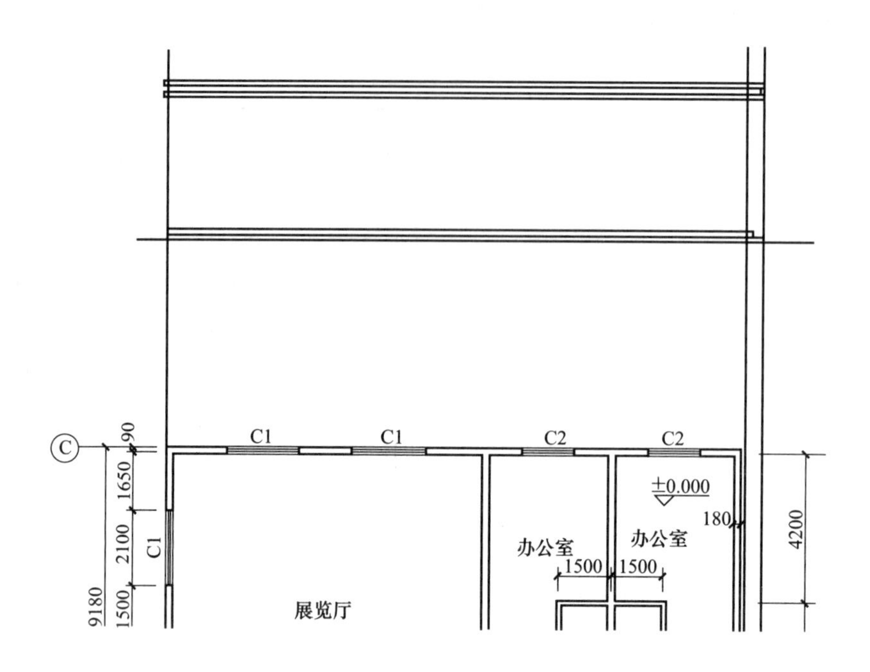

图 12-25 绘制立面图地平线、屋顶线

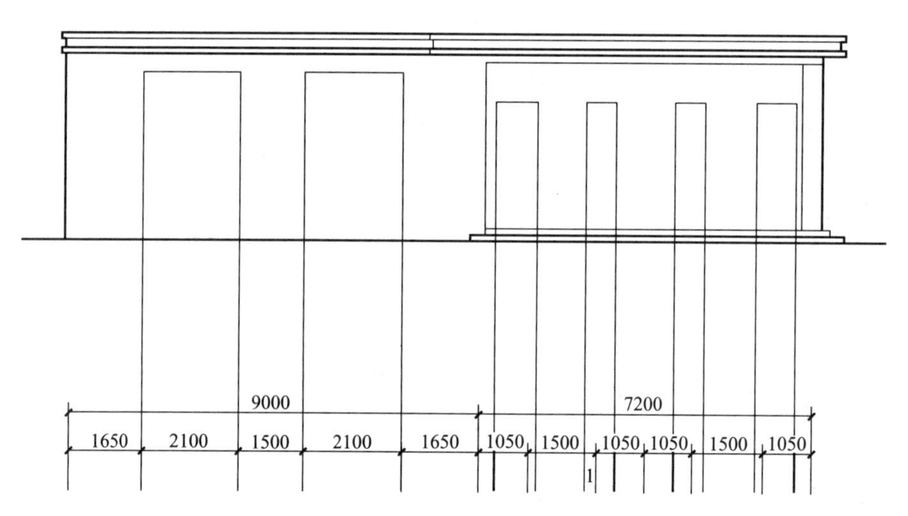

图 12-26 绘制立面图门窗洞口线

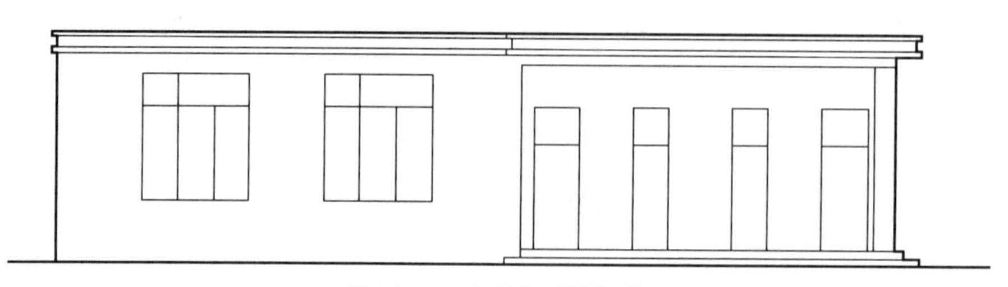

图 12-27 完善立面图细节

（4）标注尺寸，书写文字。绘制立面图标高如图 12-28 所示。

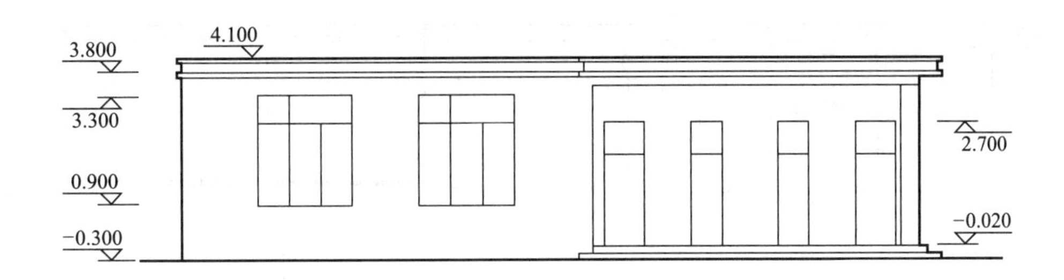

图 12-28　绘制立面图标高

5. 绘制剖面图

二维码 12.4　房屋剖面图的绘制

绘制剖面图的主要过程如下。

（1）将平面图、立面图作为绘制剖面图的辅助图形，从平面图、立面图绘制建筑物轮廓的投影线，画一条 45°的线，将平面图投影线折射过去，修剪多余线条，形成剖面图的主要布局线，如图 12-29 所示。

（2）利用投影线形成门窗高度线、墙体厚度线及楼板厚度线等。绘制剖面图门窗如图 12-30 所示。

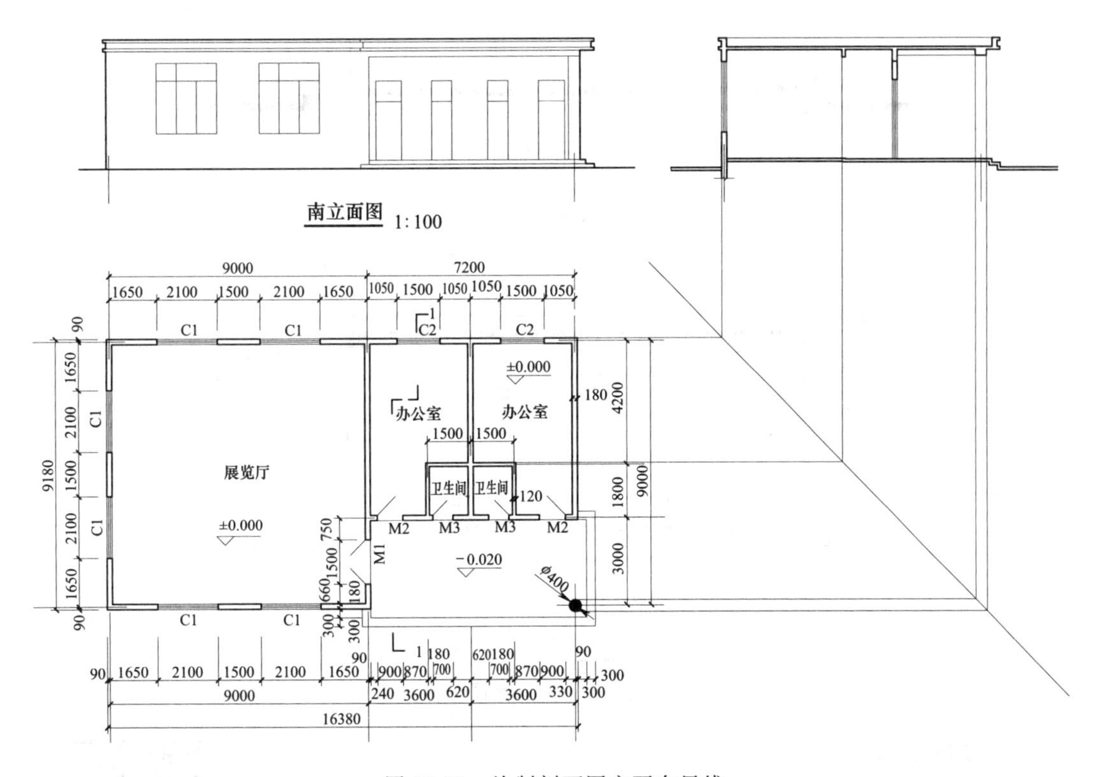

图 12-29　绘制剖面图主要布局线

（3）以布局线为作图基准线，绘制未剖切到的墙面细节，如阳台、窗台及台阶等，填充墙体，如图 12-31 所示。

（4）标注尺寸，书写文字。标注剖面图标高如图 12-32 所示。

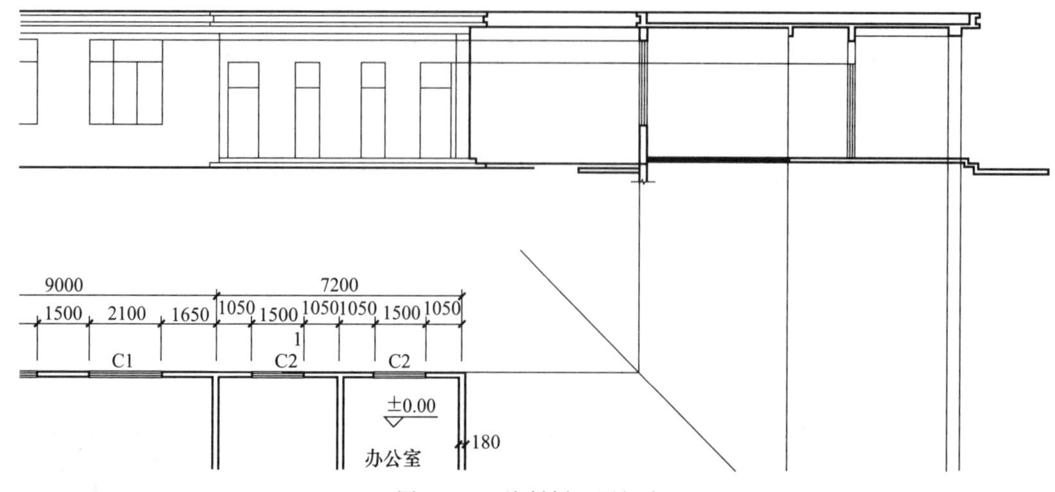

图 12-30 绘制剖面图门窗

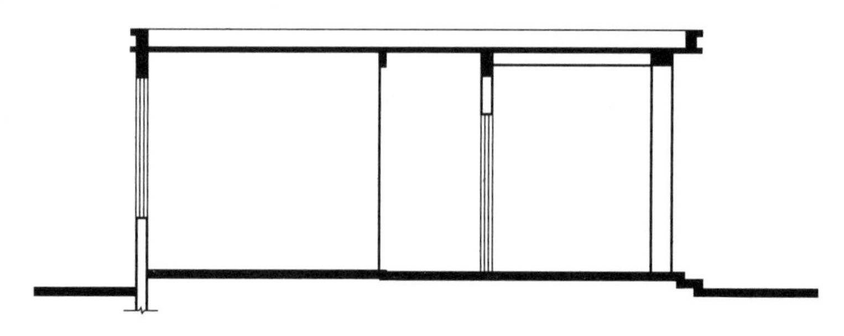

图 12-31 完善剖面图细节

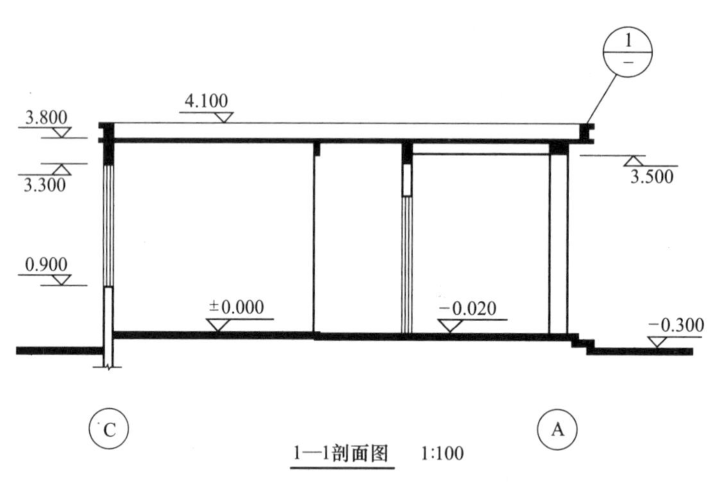

图 12-32 标注剖面图标高

6. 详图的绘制

二维码 12.5 房屋详图的绘制

详图和建筑图画在一张图纸上，而详图和建筑图的打印比例不同，则绘制须注意如下几点：

(1) 建筑图打印比例为实际的打印比例，如 1∶100 的打印比例打印建筑图。

(2) 详图的比例一般为 1∶20，但由于和建筑图在同一张纸上，所以实际的打印比例也为 1∶100，实际的打印比例 1∶100 和标出的比例 1∶20 之间不同，所以需要将按实际尺寸绘制的详图放大 5 倍（1000 长度画成 5000），这样：

5000/实际打印比例 100=50

等同于

标注的长度 1000/标注的比例 20=50

相当于按照 5 倍的长度画，但是标注依然按照实际的长度标。

（3）详图标注由于自动标注，所以标注出的数字会放大 5 倍，将其变为要求的标注，方法为：新建一种标注样式，将标注样式中的测量单位比例因子由原来的 1 改为 0.2，详图的标注采用此标注样式，如图 12-33 所示。

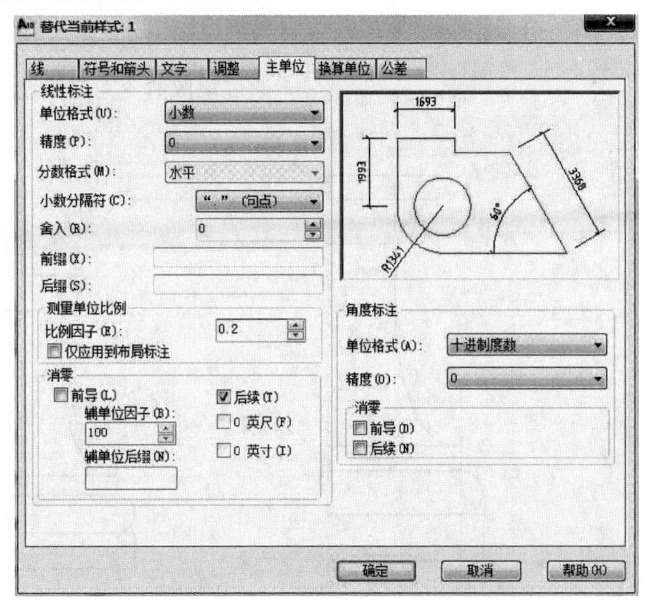

图 12-33　详图标注样式的设定

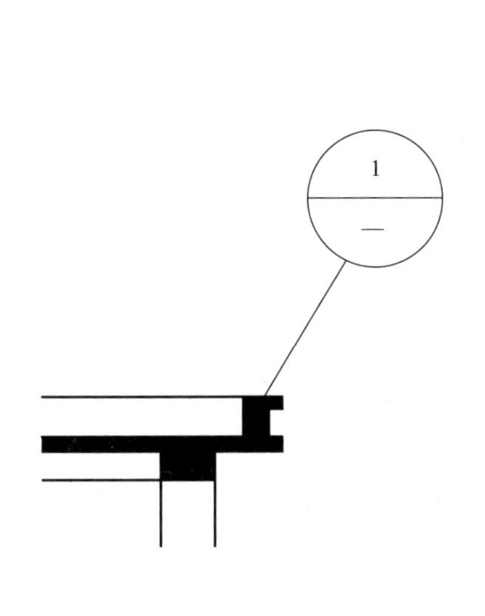

图 12-34　详图标志

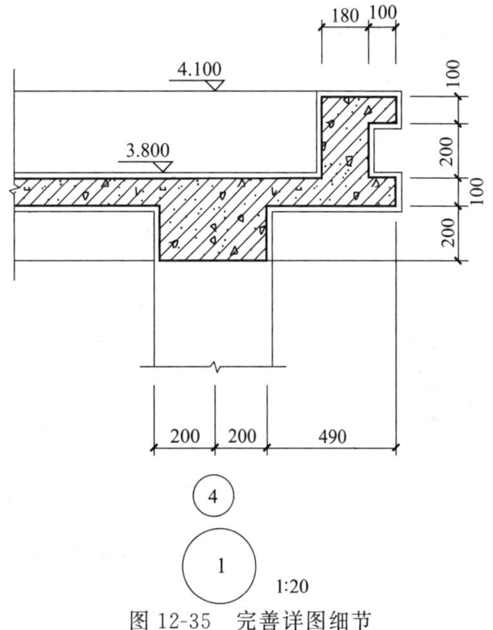

图 12-35　完善详图细节

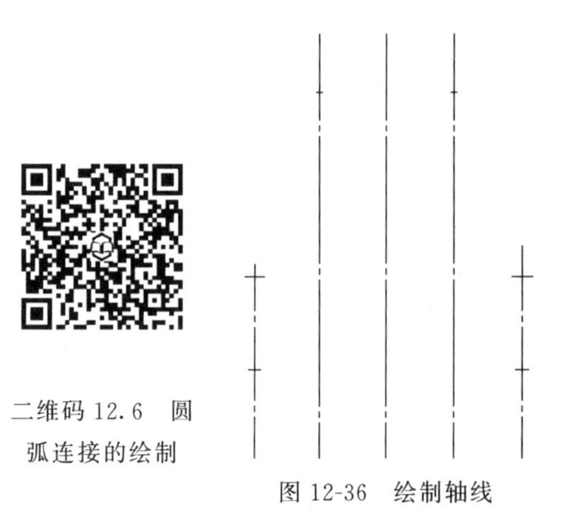

二维码 12.6 圆弧连接的绘制

图 12-36 绘制轴线

(4) 详图标志如图 12-34 所示，绘制详图时也可参考立面图及剖面图上房檐的尺寸绘制。

(5) 绘制好主体后进行填充和文字、尺寸标注。完善详图细节如图 12-35 所示。

(三) 几何作图（10 分）

1. 首先绘制出轴线，如图 12-36 所示。

2. 按照尺寸绘制出直线和圆，如图 12-37 所示。

3. 通过修剪命令把圆修剪成圆弧，如图 12-38 所示。

4. 通过镜像命令完成绘制，如图 12-39 所示。

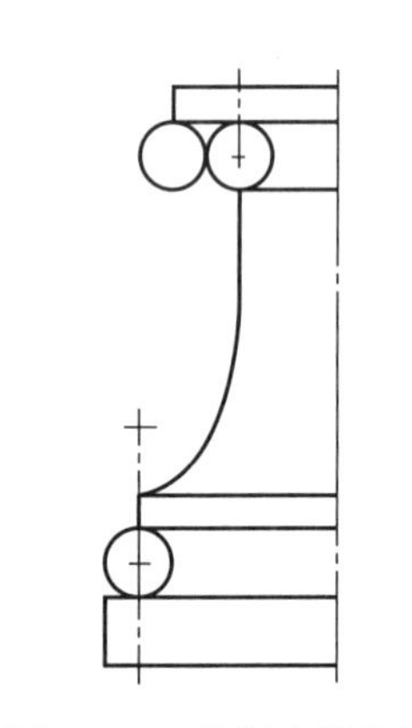

图 12-37 绘制直线和圆

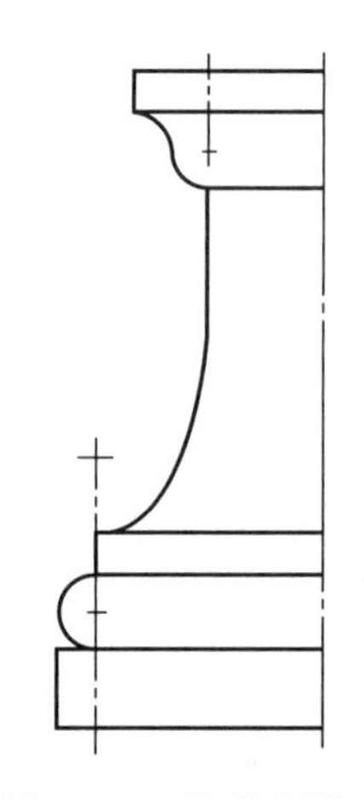

图 12-38 修剪成圆弧

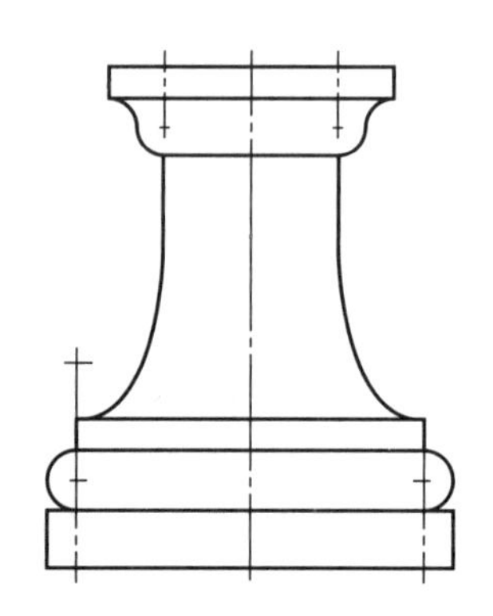

图 12-39 通过“镜像”命令完成绘图

(四) 投影图（10 分）

1. 首先绘制出图 12-40 中给出的两个视图。

2. 过直线绘制一条水平直线，在中点处绘制一条 45°的辅助线，如图 12-41 所示。

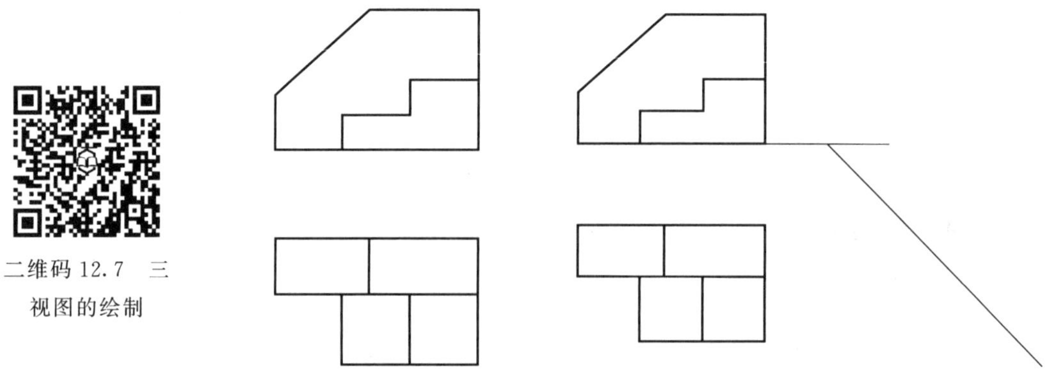

二维码 12.7 三视图的绘制

图 12-40 绘制主视图和俯视图

图 12-41 绘制 45°辅助线

3. 根据高平齐，长对正，宽相等，作出正视图与俯视图的投影线，如图 12-42 所示。

4. 结合空间想象，设置当前图层为粗实线层，连线，如图 12-43 所示。

5. 删除辅助线，如图 12-44 所示。

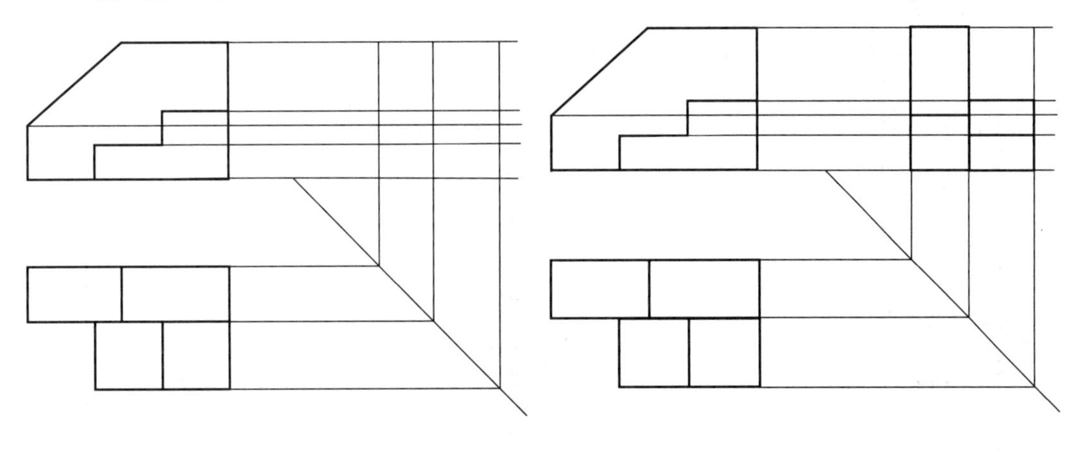

图 12-42　作出投影线　　　　图 12-43　绘制左视图

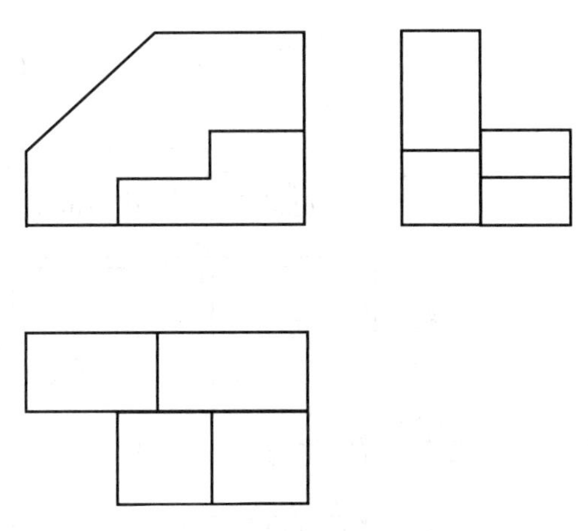

图 12-44　删除辅助线

练习与实践

一、抄画房屋建筑图。

1. 抄画图 12-45，不必绘画图幅线、图框线、标题栏和文字说明。

2. 抄画图 12-46，不必绘画图幅线、图框线、标题栏和文字说明。

二、几何作图。

1. 按图 12-47 所示尺寸及比例绘出此图，不注尺寸。

2. 按图 12-48 所示尺寸及比例绘出此图，不注尺寸。

三、投影图。

1. 按图 12-49 所示尺寸及比例绘出其两面投影，并求出第三投影，不注尺寸。

2. 按图 12-50 所示尺寸及比例绘出其两面投影，并求出第三投影，不注尺寸。

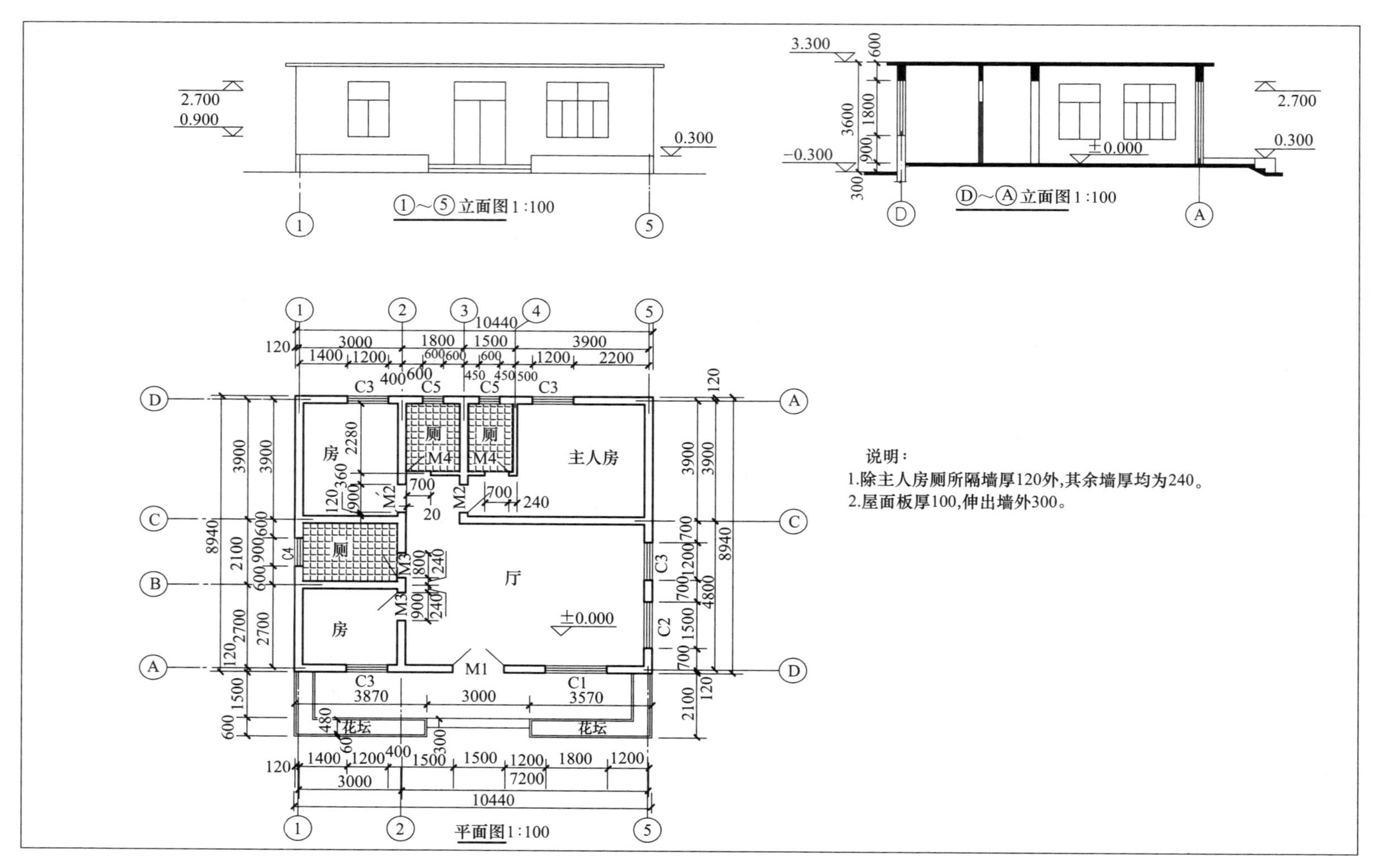

图 12-45 房屋建筑图（一）

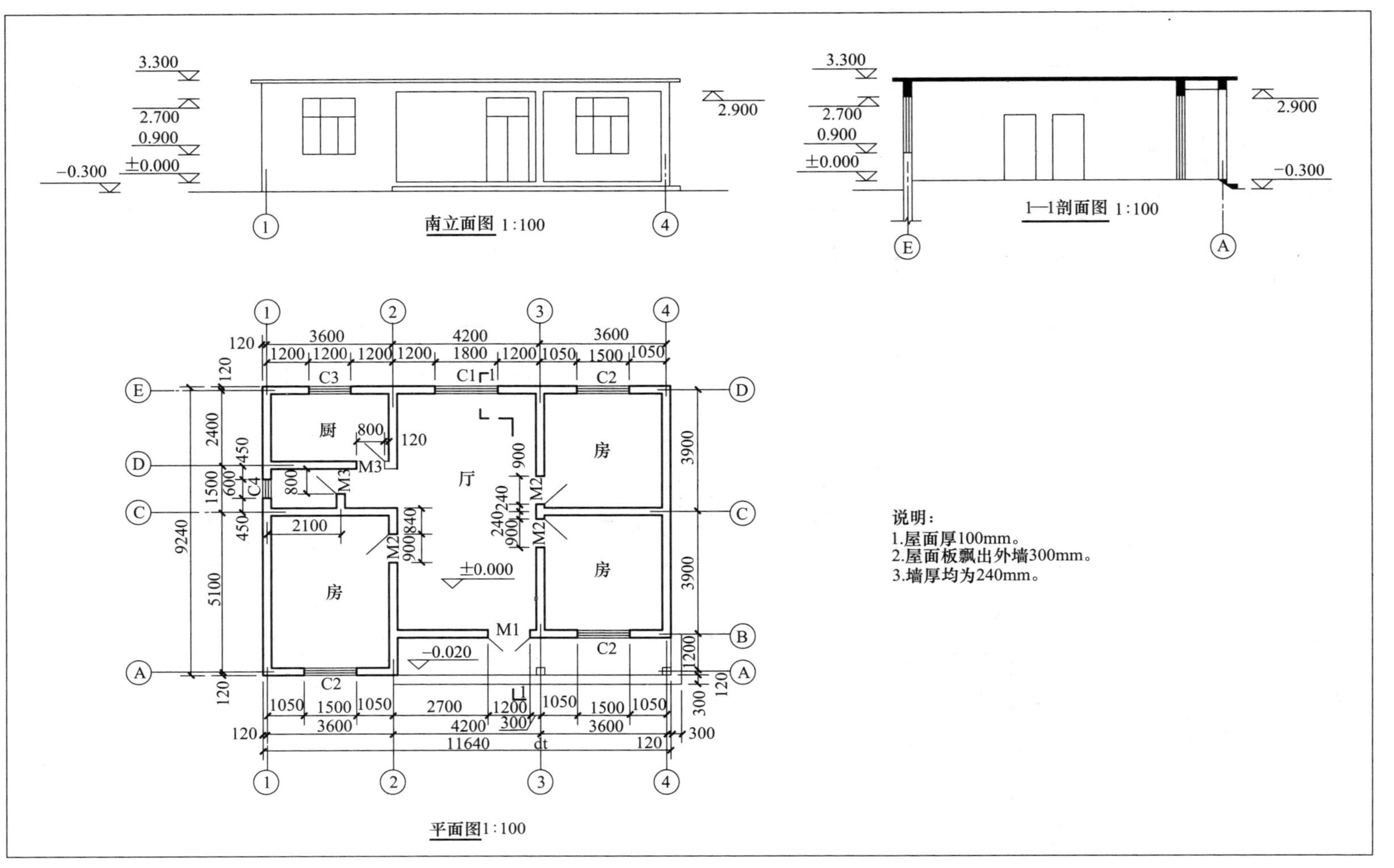

图 12-46　房屋建筑图（二）

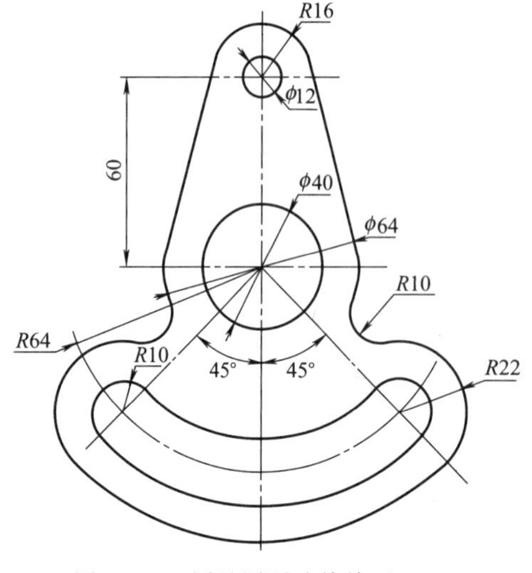

图 12-47 圆及圆弧连接练习（一）

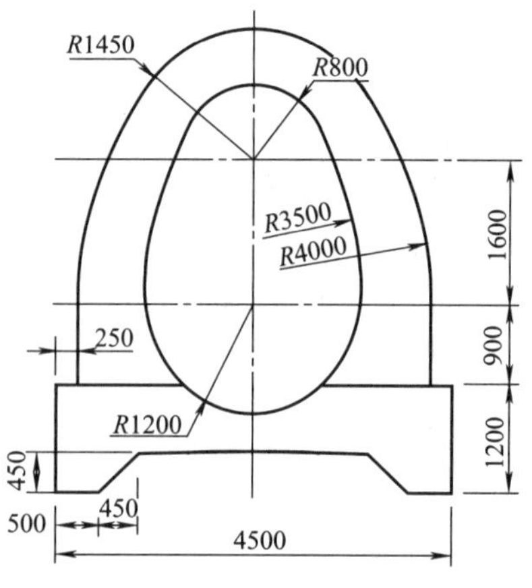

图 12-48 圆及圆弧连接练习（二）

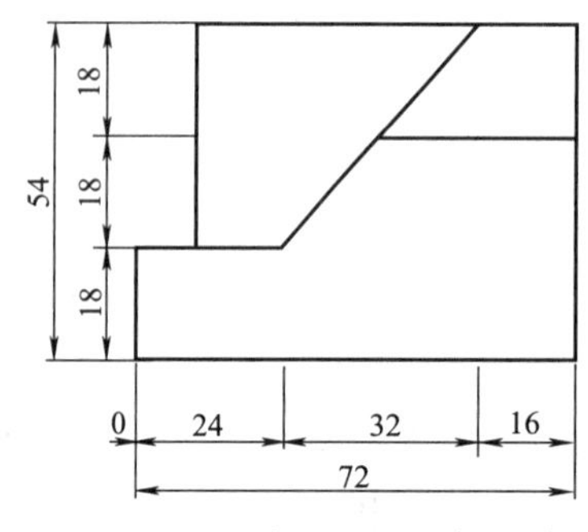

图 12-49 三视图练习（一）

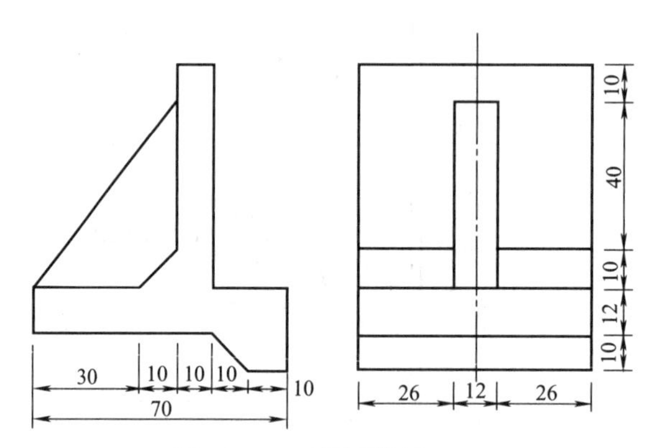

图 12-50 三视图练习（二）

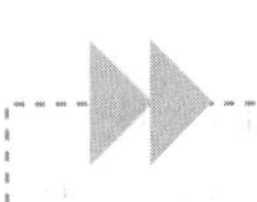

附录

附录一　CAD工程制图规则（GB/T 18229—2000）（摘录）

1　范围

本标准规定了用计算机绘制工程图的基本规则。

本标准适用于机械、电气、建筑等领域的工程制图以及相关文件。

2　引用标准

下列标准所包含的条文，通过在本标准中引用而构成为本标准的条文。本标准出版时，所示版本均为有效。所有标准都会被修订，使用本标准的各方应探讨使用下列标准最新版本的可能性。

GB/T 10609.1—1989　技术制图　标题栏（neq ISO 7200：1984）

GB/T 10609.2—1989　技术制图　明细栏（neq ISO 7573：1983）

GB/T 13361—1992　技术制图　通用术语

GB/T 13362.4—1992　机械制图用计算机信息交换　常用长仿宋矢量字体、代（符）号

GB/T 13362.5—1992　机械制图用计算机信息交换　常用长仿宋矢量字体、代（符）号　数据集单线单体字模集及数据集

GB/T 13844—1992　图形信息交换用矢量汉字

GB/T 13845—1992　图形信息交换用矢量汉字　宋体字模集及数据集

GB/T 13846—1992　图形信息交换用矢量汉字　仿宋体字模集及数据集

GB/T 13847—1992　图形信息交换用矢量汉字　楷体字模集及数据集

GB/T 13848—1992　图形信息交换用矢量汉字　黑体字模集及数据集

GB/T 14689—1993　技术制图　图纸幅面和格式（eqv ISO 5457：1980）

GB/T 14690—1993　技术制图　比例（eqv ISO 5455：1979）

GB/T 14691—1993　技术制图　字体（eqv ISO 3098-1：1974）

GB/T 14692—1993　技术制图　投影法（eqv ISO/DIS 5456：1993）

GB/T 15751—1995　技术产品文件　计算机辅助设计与制图　词汇（eqv ISO/TR 10623：1992）

GB/T 16675.1—1996　技术制图　图样画法的简化表示法

GB/T 16900—1997　图形符号表示规则　总则（eqv ISO/IEC 11714-1：1996）

GB/T 16901.1—1997　图形符号表示规则　产品技术文件用图形符号　第1部分：基本规则（eqv ISO/IEC 11714-1：1996）

GB/T 16902.1—1997　图形符号表示规则　设备用图形符号　第1部分：图形符号的形成（eqv ISO 3461-1：1988）

GB/T 16903.1—1997 图形符号表示规则 标志用图形符号 第1部分：图形标志的形成
GB/T 16675.2—1996 技术制图 尺寸注法的简化表示法
GB/T 17450—1998 技术制图 图线（idt ISO 128-20：1996）
GB/T 17451～17453—1998 技术制图 图样画法（eqv ISO/DIS 11947-1～4：1995）

3 术语

本标准采用GB/T 13361和GB/T 15751中的有关术语。

4 CAD工程制图的基本设置要求

4.1 图纸幅面与格式

用计算机绘制工程图时，其图纸幅面和格式按照GB/T 14689的有关规定。

4.1.1 在CAD工程制图中所用到的有装订边或无装订边的图纸幅面形式见图1。基本尺寸见表1。

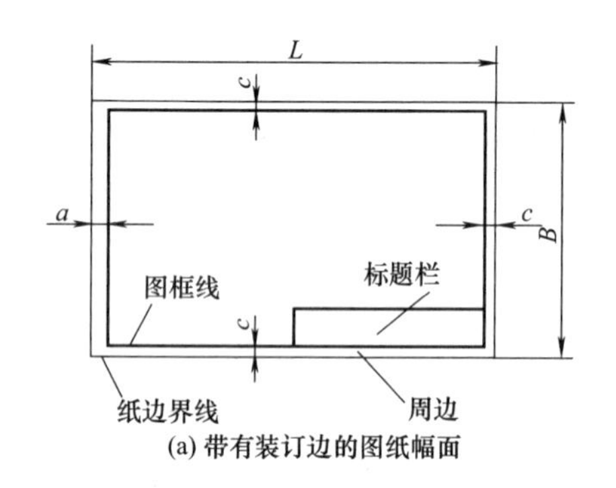

(a) 带有装订边的图纸幅面

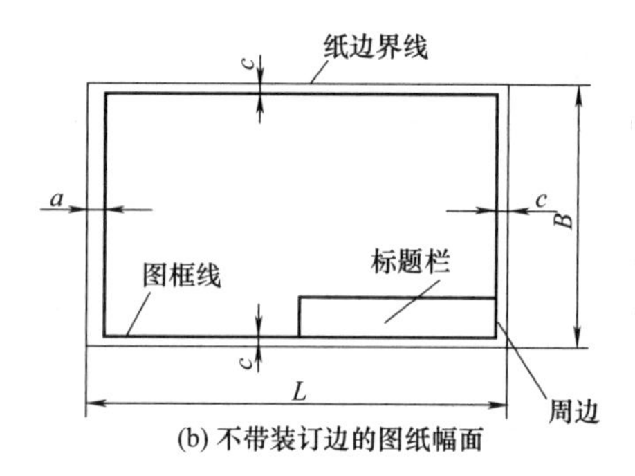

(b) 不带装订边的图纸幅面

图1

表1 mm

幅面代号	A0	A1	A2	A3	A4
$B \times L$	841×1189	594×841	420×594	297×420	210×297
E	20		10		
C	10			5	
A	25				

注：在CAD绘图中对图纸有加长加宽的要求时，应按基本幅面的短边（B）成整数倍增加。

4.1.2 CAD工程图中可根据需要，设置方向符号见图2、剪切符号见图3、米制参考分度见图4和对中符号见图5。

4.1.3 对图形复杂的CAD装配图一般应设置图幅分区，其形式见图5。

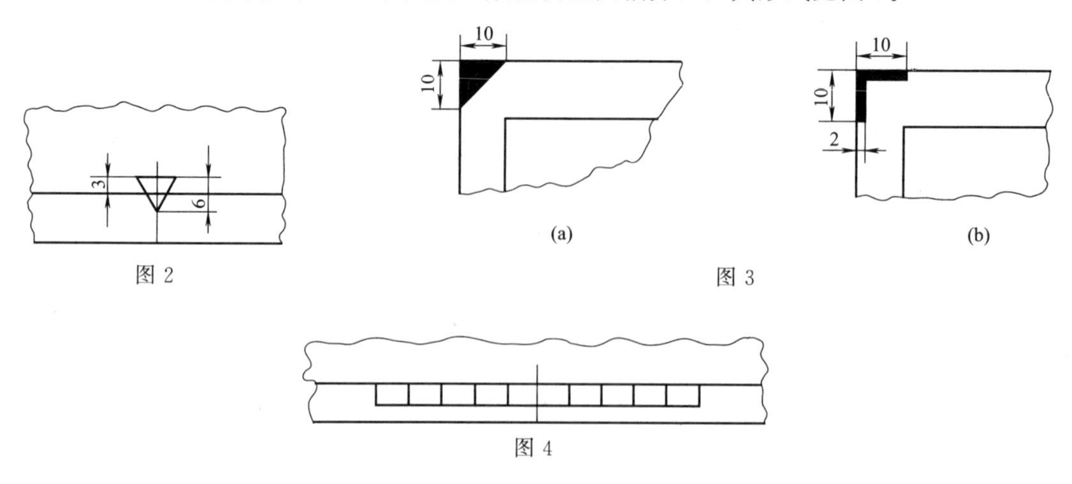

图2

(a) (b)

图3

图4

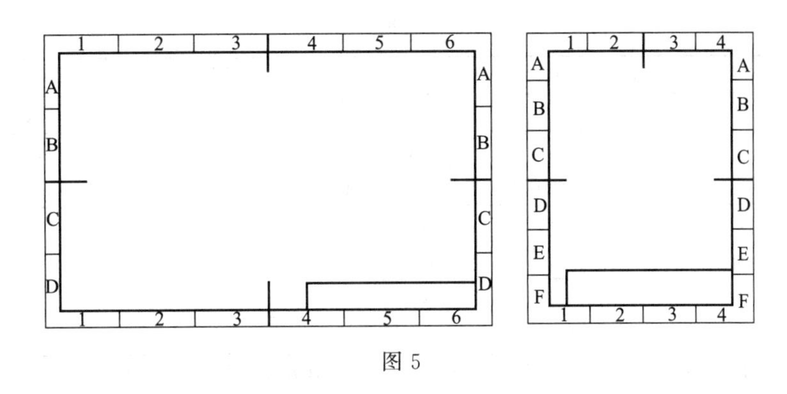

图 5

4.2 比例

用计算机绘制工程图样时的比例大小应按照 GB/T 14690 中规定。

4.2.1 在 CAD 工程图中需要按比例绘制图形时，按表 2 中规定的系列选用适当的比例。

表 2

种类	比例		
原值比例	1∶1		
放大比例	5∶1 5×10^{n}∶1	2∶1 2×10^{n}∶1	1×10^{n}∶1
缩小比例	1∶2 1∶2×10^{n}	1∶5 1∶5×10^{n}	1∶10 1∶10×10^{n}

注：n 为正整数。

4.2.2 必要时，也允许选取表 3 中的比例。

表 3

种类	比例				
放大比例	4∶1 4×10^{n}∶1	2.5∶1 2.5×10^{n}∶1			
缩小比例	1∶1.5 1∶1.5×10^{n}	1∶2.5 1∶2.5×10^{n}	1∶3 1∶3×10^{n}	1∶4 1∶4×10^{n}	1∶6 1∶6×10^{n}

注：n 为正整数。

4.3 字体

CAD 工程图中所用的字体应按 GB/T 13362.4～13362.5 和 GB/T 14691 要求，并应做到字体端正、笔画清楚、排列整齐、间隔均匀。

4.3.1 CAD 工程图的字体与图纸幅面之间的大小关系参见表 4。

表 4　　mm

图幅 字体	A0	A1	A2	A3	A4
字母数字	3.5				
汉字	5				

4.3.2 CAD 工程图中字体的最小字（词）距、行距以及间隔线或基准线与书写字体之间的最小距离见表 5。

4.3.3 CAD 工程图中的字体选用范围见表 6。

表 5

mm

字 体	最小距离	
汉字	字距	1.5
	行距	2
	间隔线或基准线与汉字的间距	1
拉丁字母、阿拉伯数字、希腊字母、罗马数字	字符	0.5
	词距	1.5
	行距	1
	间隔线或基准线与字母、数字的间距	1

注：当汉字与字母、数字混合使用时，字体的最小字距、行距等应根据汉字的规定使用。

表 6

汉字字型	国家标准号	字体文件名	应 用 范 围
长仿宋体	GB/T 13362.4～13362.5—1992	HZCF.*	图中标注及说明的汉字、标题栏、明细栏等
单线宋体	GB/T 13844—1992	HZDX.*	大标题、小标题、图册封面、目录清单、标题栏中设计单位名称、图样名称、工程名称、地形图等
宋体	GB/T 13845—1992	HZST.*	
仿宋体	GB/T 13846—1992	HZFS.*	
楷体	GB/T 13847—1992	HZKT.*	
黑体	GB/T 13848—1992	HZHT.*	

4.4 图线

CAD 工程图中所用的图线，应遵照 GB/T 17450 中的有关规定。

4.4.1 CAD 工程图中的基本线型见表 7。

表 7

代 码	基本线型	名称
01		实线
02		虚线
03		间隔画线
04		单点长画线
05		双点长画线
06		三点长画线
07		点线
08		长画短画线
09		长画双点画线
10		点画线
11		单点双画线
12		双点画线
13		双点双画线
14		三点画线
15		三点双画线

4.4.2 基本线型的变形见表 8。

表 8

基本线型的变形	名称
	规则波浪连续线
	规则螺旋连续线
	规则锯齿连续线
	波浪线

注：本表仅包括表 7 中 No.01 基本线型的类型，No.02～15 可用同样方法的变形表示。

4.4.3 基本图线的颜色。

屏幕上的图线一般应按表 9 中提供的颜色显示，相同类型的图线应采用同样的颜色。

表 9

图线类型		屏幕上的颜色	图线类型		屏幕上的颜色
粗实线		白色	虚线		黄色
细实线		绿色	细点画线		红色
波浪线			粗点画线		棕色
双折线			双点画线		粉红色

4.5 剖面符号

CAD 工程图中剖切面的剖面区域的表示见表 10。

表 10

剖面区域的式样	名称	剖面区域的式样	名称
	金属材料/普通砖		非金属材料（除普通砖外）
	固体材料		混凝土
	液体材料		木质件
	气体材料		透明材料

4.6 标题栏

CAD 工程图中的标题栏，应遵守 GB/T 10609.1 中的有关规定。

4.6.1 每张 CAD 工程图均应配置标题栏，并应配置在图框的右下角。

4.6.2 标题栏一般由更改区、签字区、其他区、名称及代号区组成，见图 6。CAD 工程图中标题栏的格式见图 7。

4.7 明细栏

CAD 工程图中的明细栏应遵守 GB/T 10609.2 中的有关规定，CAD 工程图中的装配图上一般应配置明细栏。

4.7.1 明细栏一般配置在装配图中标题栏的上方，按由下而上的顺序填写，见图 8。

4.7.2 装配图中不能在标题栏的上方配置明细栏时，可作为装配图的续页按 A4 幅面单独绘出，其顺序应是由上而下延伸。

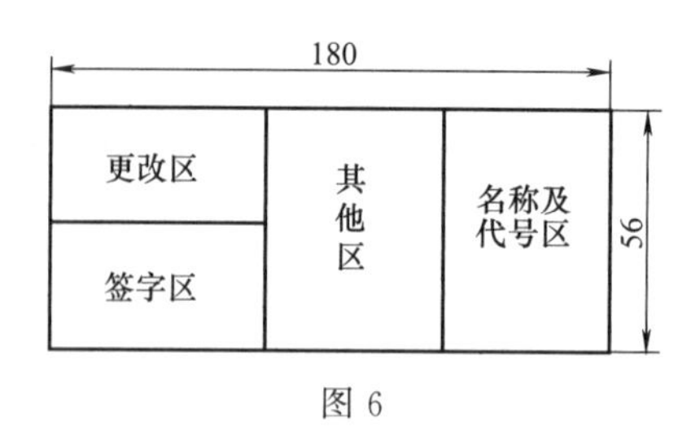

图 6

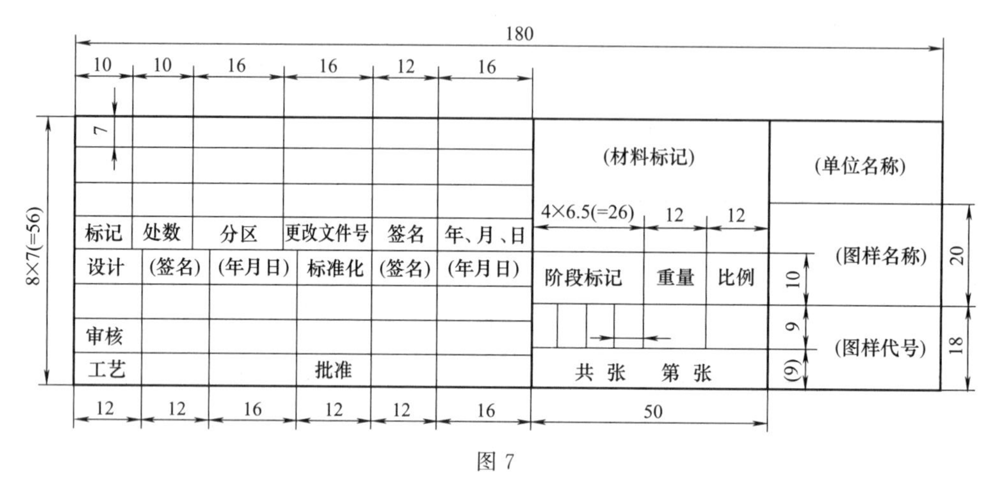

图 7

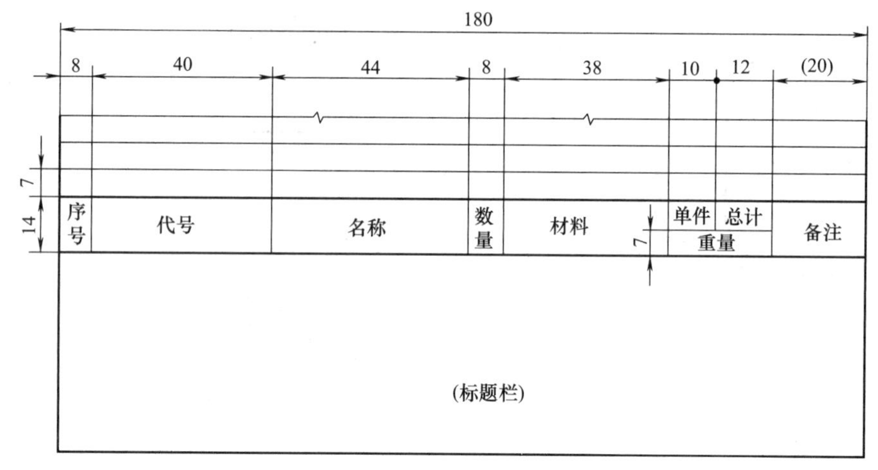

图 8

5 投影法

5.1 正投影法

5.1.1 正投影的基本方法

CAD 工程图中表示一个物体可有六个基本投影方向，相应的六个基本的投影平面分别垂直于六个基本投影方向，通过投影所得到视图及名称见表 11，物体在基本投影面上的投影称为基本视图。

5.1.2 第一角画法

将物体置于第一分角内，即物体处于观察者与投影面之间进行投影，然后按规定展开投影面，见图 9，各视图之间的配置关系见图 10，第一角画法的说明符号见图 11。

表 11

	投影方向		视图名称
	方向代号	方向	
a, b, c, d, e, f	a	自前方投影	主视图或正立面图
	b	自上方投影	俯视图或平面图
	c	自左方投影	左视图或左侧立面图
	d	自右方投影	右视图或右侧立面图
	e	自下方投影	仰视图或底面图
	f	自后方投影	后视图或背立面图

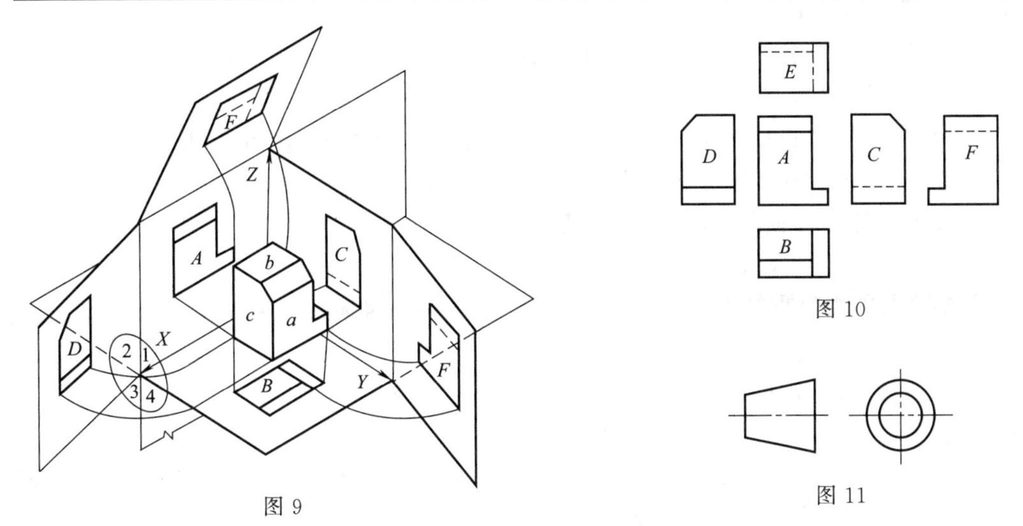

图 9

图 10

图 11

5.2　轴侧投影

轴侧投影是将物体连同其参考直角坐标系，沿不平行于任一坐标面的方向，用平行投影法将其投射在单一投影面上所得的具有立体感的图形。常用的轴侧投影见表 12。

表 12

		正轴侧投影			斜轴侧投影		
特性		投影线与轴侧投影面垂直			投影线与轴侧投影面倾斜		
轴侧类型		等侧投影	二侧投影	三侧投影	等侧投影	二侧投影	三侧投影
简称		正等侧	正二侧	正三侧	斜等侧	斜二侧	斜三侧
应用举例	伸缩系数	$p_1=q_1=r_1=0.82$	$p_1=r_1=0.94$ $q_1=\frac{p_1}{2}=0.47$	视具体要求选用	视具体要求选用	$p_1=r_1=1$ $q_1=0.5$	视具体情况选用
	简化系数	$p=q=r=1$	$p=r=1$ $q=0.5$			无	
	轴间角	Z, X, Y 120°, 120°, 120°	Z, X, Y ≈97°, 131°, 132°			Z, X, Y 90°, 135°, 135°	
	例图	l, l, l	l, l/2, l			l, l/2, l	

注：轴向伸缩系数之比值，即 $p:q:r$ 应采用简单的数值以便于作图。

5.3 透视投影

透视投影是用中心投影法将物体投射在单一投影面上所得到的具有立体感的图形。根据画面对物体的长、宽、高三组主方向棱线的相对关系（平行、垂直或倾斜），透视图分为一点透视、二点透视和三点透视，可根据不同的透视效果分别选用。

6 图形符号的绘制

在CAD工程图中绘制图形符号时，应该按照GB/T 16900～16903中规定的设计程序及图形表示的有关要求进行绘制。

7 CAD工程图的基本画法

在CAD工程制图中应遵守GB/T 17451和GB/T 17452中的有关要求。

7.1 CAD工程图中视图的选择

表示物体信息量最多的那个视图应作为主视图，通常是物体的工作位置或加工位置或安装位置。当需要其他视图时，应按下述基本原则选取：

a）在明确表示物体的前提下，使数量为最小；

b）尽量避免使用虚线表达物体的轮廓及棱线；

c）避免不必要的细节重复。

7.2 视图

在CAD工程图中通常有基本视图、向视图、局部视图和斜视图。

7.3 剖视图

在CAD工程图中，应采用单一剖切面、几个平行的剖切面和几个相关的剖切面剖切物体得到全剖视图、半剖视图和局部剖视图。

7.4 断面图

在CAD工程图中，应采用移出断面图和复合断面图的方式进行表达。

7.5 图样简化

必要时，在不引起误解的前提下，可以采用图样简化的方式进行表示，见GB/T 16675.1的有关规定。

8 CAD工程图的尺寸标注

在CAD工程制图中应遵守相关行业的有关标准或规定。

8.1 箭头

8.1.1 在CAD工程制图中所使用的箭头形式有以下几种供选用，见图12。

8.1.2 同一CAD工程图中，一般只采用一种箭头的形式。当采用箭头位置不够时，允许用圆点或斜线代替箭头，如图13。

8.2 CAD工程图中的尺寸数字、尺寸线和尺寸界线应按照有关标准的要求进行绘制。

8.3 简化标注

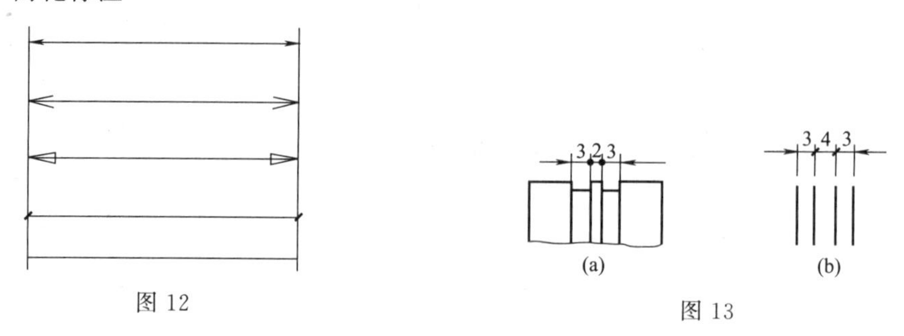

图12

图13

必要时，在不引起误解的前提下，CAD 工程制图中可以采用简化标注方式进行表示，见 GB/T 16675.2。

9 CAD 工程图的管理

CAD 工程图的图层管理见表 13。

表 13

层号	描述	图例
01	粗实线 剖切面的粗剖切线	
02	细实线 细波浪线 细折断线	
03	粗虚线	
04	细虚线	
05	细点划线 剖切面的剖切线	
06	粗点画线	
07	细双点划线	
08	尺寸线，投影连线，尺寸终端与符号细实线	
09	参考圆，包括引出线和终端(如箭头)	
10	剖面符号	
11	文本，细实线	ABCD
12	尺寸值和公差	432±1
13	文本，粗实线	KLMN
14，15，16	用户选用	

附录 A 第三角画法：

将物体置于第三分角内，即投影面处于观察者与物体之间进行投影，然后按规定展开投影面，见图 A1；各视图之间的配置关系见图 A2；第三角画法的说明符号见图 A3。

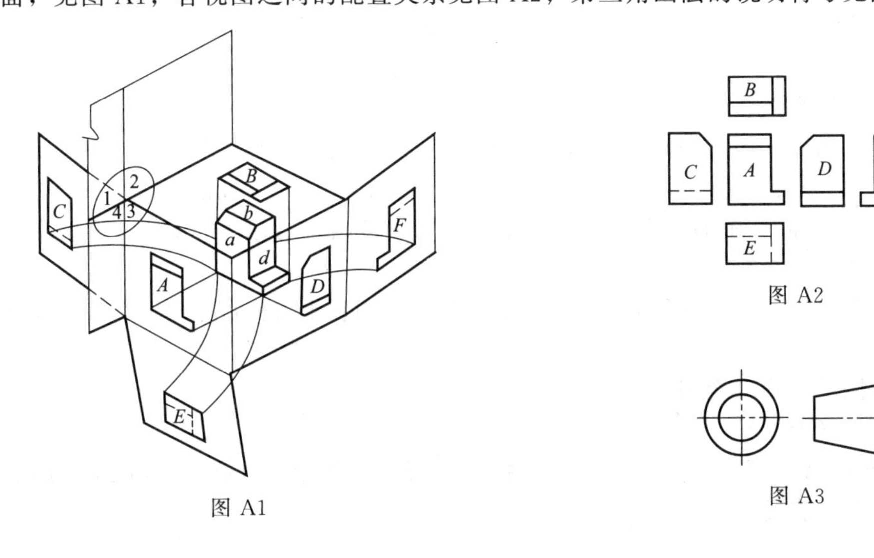

图 A1

图 A2

图 A3

附录二 AutoCAD 常见绘图及编辑命令快捷方式

一、概述

快捷键起源于杭州清风设计培训机构的一名工程师的二次开发程序，被广大的 AutoCAD 用户所使用。

所谓的快捷命令，是 AutoCAD 为了提高绘图速度定义的快捷方式，它用一个或几个简单的字母来代替常用的命令，人们不用去记忆众多的长长的命令，也不必为了执行一个命令，在菜单和工具栏上找寻。所有定义的快捷命令都保存在 ACAD. PGP 文件中（ACAD. PHP 存放在系统盘下的 Autodesk 文件夹 SUPPORT 子目录下，快捷操作，直接选取菜单：工具-自定义-编辑自定义文件-程序参数 pgp，修改后保存，命令行输入 reinit 重新加载即可，可以通过修改该文件的内容来定义自己常用的快捷命令）。

每次新建或打开一个 AutoCAD 绘图文件时，CAD 本身会自动搜索到安装目录下的 SUPPORT 路径，找到并读入 ACAD. PGP 文件。当 AutoCAD 正在运行的时候，可以通过命令行的方式，用 ACAD. PGP 文件里定义的快捷命令来完成一个操作，比如要画一条直线，只需要在命令行里输入字母“L”即可。

二、快捷命令的命名规律

1. 快捷命令通常是该命令英文单词的第一个或前面两个字母，有的是前三个字母。

如直线（Line）的快捷命令是“L”；复制（Copy）的快捷命令是“CO”；线型比例（Ltscale）的快捷命令是“LTS”。

在使用过程中，试着用命令的第一个字母，不行就用前两个字母，最多用前三个字母，也就是说，AutoCAD 的快捷命令一般不会超过三个字母，如果一个命令用前三个字母都不行的话，只能输入完整的命令。

2. 另外一类的快捷命令通常是由“Ctrl 键 ＋ 一个字母”组成的，或者用功能键 F1～F8 来定义。如 Ctrl 键＋N，Ctrl 键＋O，Ctrl 键＋S，Ctrl 键＋P 分别表示新建、打开、保存、打印文件；F3 表示“对象捕捉”。

3. 如果有的命令第一个字母都相同的话，那么常用的命令取第一个字母，其他命令可用前面两个或三个字母表示。比如“R”表示 Redraw，“RA”表示 Redrawall；比如“L”表示 Line，“LT”表示 LineType，“LTS”表示 LTScale。

4. 个别例外的需要记忆，如“修改文字”（DDEDIT）就不是“DD”，而是“ED”；还有“AA”表示 Area，“T”表示 Mtext，“X”表示 Explode。

三、快捷命令的定义

全面已经提到，AutoCAD 所有定义的快捷命令都保存 ACAD. PGP 文件中。ACAD. PGP 是一个纯文本文件，用户可以使用 ASCⅡ文本编辑器（如 DOS 下的 EDIT）或直接使用 WINDOWS 附件中的记事本来进行编辑。用户可以自行添加一些 AutoCAD 命令的快捷方式到文件中。

通常，快捷命令使用一个或两个易于记忆的字母，并用它来取代命令全名。快捷命令定义格式如下：

快捷命令名称，* 命令全名。

如：CO ，* COPY。

即键入快捷命令后，再键入一个逗号和快捷命令所替代的命令全称。AutoCAD 的命令必须用一个星号作为前缀。

常用 AutoCAD 命令一览表

绘图命令(DRAW)			DAL	Dimaligend	对齐标注	OS	Object S S	捕捉设置
A	Arc	弧	DOR	Ordinate	坐标标注	I	Insert	插入
B	Block	块	DRA	Radius	半径标注	ED	Ddedit	编辑
BO	Boundary	边界	DDI	Diameter	直径标注	PE	Polyline E	多义线编辑
C	Circle	圆	DAN	Angular	角度标注	SP	Spell	拼写检查
DO	Donut	圆环	DBA	Baseline	基线标注	CH	Change	转变
EL	Ellipse	椭圆				MO	Modify	修改
H	Hatch	剖面线	LE	Leader	引线标注	LI	List	列举
L	Line	线	TOL	Tolerance	形位公差	DI	Distance	测量距离
ML	Multiline	多重线	捕捉命令(OBJECT SNAP)			AREA	Area	测量面积
PL	Polyline	多义线	END	Endpiont	端点	Perimeter	Perimeter	测量周长
POL	Polygon	多边形	MID	Midpoint	中点	HE	Hatch E	剖面线编辑
PO	Point	点	CEN	Center	中心点	PR	Perference	环境设定
REC	Rectangle	矩形	NODE	Node	节点	文件命令(FILE)		
REG	Region	面域	QUA	Quadrant	象限点	Ctrl+N	New	建立新文件
RAY	Ray	射线	INT	Intersection	交点	Ctrl+O	Open	打开文件
SPL	Spline	样条曲线	INS	Insertion	插入点	Ctrl+S	Save	快速存盘
T	Multi-Text	多行文字	PER	Perpendicular	垂直点	W	Wblock	块存盘
DT	Single-Text	单行文字	TAN	Tangent	相切点	Ctrl+P	Print	打印
XL	Con-line	构造线	NEAR	Nearest	最近点	Ctrl+R	Ctrl+右	打开目标捕捉
修改命令(MODIFY)			视窗命令(VIEW)			Shift+R	Shift+右	打开目标捕捉
AR	Array	阵列	Z	Zoom	缩放	Ctrl+F	Ctrl+F	打开目标捕捉
BR	Break	打断	P	Pan	移动	三维绘图命令(3D)		
CHA	Chamfer	倒角	RE	Regen	重新生成	UC	UCS	坐标转换
CO	Copy	拷贝	R(RA)	Redraw(all)	重画	DV	Dview	动态视窗
E	Erase	删除	TO	Toolbars	工具栏	SL	Slice	切面
EX	Extend	延伸	编辑命令(EDIT)			SEC	Section	剖面
F	Fillet	圆角	U	Undo	取消	VP	Vpoint	多视窗
LEN	Lengthen	伸长	Ctrl+Y	Redo	恢复	TH	Thickness	厚度设定
M	Move	移动	Ctrl+X	Cut	剪切	HI	Hide	隐藏
MA	Match	属性匹配	Ctrl+C	Copy	拷贝	SH	Shade	成形
	Properities		Ctrl+V	Paste	粘贴	RR	Render	着色
MI	Mirror	镜像	DEL(E)	Clear	清除	布尔运算(BOOLEAN)		
O	Offset	偏移	格式命令(FORMAT)			SUB	Subtract	求减
RO	Rotate	旋转	LA	Layer	图层	UNI	Union	求并
S	Stretch	拉伸	COL	Color	颜色	INT	Intersect	求交
SC	Scale	比例	LT	Linetype	线型			
TR	Trim	修剪	LTS	Ltscale	线型比例			
XL	Explode	炸开	ST	Text Style	文本类型			
尺寸标注(DIMENSION)			D	Diameter Style	标注设置			
DLI	Linear	直线标注	RM	Draw aids	绘图帮助			
DCO	Continue	直线连续标注						
DIV	Divide	等分线段